浙江省高职院校"十四五"重点教材

国家职业教育"自动化生产设备应用专业教学资源库"视频配套教材

中国大学MOOC微课视频配套教材

Mechanical Foundation
and Simulation Training

机械基础与仿真实训

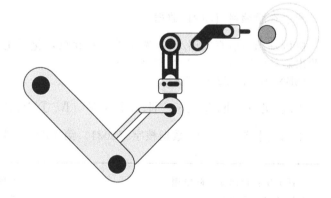

仇高贺 主 编

史 琳 副主编

化学工业出版社

·北京·

内容简介

本书主要介绍了机械工程材料、工程力学基础、常用连接、常用传动、机械零件、常见机构、气压传动、拓展实训等内容。每一个部分都安排有仿真实训环节，通过仿真实训让学生掌握这部分内容，以培养学生的工匠精神和创新意识；本教材采用国家最新的机械基础相关的技术标准，适当补充新知识、新技术、新工艺、新方法；以自动化机构工程师为目标就业岗位，各个部分的教学目标、教学内容等都与就业岗位技能和素质接轨，本教材也配备了大量的视频二维码资源，有助于学生更加生动形象地理解相关专业知识，从知识学习到技能训练，从基础理论到仿真实训等都为后续就业打下良好基础。

本书不仅可作为机电一体化、电气自动化、工业机器人、汽车电子等装备制造大类专业的教学参考书，也可以供机电一体化、电气自动化、汽车和工业机器人等相关行业的从业人员参考。

图书在版编目（CIP）数据

机械基础与仿真实训/仇高贺主编. —北京：化学工
业出版社，2021.10（2023.7重印）
ISBN 978-7-122-39650-1

Ⅰ.①机… Ⅱ.①仇… Ⅲ.①机械学 Ⅳ.①TH11

中国版本图书馆 CIP 数据核字（2021）第 152920 号

责任编辑：卢萌萌　陆雄鹰　　　　　　文字编辑：徐　秀　师明远
责任校对：田睿涵　　　　　　　　　　装帧设计：史利平

出版发行：化学工业出版社（北京市东城区青年湖南街 13 号　邮政编码 100011）
印　　装：天津盛通数码科技有限公司
787mm×1092mm　1/16　印张 12¼　字数 354 千字　2023 年 7 月北京第 1 版第 3 次印刷

购书咨询：010-64518888　　　　　　　售后服务：010-64518899
网　　址：http://www.cip.com.cn
凡购买本书，如有缺损质量问题，本社销售中心负责调换。

定　　价：58.00 元

前言

为落实党中央、国务院关于教材建设的决策部署和《国家职业教育改革实施方案》有关要求，并根据教育部高等职业学校专业教学新标准要求编写。

本书的特点是理实一体化，即在讲解机械传动和气压传动的基本知识和工作原理过程中同时开展仿真实训。学生带着项目任务去学习，更容易适应将来工作岗位对其知识、技能、素质等各方面的要求。

本教材是国家级课题研究项目"职业教育教师教学创新团队"（SJ2020010102）的教学研究成果，也是国家职业教育"自动化生产设备应用专业教学资源库"（2019-66）视频配套教材。教材配套视频和素材均可在中国大学 MOOC 平台（www.icourse163.org）观看和下载。

本书可供高等职业院校的师生使用，也可供装备制造大类、轻工纺织大类和交通运输等相关专业工程技术人员自学或作为其参考用书。

本书编写时引出抽象的定义和概念时，尽可能从常见的物理现象和工程实际出发，力求作到严格、严密和严谨。在列出定理、定律和公式时，主要着力于物理意义的阐述和定性分析，其数学推导过程则尽力简化或从略。

本书采用了最新国家标准和法定计量单位。书中的基本术语和图形符号，尽可能从零基础学生角度出发进行了理解上的优化。教学内容和文字表达力求深入浅出，理论联系实际，便于自学。

本书由温州职业技术学院徐勇编写带传动部分，浙江机电职业技术学院邓劲莲编写齿轮传动部分，温州职业技术学院仇高贺负责其余内容的编写工作，温州职业中等专业学校史琳负责稿件校对。

在编写过程中温州大学向家伟教授等同志对本书提出许多宝贵意见，书中实际设计案例由迈迪公司任开迅编写，校企合作共同开发教材，编者在此一并表示衷心的感谢。

由于编者水平及时间所限，不足及疏漏之处在所难免，恳请广大读者和专家不吝批评指正，并将修改建议反馈给我们（370114646@qq.com）以便进一步修订和完善。

目录

1 **项目一 认识机械，认知就业岗位**

1.1 机器的组成   1

1.2 自动化机构工程师职责、核心能力和职业技能   3

1.3 本课程的内容、性质和基本要求   4

任务 1 认知就业岗位   4

5 **项目二 认识机械工程材料**

2.1 金属材料的性能   5

2.2 钢铁材料   8

2.3 钢的热处理   9

2.4 有色金属材料   11

2.5 非金属材料   13

任务 2 机械工程材料赋予属性实训   16

17 **项目三 认识工程力学**

3.1 力的基本性质   17

3.2 力矩和力偶   20

3.3 拉伸和压缩   22

3.4 剪切和挤压   25

3.5 直梁弯曲   28

3.6 圆轴扭转   29

3.7 压杆稳定的概念   31

任务 3 工程力学实训   32

36 **项目四 认识常用连接**

4.1 螺纹连接   36

4.2 键连接   40

4.3 销连接   43

任务 4 常用连接实训   43

48 | **项目五　认识常用传动**
5.1　带传动 48
5.2　链传动 60
任务 5.1　带传动与链传动实训 63
5.3　齿轮传动 68
任务 5.2　直齿圆柱齿轮的设计 81

84 | **项目六　认识常用机械零件**
6.1　轴 84
任务 6.1　轴的结构设计 89
6.2　轴承 92
任务 6.2　滚动轴承选型与校核 100
6.3　联轴器、离合器、制动器 101
6.4　精密传动零件 108
任务 6.3　联轴器虚拟装配 114

116 | **项目七　认识常见机构**
7.1　平面连杆机构 116
任务 7.1　平面机构设计 124
7.2　凸轮传动 127
任务 7.2　凸轮机构设计 133
7.3　间歇运动机构 136
任务 7.3　槽轮机构设计 140
7.4　其他机构 142

145 | **项目八　认识气压传动**
8.1　气压传动的特点及其应用 145
8.2　气压传动的组成 145
8.3　电气-气动控制系统 162
8.4　气压传动系统典型回路 166
任务 8　气压传动设计 172

175 | **项目九　拓展实训**

任务 9.1　简单机械手运动仿真　　　　　　175

任务 9.2　工业机器人装配与运动分析　　　175

任务 9.3　直角坐标送料机械手运动仿真　　177

任务 9.4　基于事件的机械手运动仿真　　　179

任务 9.5　轻工生产线设计　　　　　　　　183

199 | **附录**

206 | **参考文献**

认识机械，认知就业岗位

本课程是高等院校装备制造大类的一门专业基础课。所谓基础，是因为无论从事机械制造或维修，还是使用、研究机械或机器，都要运用这些基本知识，本课程还具有综合性，是因为这门课程内容包括工程力学、机械工程材料、机械零件与传动、常用迈迪工具集和 SolidWorks 软件等多方面的内容。

在生产实践中，常用的机械设备和工程部件都是由许多构件组成的，当它们承受载荷或传递运动时，每个构件必须具有足够的承载能力以保证安全可靠地工作。要安全可靠地工作，构件必须具有足够的强度、刚度和稳定性。在实际工作中，为了安全则要求选用较好的材料或采用较大的截面尺寸；为了经济则要求选用价廉的材料或采用较小的截面尺寸。显然这两个要求是相互矛盾的。工程力学为此提供了基本理论与方法，还为分析构件的强度、刚度和稳定性提供了基本理论与方法。使用专业迈迪工具集去做这方面分析计算使得理论不再深不可测。构件是由材料制成的。没有材料，机械是不存在的。机械零件的质量好坏和使用寿命的长短都与它的材料有关，而机械工程材料的基本知识为我们合理地选择材料，充分发挥材料本身的性能潜力提供了基础。

为了正确使用和管理机器，必须了解机器的组成。从运动上看，机器由若干传动机构组成。从结构上看，机器由若干零件组成。要了解机器，就要了解机构的工作原理、特点及应用，并要了解通用零件的类型、结构、材料、标准及选择方法。

综上所述，要制造、使用、维修常用的机械设备和工程结构，必须具有力学、材料、机构与机械零件等相关知识，并能综合运用。而这些正是本课程的主要内容，因而本门课程是一门综合介绍机械或机器的基本课程。

通过本课程的学习，可以了解机器的组成；掌握标准件选型的基本方法，掌握零件受力分析、基本变形方式和强度计算方法；了解常用机械工程材料的种类、牌号、性能和应用，明确热处理目的；熟悉通用机械零件和机械传动的能力；初步具备分析一般机械功能和动作的工作原理和特点的能力；学会使用标准、规范手册和图册等相关技术资料；最终为将来就业打下基础。

学习本课程要以辩证唯物论为指导，贯彻理论联系实际的原则，并注意在实验、实习、生产劳动中积累经验，观察思考问题，运用知识，深化知识，拓宽知识，提高专业素质和能力。

1.1 机器的组成

机器是现代社会生产劳动的主要工具之一，是社会生产力发展水平的重要标志。

1.1.1 机器和机构

（1）机器

机器的种类繁多，如电动机、机床、机器人、汽车等。它们的结构形式和用途虽各不相同，但从其组成、运动和功能看，却具有以下共同特征：

机器是人工的物体组合；各部分（实体）之间具有确定的相对运动；能够转换或传递能量、物料和信息，代替或减轻人类的劳动。同时具有上述三个特征的机械称为机器。

（2）机构

机构是人工的物体组合，各部分之间具有一定的相对运动。

机器与机构的主要区别是：机器能完成有用的机械功或转换机械能，而机构只是传递运动、力或改变运动形式的实体组合。机器包含着机构，机构是机器的主要组成部分。一部机器可以只含有一个机构或也可以由多个机构组成。

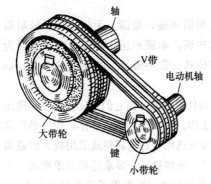

图 1-1　带传动组成示意图

（3）机械

机器和机构的总称。

（4）构件、零件

构件是指相互之间能作相对运动的机件。例如，带传动机构中，如图 1-1 所示，小带轮通过 V 带带动大带轮，大、小带轮与 V 带之间都有相对运动，均是构件；而每个带轮与其轴，以及连接带轮与轴的键，相互之间没有相对运动，所以不能看成是构件。带轮、轴、键分别作为带轮构件系统的制造单元，叫作零件。从制造的角度来说，机器是由若干个零件装配而成的，零件是机器中不可拆分的制造单元。

零件可以分为通用零件和专用零件。通用零件是各种机械中经常用到的零件，如螺栓、螺母、齿轮和键等；专用零件是指在某些特定类型的机器中才使用的零件，例如牛头刨床中的滑枕，内燃机中的曲轴、起重机中的吊钩等。零件制成之后组合成构件，构件可以由一个零件组成，也可以由一组零件组成。构件是运动的最小单元，零件是制造的最小单元，零件组成构件。构件是组成机构的各个相对运动的实体。

（5）机构

机构也是一种人为的实物组合体，能实现预期的运动和动力的传递。如车床和牛头刨床中均有大、小带轮和机架组成的带传动机构；有大齿轮、小齿轮或多个双联齿轮及机架组成的齿轮传动和齿轮变速机构；在牛头刨床中还有大齿轮、滑块、导杆和机架构成的导杆机构，棘轮、棘爪与机架组成的棘轮机构，螺杆、螺母和机架组合而成的螺旋机构，圆盘、销子、连杆、棘爪与机架组成的曲柄连杆机构等。可见，机构的作用是传递力、运动或转换运动的形式。它具有机器的前两个特征。机构是机器的重要组成部分。如 1-2 所示内燃机传动系统，可以将其分解为凸轮机构、曲柄滑块机构、带传动机构和齿轮机构。

图 1-2　内燃机传动机构

由此可见，机器是由机构组成的，机器能实现能量转换，而机构却不能，但从运动观点来看，机器与机构并无差别，故工程上统称为"机械"。大多数机器都是由若干基本机构组成。

1.1.2　机器主要组成的四部分

机器的功能需要多种机构配合才能完成。按照各部分实体的不同功能，一台完整的机器，主要由以下四个部分组成：

（1）原动机部分

原动机部分也称动力装置，其作用是把其他形式的能量转变成机械能，以驱动机器各部分运动、工作。它是机器完成预定功能的动力源，常用的有电动机和内燃机等。

（2）执行部分

执行部分也称工作部分（装置）。它是机器中完成具体工作任务的部分，例如汽车的车轮、缝纫机的机头等。

（3）传动部分（装置）

这部分是原动机到工作机构之间的联系机构，用以完成运动和动力的传递和转换。利用它可以减速、增速、调速，改变转矩以及运动形式等，从而满足工作机构的各种要求。传动机构在各种机器中占有重要地位，对机器的结构和外形都有重大影响。

（4）操纵或控制部分

这部分的作用是显示和反映机器的运行位置和状态，控制机器正常运行和工作。控制装置可采用机械、电子、电气、光波等。

简单的机器一般由上述的前三部分组成，有的甚至只有原动机和执行部分，如水泵、排风扇等。而现代新型的自动化机器，如数控机床、加工中心等，控制部分（包括检测）的地位越来越重要。

1.2 自动化机构工程师职责、核心能力和职业技能

本教材假想的职业岗位为自动化机构工程师，装备制造大类就业岗位对机械知识与技能要求也类似自动化机构工程师，同学们可以参考借鉴。下面简单介绍一下自动化机构工程师的工作职责、应具备的核心能力、技能及职业素养。

1.2.1　自动化机构工程师工作职责

① 参与实施产品的开发、研制工作，制定研发计划。

② 完成自动化设备的总装图、部件图、零件图的设计。

③ 完成标准件、成套设备的选型工作。

④ 按计划编制技术文件，记录各种工作要素，编制产品文件。

⑤ 会同装配工程师完成组装、调试，处理调试中的问题。

⑥ 总结产品研发经验，持续改进产品性能，根据客户要求改进产品设计，完成产品定型工作。

⑦ 解决客户技术问题和协助销售搞好客户关系。

1.2.2　自动化结构工程师核心能力

① 熟悉行业和生产要素，自动化结构工程师往往需要深入整合产品、工艺、品质等方面的经验，理解产品生产全流程，进而能降低试错成本。

② 主导沟通和协作能力。自动化项目导入（尤其是大项目）是一个多部门协作的系统工程，需要企业上下通力合作才能完成。个人的主导沟通和协作能力，对项目的推进有着举足轻重的作用。

③ 掌握机构设计基本功，精通自动化设备的原理和应用，熟练使用设计软件和工具，有

工程实践能力，能够吸收先进的制造经验。

1.2.3　职业技能与职业素质

① 熟悉自动化设备、自动机、自动线设计原理。

② 熟练使用至少一种二维及三维设计软件。

③ 能独立或协助完成自动化设备总装图、部件图、零件图的绘制。

④ 熟悉各种机械零件、标准件、非标件、通用件、气动元器件的设计标准及规范。

⑤ 能独立解决自动化设备问题，具有较强的动手操作能力及良好的机械测绘、装配、调试能力。

⑥ 熟悉自动化装置和机构的基本原理、结构、性能、技术参数等。

⑦ 思想活跃、善于沟通，具有团队合作、吃苦耐劳精神和勇于创新的开拓意识。

1.3　本课程的内容、性质和基本要求

1.3.1　本课程的性质与任务

本课程是高等院校装备制造大类相关专业的一门重要的专业基础课程。

本课程的任务是：通过本课程的学习和仿真实训，要求掌握必备的机械基本知识和基本技能，懂得机械工作原理；了解工程材料性能，能准确表达机械技术要求；掌握气压传动基本方法。培养分析问题和解决问题的能力，形成良好的学习习惯；树立良好的职业意识和职业道德，形成严谨、敬业的工作作风，为今后解决生产实际问题和发展个人职业生涯奠定基础。

1.3.2　本课程的内容与基本要求

（1）本课程的内容

本课程内容包括：认识机械、工程材料、工程力学、常用零件、常用机构、常用机械传动、气压传动、拓展实训等内容。在部分章节后安排了阶段性实训项目，提供了一个理论与实践相结合的教学平台。

（2）本课程的基本要求

要求学生具有对构件进行受力分析的基本能力，会判断直杆的基本变形；了解机械工程常用材料的种类、牌号、性能的基本知识，会正确选用材料；熟悉常用的零件、常用机构的结构和特性，掌握主要机械零部件的工作原理、结构和特点，初步掌握标准件选用的方法；了解机械零件几何精度的国家标准，识读极限与配合、形状和位置公差标注的含义；了解气压传动的原理、特点及应用。会正确选用常用气压元件，并会搭建常用气压控制回路；能够分析和处理一般机械运行过程中发生的问题，具有维护一般机械正常运行的能力。

获取本章视频资源，请扫描上方的二维码

任务1　认知就业岗位

观看中国大学 MOCC 相关视频，谈谈对未来就业岗位的想法？完成任务工单1。

认识机械工程材料

2.1 金属材料的性能

　　材料是机械的物质基础。现代材料种类繁多，在机械工程上常用的材料有：钢铁材料、有色金属材料和非金属材料。各种材料的性能不同，用途不同。因此，为了正确地选择和使用材料，必须了解和掌握材料的分类、牌号、性能、应用范围及热处理等有关基本知识。

　　金属材料的性能是选择材料的主要依据。金属材料的性能一般分为工艺性能和使用性能。工艺性能是指金属材料从冶炼到成品的生产过程中，在各种加工条件下表现出来的性能。使用性能是指金属零件在使用条件下金属材料表现出来的性能。金属材料的使用性能决定了它的使用范围。使用性能包括物理性能、化学性能和力学性能。

2.1.1 金属材料的物理性能

　　金属的物理性能是金属所固有的属性，它包括密度、熔点、导热性、热膨胀性、导电性和磁性等。

　　（1）密度

　　金属的密度即是单位体积金属的质量，其单位为 g/cm^3。根据密度的大小，金属材料可分为轻金属和重金属。密度小于 $4.5g/cm^3$ 的金属叫作轻金属。

　　密度是金属材料的一个重要物理性能，与材料的使用和检测等都有关系。例如在航空工业和汽车工业中，为了增加有效载重量，密度是需要考虑的重要因素。

　　（2）熔点

　　金属从固体状态向液体状态转变时的温度称为熔点。熔点一般用摄氏温度（℃）表示。各种金属都有其固定熔点。

　　熔点对于冶炼、铸造、焊接和配制合金等都很重要。易熔金属及合金可用来制造熔断器和防火安全阀等零件；难熔金属及合金则用来制造要求耐高温的零件，广泛用于火箭、导弹、燃气轮机和喷气飞机等。

　　熔点低于 1000℃ 的金属称为低熔点金属，熔点在 1000～2000℃ 的金属称为中熔点金属，熔点高于 2000℃ 的金属称为高熔点金属。

　　（3）导热性

　　金属材料传导热量的能力称为导热性。一般用热导率（导热系数）λ 表示金属材料导热性能的优劣。热导率大的金属材料的导热性好。在一般情况下，金属材料的导热性比非金属材料好。金属的导热性以银为最好，铜、铝次之。导热性好的金属散热性也好，可用来制造散热器等零件。

（4）热膨胀性

金属材料在受热时体积会增大，冷却时则收缩，这种现象称为热膨胀性。各种金属的热膨胀性能不同。在实际工作中有时必须考虑热膨胀的影响。例如，一些精密测量工具就要选用膨胀系数较小的金属材料来制造；铺设铁轨，架设桥梁，金属工件加工过程中测量尺寸等过程都要考虑到热膨胀的因素。

（5）导电性

金属材料传导电流的性能称为导电性。所有的金属都具有导电性，但各种金属材料的导电性各不相同，其中以银为最好，铜、铝次之。工业上常用铜、铝做导电材料。导电性差的高电阻金属材料，如铁铬合金、镍铬铝、康铜和锰铜等常用于制造仪表零件或电热元件。

（6）磁性

金属导磁的性能称为磁性。具有导磁能力的金属材料都能被磁铁吸引。铁、钴等是铁磁性材料，锰、铬、铜、锌等是无磁性或顺磁性材料。但对某些金属来说，磁性也不是固定不变的，如铁在768℃以上就表现为没有磁性或顺磁性。铁磁性材料可用于变压器、测量仪表等制造业；无（顺）磁性材料可用作要求避免磁场干扰的零件和结构材料。

2.1.2 金属材料的化学性能

金属材料的化学性能是指金属在化学作用下所表现的性能，如：耐腐蚀性、抗氧化性和化学稳定性等。

（1）耐腐蚀性

金属材料在常温下抵抗氧、水蒸气及其他化学介质腐蚀作用的能力，称为耐腐蚀性。

常见的钢铁生锈，就是腐蚀现象。腐蚀对金属材料危害很大，每年都有大量的钢铁被锈蚀。严重时还会使金属构件遭到破坏而引发重大恶性事故，特别是在腐蚀介质中工作的金属材料制件（如制药、制酸、制碱、化肥等化工设备），必须考虑金属材料的耐腐蚀性能。

（2）抗氧化性

金属材料抵抗氧化作用的能力，称为抗氧化性。

金属材料在加热时，氧化作用加速，如钢材在锻造、热处理、焊接等加热作业时，会发生氧化和脱碳，造成材料的损耗和各种缺陷。因此在加热坯件或材料时常在其周围制造一种还原气体或保护气体，以避免金属材料的氧化。

（3）化学稳定性

化学稳定性是金属材料的耐腐蚀性和抗氧化性的总称。金属材料在高温下的化学稳定性叫作热稳定性。所以，用于制造在高温条件下工作的零件的金属材料，要有良好的热稳定性。

2.1.3 金属材料的力学性能

金属材料的力学性能是指金属材料在外力作用下所表现出来的抵抗性能。金属材料在加工和使用过程所受的作用力称为载荷（或称负载）。根据载荷作用性质不同，可分为静载荷、冲击载荷和交变载荷。在这些载荷作用下，金属材料的力学性能主要指标有强度、塑性、硬度、韧性和疲劳强度等。

（1）强度

强度是表示工程材料抵抗断裂和过度变形的力学性能之一。抵抗能力越大，则强度越高；强度越高的材料越能承受较大的外力而不变形和破坏。

由于材料承受载荷的方式不同，其变形有多种形式，所以材料的强度又分为抗拉、抗压、抗扭、抗弯、抗剪等的强度，其中最常用的强度是抗拉强度或强度极限 σ_b。

强度极限 σ_b 可以通过拉伸试验测定。σ_b 表示材料在拉伸条件下所能承受的最大应力，是机械设计和选材的主要依据之一。

（2）塑性

塑性是金属材料在静载荷作用下产生永久变形而不被破坏的能力。塑性指标用伸长率 δ 和断面收缩率 ψ 来表示。

δ、ψ 值越大，表示材料的塑性越好。材料具有塑性才能进行压力加工；塑性好的材料制成的零件在使用时也较安全。

（3）硬度

硬度是衡量金属材料软硬的一个指标。一般可认为，硬度是指金属材料抵抗其他更硬物体压入其表面的能力，是金属材料表面对外界物体入侵的局部抵抗变形或破坏的能力。它是材料塑性、强度等性能的综合表征。硬度试验条件简便，又不破坏零件，因此硬度广泛应用于检验原材料和热处理件的质量，以及鉴定热处理工艺的合理性等。硬度也是设计图样上的技术参数之一。

硬度试验方法可分为压入法和刻划法。在生产上最常用的是压入法硬度试验，即布氏硬度（HB）、洛氏硬度（HRC、HRB、HRA）和维氏硬度（HV）试验。

（4）韧性

金属材料抵抗冲击载荷作用而不被破坏的能力，称为韧性。材料的冲击韧性一般在一次摆锤冲击试验机上进行测试，测得试样在冲断时断口单位面积所消耗的冲击吸收功，称为冲击韧度或冲击值，常用 a_k 表示，其单位为 J/cm^2。a_k 值越大，冲击韧度越高。承受冲击载荷的机器零件，需要用具有较好韧性的材料制造。

（5）疲劳强度

金属材料在无限多次交变载荷作用下而不被破坏的最大应力称为疲劳强度或疲劳极限。由于疲劳断裂是突然发生的，具有很大的危险性，所以要选择疲劳强度较好的材料来制造承受交变载荷的机器零件，如轴、齿轮、弹簧等。

2.1.4 金属材料的工艺性能

金属材料的工艺性能是指其在各种加工条件下表现出来的适应能力，包括铸造性、锻压性、焊接性、切削加工性、热处理性等。

（1）铸造性

金属材料能否用铸造方法制成优良铸件的性能，称为铸造性能，又称可铸性。铸造性能主要决定于金属材料熔化后的金属液体的流动性，以及冷却时的收缩率和偏析倾向等。不同的金属材料，其铸造性差异较大。常用金属材料中灰铸铁具有优良的铸造性能，铸钢的铸造性低于铸铁。铸造铝合金和铸造铜合金的铸造性也较好。

（2）锻压性或可锻性

金属材料能否用锻压方法制成优良锻压件的性能，称为锻压性或可锻性。锻压性一般与材料的塑性及其塑性变形抗力有关。在一般情况下，材料塑性好，变形抗力小，则锻压性也好。低碳钢的锻压性最好，中碳钢次之，高碳钢则较差。低合金钢的锻压性近似于中碳钢，高合金钢的锻压性比碳钢差。

（3）焊接性

金属材料在一定焊接条件下，是否易于获得优良焊接接头的能力称为可焊性。它取决于焊缝产生裂纹、气孔等倾向。焊接性能好的材料易于用一般的焊接方法和工艺焊接，焊接时不易产生裂纹、气孔等缺陷。焊缝接头要有一定的力学性能。低碳钢有较好的可焊性，高碳钢较差，铸铁则更差。铜、铝合金的可焊性一般都比碳钢差。

2.2 钢铁材料

钢铁材料是钢和铸铁的统称。钢是以铁为主要元素，含碳量一般在2%以下，并含有其他元素的材料。

铸铁是碳含量大于2.11%的铁碳合金。含碳量2%通常是钢和铸铁的分界线。

根据化学成分，钢分为非合金钢、低合金钢和合金钢。

2.2.1 非合金钢（碳素钢）

非合金钢也称碳素钢或碳钢，是碳含量（C）小于2%的铁碳合金。它还含有少量的硫、磷、锰、硅等杂质，其中硫、磷是炼钢时由原料进入钢中，炼钢时难于除尽的有害杂质。硫有热脆性，磷有冷脆性。锰、硅是在炼钢加入脱氧剂时带入钢中的，是有益元素。

2.2.2 低合金钢

低合金钢是指合金元素总量小于5%的合金钢。低合金钢是相对于碳钢而言的，是在碳钢的基础上，为了改善钢的性能，而有意向钢中加入一种或几种合金元素。加入的合金量超过碳钢正常生产方法所具有的一般含量时，这种钢称为合金钢。当合金总量低于5%时称为低合金钢，普通合金钢一般在3.5%以下，合金含量在5%～10%之间称为中合金钢，大于10%的称为高合金钢。

低合金钢焊接结构的零部件通常需要经过加工成型→焊接→焊后热处理等工序，这就要求钢材具有良好的工艺性能。工艺性能包括金属的焊接性，切削性能，冷、热加工性能，热处理性能，可锻性，组织均匀稳定性及大截面的淬透性等。在考虑材料成本的同时还应考虑材料加工、焊接难易程度不同对制造费用的影响。

低合金钢在工程机械、船舶、桥梁、高层建筑、锅炉、压力容器、电力及各种车辆的制造中得到了广泛的应用。

2.2.3 合金钢

随着工业生产和科学技术的不断发展，对钢材的某些性能提出了更高的要求。如对大型重要的结构零件，要求具有更高的综合力学性能；对切削速度较高的刀具要求更高的硬度、耐磨性和红硬性（即在高温时仍能保持高硬度和高耐磨性）；大型电站设备、化工设备等不仅要求具有较高的力学性能，而且还要求具有耐蚀、耐热、抗氧化等特殊的物理、化学性能。碳钢不能满足这些要求，于是产生各种合金钢，以适应对钢材更高的要求。

合金钢，就是在碳钢的基础上加入其他元素的钢，加入的其他元素就叫作合金元素。常用的合金元素有硅（Si）、锰（Mn）、铬（Cr）、镍（Ni）、钨（W）、钼（Mo）、钒（V）、钛（Ti）、铝（Al）、硼（B）及稀土元素（Re）等。合金元素在钢中的作用，是通过与钢中的铁和碳发生作用、合金元素之间的相互作用来影响钢的组织和组织转变过程，从而提高钢的力学性能，改善钢的热处理工艺性能，从而获得某些特殊性能。

合金钢的分类方法很多，按主要用途一般分为：

① 合金结构钢：主要用于制造重要的机械结构和工程结构。

② 合金工具钢：主要用于制造重要的刃具、量具和模具。

③ 特殊性能钢：具有特殊的物理、化学性能的钢。

④ 合金调质钢：一般指经过调质处理（淬火后高温回火）后使用的合金结构钢。这种钢经调质处理后具有高强度和高韧性相结合的良好的综合力学性能。合金调质钢的碳含量在 $0.25\%\sim0.50\%$ 之间，主加合金元素为锰、铬、硅、镍、硼等，还加入少量的钼、钨、钒、钛等元素。合金调质钢主要用于在重载荷、受冲击条件下工作的零件，如机床主轴、汽车后桥半轴、连杆等。40Cr 钢是合金调质钢中最常用的一种，其强度比 40 钢高 20%，并有良好的韧性。

⑤ 合金弹簧钢是用于制造各种弹簧的专用合金结构钢。弹簧是各种机构和仪表的重要零件。它是利用在工作时产生弹性变形，在各种机械中起缓和冲击和吸收振动的作用，并可利用其储存能量，使机件完成规定动作。由于弹簧一般是在动载荷下工作，因此要求合金弹簧钢具有高的弹性极限、高疲劳强度、足够的塑性和韧性、良好的表面质量。因此，合金弹簧钢需具有合理的化学成分，并进行适当的热处理。合金弹簧钢经淬火后进行中温回火处理。合金弹簧钢碳含量一般在 $0.45\%\sim0.75\%$ 之间，加入主要元素有锰、硅、铬等，有些弹簧钢还加入钼、钨、钒等元素。

⑥ 滚珠轴承钢是制造各种滚动轴承的滚动体和内、外套圈的专用钢。由于滚动轴承在工作时，承受着高而集中的交变应力，同时还有剧烈的摩擦，因此滚珠轴承钢必须具有高而均匀的硬度和耐磨性，高疲劳强度，足够的韧性和淬透性，以及一定的耐蚀性等。目前应用最广的是高碳铬钢，其碳含量在 $0.95\%\sim1.15\%$ 之间，铬含量在 $0.6\%\sim1.65\%$ 之间，其中 GCr15 和 GCr15SiMn 应用最广。

由于滚珠轴承钢的化学成分和主要性能特点与低合金工具钢相近，故在生产中常用于制造刃具、冷冲模具、量具以及性能要求与滚动轴承相似的零件。

2.2.4 铸铁

铸铁是碳含量大于 2.11% 的铁碳合金。在实际生产中，一般铸铁的碳含量为 $2.5\%\sim6\%$，硅含量为 $0.8\%\sim3\%$，锰、硫、磷杂质元素的含量也比碳钢高。有时也加入一定量的其他合金元素，来获得合金铸铁，以改善铸铁的某些性能。

铸铁具有良好的铸造性、耐磨性、减振性和切削加工性，生产简单，价格便宜，经合金化后具有良好的耐热性或耐蚀性。因此，铸铁在工业生产中得到广泛应用。但是由于铸铁的塑性、韧性较差，所以只能用铸造工艺方法成型零件，而不能用压力加工方法成型零件。

2.3 钢的热处理

钢的热处理是指采用适当方式将钢或钢制工件进行加热、保温和冷却，以获得预期的组织结构与性能的工艺。

通过适当的热处理，不仅能充分发挥钢材的潜力，提高工件的使用性能和使用寿命，而且还可以改善工件的加工工艺性能，提高加工质量和劳动生产率。因此，热处理工艺在机械制造业中占有十分重要的地位。

热处理工艺的种类很多。根据加热和冷却方法不同，工业生产中常用的热处理工艺可大致分为：普通热处理，即退火、正火、淬火、回火，俗称"四把火"。

表面热处理，包括表面淬火（感应加热淬火、火焰淬火）和化学热处理（渗碳、氮化等）。

2.3.1 钢的退火和正火

（1）退火

将钢加热到适当温度，保持一定时间，然后缓慢冷却的热处理工艺。

退火的目的是降低硬度，以利于后期的切削加工；提高塑性和韧性，以利于冷变形加工；消除组织缺陷（粗大晶粒，铸造偏析），改善钢的性能或为以后热处理作好组织准备；消除钢中的残余内应力，防止变形和开裂。

（2）正火

将钢加热到适当温度，保持一定时间后出炉空冷的热处理工艺。正火又叫常化，它比退火的冷却速度快。

正火只适用于碳素钢及合金元素含量不高的合金钢。

正火的目的是细化组织，用于低碳钢，可提高硬度，改善切削加工性；用于中碳钢和性能要求不高的零件，可代替调质处理；用于高碳钢，可消除网状碳化物，为球化退火做组织准备。正火与退火相比，钢在正火的强度、硬度高于退火，而且操作简便，生产周期短，成本低，在可能的条件下宜用正火代替退火。

2.3.2 钢的淬火

将钢加热到适当温度，保持一定时间，然后快速冷却的热处理工艺。最常见的有水（盐水）冷淬火、油冷淬火等。淬火的目的是提高钢的硬度、强度和耐磨性。钢在淬火后，必须配以适当的回火，才能获得理想的力学性能。钢的强度、硬度、耐磨性、弹性、韧性等，都可以通过淬火与回火使之大大提高。所以淬火是强化钢材的重要的热处理工艺。

淬火工艺有两个概念应加以重视和区别，一是淬硬性，二是淬透性。淬硬性是指钢经淬火后能达到的最高硬度，主要取决于钢中的碳含量，碳含量越高，获得的硬度越高；淬透性是指钢经淬火获得淬硬层深度的能力，淬透性越好，淬硬层越厚。淬透性主要取决于钢的化学成分和淬火冷却方式。一般来说，含碳量相同的碳素钢与合金钢的淬硬性没有差别，但合金钢的淬透性高于碳素钢。因此，有些合金钢例如高速钢，可以采用空气冷却淬火。

2.3.3 回火

将淬火钢重新加热到低于 727℃ 的某一温度，保温一定时间，然后空冷到室温的热处理工艺，称为回火。淬火钢必须及时回火。回火的目的是减少或消除工件淬火时产生的内应力，稳定组织，稳定尺寸，调整钢的性能，以满足工件使用需要的性能。回火是热处理工艺的最后一道工序，在生产中必须重视。

2.3.4 钢的表面热处理

在冲击载荷和摩擦条件下工作的零件（如齿轮等），要求其表面具有高的硬度和耐磨性，而芯部应具有足够的塑性和韧性。这一工件表面和芯部具备不同的性能要求，难以通过选材和普通热处理解决。而表面热处理，能满足这类零件的要求。

常用的表面热处理方法有表面淬火和化学热处理两种。

（1）表面淬火

表面淬火是仅对工件的表面层进行淬火，而芯部仍保持未淬火状态。其目的是使工件表面具有高硬度、高耐磨性，而芯部具有足够的塑性、韧性。常用的有火焰表面淬火、感应加热表面淬火。

（2）钢的化学热处理

化学热处理是将工件置于适当的活性介质中加热、保温、冷却的方法，使一种或几种元素渗入钢件表层，以改变钢件表面层的化学成分、组织和性能的热处理工艺。

化学热处理工艺种类较多，一般根据渗入钢件表面元素来命名。渗入的元素不同，钢件表面性能不同。渗碳、碳氮共渗，可提高钢表面的硬度和耐磨性；氮化、渗硼，可使钢件表面硬度增大，显著提高耐热抗氧化性。渗碳、氮化、碳氮共渗是比较常用的化学热处理方法。

2.4 有色金属材料

在工业生产中应用的材料，除钢铁材料以外的金属材料，统称为有色金属。目前有色金属的产量和用量虽不及钢铁材料多，但由于它们具有某些独特性能和优点，从而使其成为现代工业生产中不可缺少的材料。

2.4.1 铝及铝合金

（1）纯铝

纯铝是一种银白色的金属。它具有下列特性：

① 质轻、密度较小，是轻金属之一，常用作各种轻质结构材料的基本组元。

② 导电、导热性良好。导电性仅次于银和铜。

③ 抗大气腐蚀性能好。

④ 塑性好，易于承受各种压力加工而制成多种型材与制品。但强度、硬度较低。

故工业上常通过合金化来提高其强度，用作结构材料。

纯铝分为高纯度铝和工业纯铝。

高纯度铝又称化学纯铝，其纯度可达 99.99%，主要用于科学研究和某些特殊用途。

工业纯铝的纯度不及高纯度铝，其常见杂质为铁和硅。这类铝主要用于制成管、棒、线等型材以及配制铝合金的主要原料。

（2）铝合金

由于纯铝的强度很低，不宜用来制作结构零件。因此，在铝中加入适量的硅、铜、镁、锰等合金元素，可以得到强度较高的铝合金，且仍具有密度小、耐蚀性好、导热性好的特点。铝合金按其成分和工艺特点可分为形变铝合金和铸造铝合金。

① 形变铝合金　形变铝合金按其主要性能和用途，分为防锈铝（代号 LF）、硬铝（代号 LY）、超硬铝（代号 LC）和锻铝（代号 LD）。其牌号见 GB/T 3190—2020。

a. 防锈铝　它是铝-锰或铝-镁系合金。这类合金的强度高于纯铝，并有良好的塑性、耐蚀性，主要用于制造耐蚀性高、受力小的容器、蒙皮等构件，如油箱、导管及日用器具等。

b. 硬铝　它是铝-铜-镁系合金。这类合金经过适当热处理后，强度、硬度显著提高，但耐蚀性不如纯铝，常用于制造飞机零部件及仪表零件。

c. 超硬铝　它是铝-铜-镁-锌系合金。这类合金经过适当热处理后，强度、硬度较高，是铝合金中强度最高的，主要用于制造飞机上受力较大的结构件，如飞机大梁。

d. 锻铝　它是铝-铜-镁-硅系合金。其力学性能与硬铝相近，但具有较好的锻造性能，故称锻铝，主要用于制作航空仪表工业中形状复杂、要求强度高的锻件。

②铸造铝合金　铸造铝合金是指具有较好的铸造性能，宜于铸造工艺生产铸件的铝合金。根据化学成分，铸造铝合金可分为铝-硅系、铝-铜系、铝-镁系、铝-锌系铸造铝合金，其中铝-硅系铸造铝合金应用最为广泛。

铸造铝合金具有优良的铸造性能，抗蚀性好，常用于制造轻质、耐蚀、形状复杂的零件，如活塞、仪表外壳、发动机缸体等。

铸造铝合金代号用"铸""铝"两字的汉语拼音首字母 ZL 加三位数字表示，第一位数字表示合金类别（1 为铝-硅系，2 为铝-铜系，3 为铝-镁系，4 为铝-锌系），第二、三位数字表示合金顺序号，如 ZL105 表示 5 号铝-硅系铸造铝合金。

2.4.2　铜及铜合金

（1）纯铜

纯铜是玫瑰红色，外观为紫红色，俗称紫铜。由于纯铜是用电解法制造出来的，故又名电解铜。它具有良好的导电性、导热性、耐蚀性，强度不高，硬度很低，塑性较好，易于冷、热压力加工。由于纯铜价格昂贵，为贵重金属，一般不做结构零件，主要用于制作导电材料及配制铜合金的原料。工业上使用的纯铜，其含铜量为 $99.5\% \sim 99.95\%$。其牌号有 T1、T2、T3、T4 四种。T 为"铜"字汉语拼音首字母，数字为顺序号，顺序号越大，杂质含量越高。

（2）铜合金

铜合金根据主加元素不同，可分为黄铜、青铜、白铜。在工业上最常用的是黄铜和青铜。

①黄铜　黄铜是以锌为主加元素的铜合金，因色黄而得名。黄铜敲起来声音很响，又叫响铜，锣、铃、号等都是用黄铜制造的。黄铜又分为普通黄铜和特殊黄铜。

a. 普通黄铜　仅由铜和锌组成的铜合金称为普通黄铜。其牌号用 H 加数字表示，H 代表铜，数字为铜含量的质量分数，如 H70 表示平均含铜量为 70% 的铜锌合金。

普通黄铜中常用的牌号有：H80，颜色呈美丽的金黄色，又称金黄铜，可作装饰品；H70，又称三七黄铜，它具有较好的塑性和冷成型性，用于制造弹壳、散热器等，故有弹壳黄铜之称；H62，又称四六黄铜，是普通黄铜中强度最高的一种，同时又具有好的热塑性、切削加工性、焊接性和耐蚀性，价格便宜，故工业上应用较多，如制造弹簧、垫圈、金属网等。

b. 特殊黄铜　在普通黄铜中加入其他合金元素所组成的铜合金，称为特殊黄铜。常加入的元素有锡、硅、铅、铝等，分别称为锡黄铜、硅黄铜、铅黄铜等。加入合金元素是为了改善黄铜的使用性能或工艺性能（耐蚀性、切削加工性、强度、耐磨性等）。特殊黄铜的牌号用 H 加主加元素的化学符号和数字表示，其数字分别表示铜和加入元素的百分数。如 HPb59-1 表示铅黄铜，平均铜含量（Cu）为 59%，铅含量（Pb）为 1%，其余为锌。常用的特殊黄铜有：铅黄铜（HPb59-1），主要用于制造大型轴套、垫圈等；锰黄铜（HMn58-2），主要用于制造在腐蚀条件下工作的零件，如气阀、滑阀等。

②青铜　青铜是指铜与锌或镍以外的元素组成的合金。按化学成分不同，分为普通青铜（锡青铜）、特殊青铜（无锡青铜）两类。

特殊青铜的力学性能、耐磨性、耐蚀性一般都优于普通青铜，而铸造性能不及普通青铜，主要用于制造高强度耐磨零件，如轴承、齿轮等。

③白铜　白铜是铜镍合金，因色白而得名。它的表面很光亮，不易锈蚀，主要用于制造精密仪器、仪表中耐蚀零件及电阻器、热电偶等。

2.4.3 轴承合金

在滑动轴承中，制造轴瓦及其内衬的合金，称为轴承合金。

根据滑动轴承的工作条件，轴承合金必须具有高的抗压强度和疲劳强度，足够的塑性和韧性，良好的磨合能力、减摩性和耐磨性，除此还要容易制造、价格低廉。为了使轴承材料满足上述要求，除了从原材料的力学性能、物理化学性能及价格上考虑外，还要求配成的合金能形成下述组织：在软的基体组织上均匀分布着硬的质点，或在硬的基体上，均匀分布着软的质点。

常用的轴承合金有锡基、铅基、铝基轴承合金。

（1）锡基轴承合金（锡基巴氏合金）

锡基轴承合金是以锡（Sn）为基础，加入锑（Sb）、铜等元素组成的合金。这种轴承合金具有硬度适中，减摩性好，足够的塑性、韧性，良好的耐蚀性、导热性，膨胀系数较小。所以，在汽车、拖拉机、汽轮机等机械的高速轴上应用较广。锡基轴承合金的疲劳强度低，同时锡的熔点较低，其工作温度不宜高于150℃。

（2）铅基轴承合金（铅基巴氏合金）

铅基轴承合金是以铅（Pb）、锑为基础，加入锡、铜等元素组成的合金。铅基轴承合金的硬度、强度、韧性、减摩性均低于锡基轴承合金，故用于中低速度的、中等负荷的轴承。由于它的价格便宜，因此被广泛应用。

铅基轴承合金的牌号表示方法同锡基轴承合金。常用的牌号为 ZPbSb10Sn16Cu2。

（3）铝基轴承合金

铝基轴承合金常用的有铝锑镁和高锡铝基轴承合金。

铝锑镁轴承合金是以铝为基础，加入4%锑（Sb）和0.3%～0.7%镁（Mg）所组成的合金；高锡铝基轴承合金是以铝为基础，加入20%锡（Sn）和1%铜所组成的合金。

铝基轴承合金的特点是：原料丰富、价格便宜，导热性好，高的疲劳强度，良好的耐热、耐磨和抗蚀性，能承受较大压力与速度。用它可代替巴氏合金，其中以高锡铝基轴承合金应用最广，常用于汽车、拖拉机、内燃机车的轴承。铝锑镁轴承合金仅在低速柴油机等的轴承上使用。

2.5 非金属材料

传统机械制造业中，绝大部分产品都是金属材料制成的。但是由于非金属材料来源广泛，易成型，又具有某些特殊性能，因而非金属材料的应用越来越广泛。

非金属材料种类繁多，在机械工程中常用的有工程塑料、橡胶、陶瓷、复合材料、胶黏剂和陶瓷等。

2.5.1 工程塑料

工程塑料是一类以天然或合成树脂为主要成分，在一定的温度和压力下塑制成型，并在常温下保持其形状不变的材料。

（1）塑料的分类

塑料的品种繁多，其分类方法也很多。通常按塑料受热后所表现的状态分为热塑性塑料和热固性塑料。

① 热塑性塑料 热塑性塑料是一类可以反复通过提高温度使之软化、降低温度使之硬化的材料。常用的热塑性塑料有尼龙（聚酰胺）、聚乙烯、有机玻璃等。这类塑料的优点是加工成型简便，具有较高的力学性能，缺点为耐热性和刚性较差。

② 热固性塑料 常用的热固性塑料有酚醛树脂、环氧树脂、氨基塑料等。在成形之前，热固性塑料和热塑性塑料一样具有链状结构。在成形过程中，热固性塑料以热或化学聚合反应，形成交联结构。一旦反应完全，聚合物分子键结形成三维的网状结构，这些交联的键结将会阻止分子链之间的滑动，导致热固性塑料就变成了不熔化、不溶解的固体。热固性塑料具有较好的机械强度、较高的使用温度和较佳的尺寸稳定性。

习惯上也将塑料分为通用塑料、工程塑料和特种塑料。

① 通用塑料 主要是指产量特别大、价格低、应用范围广的一类塑料。常用的有聚乙烯、聚氯乙烯、聚丙烯、ABS、聚甲基苯烯酸甲酯和氨基塑料等，主要用来制造日常生活用品、包装材料和工农业生产用的一般机械零件。

② 工程塑料 常指在工程技术中作结构材料的塑料。这类塑料具有较高的强度或具有耐高温、耐腐蚀、耐辐射等特殊性能，因而可部分代替金属，特别是有色金属来制作某些机械构件或作某些特殊用途。常用的工程塑料有聚酰胺（尼龙）、聚碳酸酯、聚甲醛、改性聚苯醚和热塑性聚酯五大通用工程塑料等。

③ 特种塑料 特种塑料是指具有特殊性能和特种用途的塑料，如聚苯硫醚（PPS），聚砜（PSF），聚酰亚胺（PI），聚芳酯（PAR），液晶聚合物（LCP），聚醚醚酮（PEEK），含氟聚合物（PTFE、PVDF、PCTFE、PFA）等。

特种工程塑料具有独特、优异的物理性能，主要应用于电子电器、特种工业等高科技领域。

（2）塑料的特性及用途

塑料作为工程材料优点有：质轻，优良的化学稳定性，摩擦因数小，防水，气密，热的不良导体，具有消声、减震作用，具有优异的电绝缘性能，机械强度分布广和较高的比强度，以及成型工艺简单。因此，塑料的用途十分广泛。现在每年塑料的产量按体积计算已超过钢铁，主要用作绝缘材料、建筑材料、工业结构材料零件和日用品等。

在汽车交通领域，主要用于保险杠、翼子板、仪表等内饰、车身板、车门、车灯罩、燃油管、散热器以及发动机等相关零部件。在机械领域，工程塑料可以用于轴承、齿轮、丝杠螺母、密封件等机械零件和壳体、盖板、手轮、手柄、紧固件及管接头等机械机构件上。在电子电器领域，工程塑料多应用于空调、电视、洗衣机、电饭煲、咖啡机等家电上，此外还可以用于制作电线电缆包覆、线路板、绝缘膜材料和结构件等。

2.5.2 橡胶

橡胶是一种有机高分子材料，具有高弹性、优良的伸缩性能和积储能量的能力，成为常用的密封、抗振、减振及传动材料。橡胶还有良好的电绝缘性、隔音性和阻尼特性。未硫化橡胶还能与某些树脂掺合改良性能或与其他材料（如金属、纤维、石棉、塑料等）组合而成为兼有两者特点的复合材料。

橡胶可分为天然橡胶和合成橡胶两类

（1）天然橡胶

天然橡胶属于天然树脂，是从橡胶树或杜仲树等植物的浆汁中制取的，主要成分是聚异戊二烯。天然橡胶的抗伸强度与回弹性比多数合成橡胶好，但耐热老化性和耐大气老化性较差，不耐臭氧，不耐油和有机溶剂，易燃烧。它一般用作轮胎，电线电缆的绝缘护套等。

（2）合成橡胶

合成橡胶广义上指用化学方法合成制得的橡胶，以区别于从橡胶树生产出来的天然橡胶，又称为合成弹性体，是由人工合成的高弹性聚合物，是三大合成材料之一。这种材料可以用来代替天然橡胶。常用的合成橡胶有丁苯橡胶、氯丁橡胶、聚氨酯橡胶、硅橡胶、氟橡胶等。

2.5.3 复合材料

复合材料是由两种或两种以上性质不同的材料组合而成，两者保留了各自的优点，得到单一材料无法比拟的综合性能，是新型的工程材料。

各种材料都可以相互复合。非金属材料之间可以复合，非金属与金属材料也可以复合，不同的金属材料之间也可做成复合材料。

（1）复合材料的特性

① 比强度大　比强度是材料强度和密度的比值，是从减轻重量的角度选择材料的指标。如碳纤维与环氧树脂组成的复合材料，比强度是钢的 7 倍，通常可减轻结构件重量的 15％～30％。

② 化学稳定性好　选用耐蚀性良好的树脂为基体，用高强度纤维作增强材料，能耐酸、碱及油脂等的侵蚀。

③ 减摩耐磨、自润滑性好　选用适当的塑料与钢板制成的复合材料，可作为轴承材料。由于钢板的增强作用，塑料轴承的耐磨性、尺寸稳定性以及承载能力都能显著提高。用石棉之类的材料与塑料复合，可以得到摩擦因数大、制动效果好的摩阻材料。

④ 其他特殊性能　如隔热性、烧蚀性，以及特殊的电、光、磁等性能。

（2）复合材料的分类和应用

根据复合材料结构上的特点，一般可以分为纤维复合材料、层叠复合材料、颗粒复合材料和骨架复合材料等。

① 纤维复合材料　纤维复合材料大部分是纤维和树脂的复合。根据所用的纤维和树脂的不同，可分为玻璃纤维复合，碳纤维、石墨纤维复合，晶须复合等。复合后的性能一般都能扬长避短。纤维复合材料的用途视其性能而定。如用玻璃纤维增强的热固性塑料，一般称为玻璃钢，具有优良的综合性能，在航空、国防、汽车、化工等方面应用广泛，是一种重要的复合材料。碳纤维、石墨纤维复合材料的比强度高、线胀系数小、耐磨、自润滑性能好，可用于航空、宇航、原子能工业中的压气机叶片，发动机壳体、轴瓦、齿轮等。

② 层叠复合材料　层叠复合材料是把两种以上不同材料层叠在一起。例如玻璃复层是把两层玻璃板之间夹一层聚乙烯醇缩丁醛，可作安全玻璃使用。塑料复层则在普通钢板上复合一层塑料，可提高其耐腐蚀性能，用于化工及食品工业等。

③ 颗粒复合材料　一般是粉料间的复合。金属粒与塑料复合，如高含量铅粉的塑料，可用作 γ 射线的罩屏及隔音材料；铜粉加入氟塑料，还可用作轴承材料；陶瓷粒与金属复合，如氧化物金属陶瓷，可用作高速切削刀具及高温耐磨材料等。

④ 骨架复合材料　包括多孔浸渍材料和夹层结构材料。多孔材料浸渍低摩擦因数的油脂或氟塑料，可作轴承等。夹层结构材料质轻，抗弯强度大，可制作大电动机罩、门板及飞机机翼等。

2.5.4 胶黏剂

胶黏剂又称粘接剂，它是能把相同或不同的材料牢固地黏合在一起的物质。它以富有黏性的物质为基础，加入了各种添加剂。

（1）胶黏剂的特点

胶接与螺栓连接、铆接、焊接相比具有如下特点：胶接处应力分布较均匀；质量轻，可连接各种材料；胶接处表面光滑、平整，胶缝具有绝缘、密封、耐腐蚀等性能。

（2）胶黏剂的分类及用途

胶黏剂可分为天然的和合成的两大类。天然胶黏剂使用范围较窄，已不能适应发展的需要。随着高分子化学工业的发展，合成出一系列新型的性能良好的胶黏剂。常用的合成胶黏剂有环氧胶黏剂（即万能胶），广泛用于船舶、机械、电子仪表、化工、宇航工业等；聚氨酯胶黏剂主要用于液氮和液氢容器等低温设备的胶接；特种胶黏剂，主要用于宇航、电子工业中具有特殊性能要求的零部件的胶接。

2.5.5 陶瓷

陶瓷是无机非金属固体材料，一般可分为传统陶瓷和特种陶瓷两大类。

传统陶瓷是黏土、长石和石英等天然原料，经粉碎、成型和烧结制成，主要用于日用品、建筑、卫生以及工业上的低压和高压电瓷、耐酸、过滤制品等。

特种陶瓷是以各种人工化合物（如氧化物、氮化物等）制成的陶瓷，常见的有氧化铝瓷、氮化硅瓷等。这类陶瓷主要用于化工、冶金、机械、电子工业、能源和某些新技术领域等，如制造高温器皿、电绝缘、电真空器件、高速切削刀具、耐磨零件、炉管、热电偶保护管以及发热元件等。

陶瓷具有硬度高、抗压强度大、耐高温、抗氧化、耐磨损和耐蚀性能好等优点。也存在脆性大、耐冲击能力低、易碎、后加工能力低、产品不易回收利用等缺点。

任务2 机械工程材料赋予属性实训

观看中国大学 MOOC 机械工程材料实训视频，完成任务工单2。

 思政小故事

1948 年，师昌绪赴美留学。20 世纪 50 年代开始，师昌绪为争取回国，进行了长期斗争。1955 年 6 月，师昌绪回国，被分配到中国科学院金属研究所，从 1957 年起便负责"合金钢与高温合金研究与开发"成为中国高温合金开拓者之一，领导开发中国第一代空心气冷铸造镍基高温合金涡轮叶片，使我国成为继美国之后第二个自主开发这一关键材料与技术的国家。

获取本章视频资源，请扫描上方的二维码

构件的静力分析，是选择构件材料、确定构件具体外形尺寸的基础。一般情况下，构件受力后产生的变形，相对构件的几何尺寸而言是微小的，对研究构件整体平衡或运动影响甚微，可忽略不计，从而可近似认为构件受力时不产生变形，这种理想化的物体称为刚体。这样在研究构件平衡问题时，略去与平衡无关或关系甚少的因素，可使问题的研究得到简化。

3.1 力的基本性质

3.1.1 力的定义

力是物体间的相互作用，这种作用使物体的运动状态发生变化或使物体产生变形。这种作用存在于物体与物体之间，例如物体相互吸引的万有引力，相互接触物体之间的挤压力，以及相互接触且具有相对运动或运动趋势的物体间的摩擦力等，都是物体之间产生的相互作用。也就是说，物体的机械运动状态发生的变化，都是由于其他物体对该物体所施加力的作用结果。力的作用效果取决于三个要素，称为力的三要素：力的大小、力的方向、力的作用点。

3.1.2 静力学的基本公理

静力学的基本公理是静力学的基础，是符合客观实际的普遍规律，是人们长期生活和实践积累的经验总结。

公理1（二力平衡公理）

作用于刚体上的两个力，使刚体处于平衡状态的充分和必要条件是：两力大小相等，方向相反且作用在同一直线上。

如图3-1所示，书受到两个力，分别是 G：书的重力（地球对书的吸引力）。N：课桌对书的支承力。作用于书上的两个力（G、N），使书处于平衡的必要充分条件是：这两个力的大小相等，方向相反，作用在同一条直线上。

公理2（力的平行四边形公理）

作用在物体上同一点的两个力，可以合成一个合力，合力仍在该点上，合力的大小和方向由这两个力为边构成的平行四边形的对角线来表示。如图3-2所示，合力 F_R 是两个分力平行四边形对角线。

推论（三力平衡汇交定理）

当刚体受三个力作用而处于平衡时，若其中两个力的作用线汇交于一点，则第三个力的作用线必交于同一点，且三个力的作用线在同一平面内，如图3-3所示，F_1 和 F_2 合力必然是和 F_3 大小相等，方向相反。

公理3（作用力与反作用力公理）

作用力与反作用力总是同时存在，两力的大小相等，方向相反，沿着同一直线分别作用在

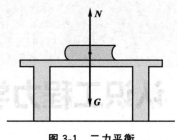

图 3-1　二力平衡

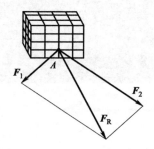

图 3-2　力的平行四边形公理

两个相互作用的物体上。如图 3-4 所示，桨对水作用力和水对桨反作用力，大小相等方向相反。

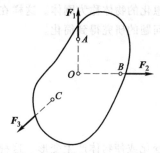

图 3-3　三力平衡汇交定理

图 3-4　作用力和反作用力实例

3.1.3　约束和约束反力

（1）自由体和非自由体

约束和约束反力把空间不受位移限制的物体称为自由体，如飞机、炮弹等。而有些物体在空间的位移受到一定限制，称它们为非自由体，如：机车受钢轨的限制只能沿轨道行驶，吊车吊起的重物受钢索的限制不能下落。

（2）约束和约束力

把对非自由体的某些位移起限制作用的物体称为约束。约束是限制物体的运动，且这种限制是通过力的作用来实现的。因此，约束对物体的作用实际上就是力，这种力叫约束反力，简称反力。约束反力的方向与约束对物体限制其运动趋势的方向相反。约束反力的作用点即是约束与物体之间的相互作用点。在物体平衡系中，约束反力总是未知的，往往需要和物体受到的其他已知力组成平衡力系，通过平衡条件求得其大小和方向。约束反力以外的力（如重力、切削力）称为主动力。物体所受主动力往往是给定的或是可测定的。主动力和约束力区别详见表 3-1 所示。

表 3-1　主动力和约束力区别

项目	主动力	约束力
定义	使物体运动或有运动趋势的力，称为主动力	阻碍物体运动的力，随主动力的变化而改变，是一种被动力
特性	大小与方向预先确定，可以改变运动状态	大小未知，取决于约束本身的性质，与主动力的大小有关，可由平衡条件求出。约束力的作用点在约束与被约束物体的接触处。约束力的方向与约束所能限制的运动方向相反

（3）常见约束类型

① 柔性约束　柔体约束是由柔软而不计自重的绳索、链条、传动带等所形成的约束。

如图3-5所示，起吊减速箱盖时吊钩受到绳子的约束力及减速箱B、C处受到绳子的约束力；皮带对轮的约束力。

约束特点：只能承受拉力，不能承受压力。

约束力的方向：沿着绳索，背离物体。

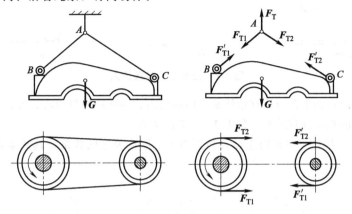

图3-5　柔性约束

② 光滑面约束　两物体相互接触，当接触表面非常光滑，摩擦可忽略不计时，即属于光滑接触表面约束。这类约束不能限制物体沿约束表面切线的位移，只能阻碍物体沿接触表面法线并指向约束内部的位移。因此，光滑接触对物体的约束反力作用在接触点处，方向沿接触表面的公法线并指向受力物体，如图3-6所示。这种约束反力称为法向反力，用F_N表示。

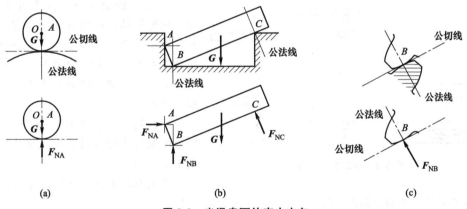

图3-6　光滑表面约束力方向

约束特点：只能限制物体沿着接触面的公法线指向约束物体运动的方向。

约束力的方向：沿接触表面的公法线，指向物体。

③ 光滑圆柱铰链约束　光滑圆柱铰链约束是用销钉将两个具有相同直径圆柱孔的物体连接起来，且不计销钉与销钉孔壁之间摩擦的约束（如图3-7所示）。

铰链约束通常分为固定铰链支座、中间铰链、活动铰链支座等几种类型。

a.固定铰链支座　圆柱销连接的两构件中，如果连接铰链中有一个构件与地基或机架相连，便构成固定铰链支座。

约束特点：能限制物体（构件）沿圆柱销半径方向的移动，但不限制其转动。

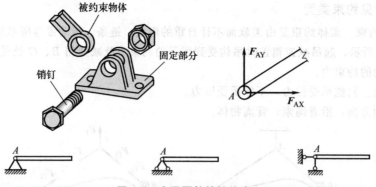

图 3-7　光滑圆柱铰链约束

约束力的方向：作用在与销钉轴线垂直的平面内，并通过销钉中心，方向待定，工程中常用通过铰链中心的相互垂直的两个分力 F_{AX}、F_{AY} 表示。

b. 中间铰链　构件用圆柱销连接且均不固定，即构成中间铰链，其约束反力用两个正交的分力 F_{AX} 和 F_{AY} 表示，如图 3-8 所示。

图 3-8　中间铰链

约束特点、约束力的方向与固定铰链支座相同。

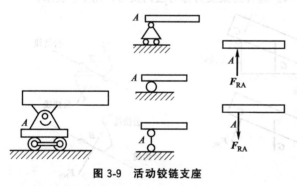

图 3-9　活动铰链支座

c. 活动铰链支座　工程中常将桥梁、房屋等结构用铰链连接在有几个圆柱形滚子的活动支座上，支座在滚子上可做左右相对运动，允许两支座间距离可稍有变化，这种约束称为活动铰链支座，如图 3-9 所示。

约束特点：在不计摩擦的情况下，能够限制被连接件沿着支承面法线方向的上下运动。

约束力的方向：作用线通过铰链中心，并垂直于支承面，其方向随受载荷情况不同指向或背离物体。

3.2 力矩和力偶

3.2.1　力矩

用扳手拧螺母，螺母绕轴转动，为了度量力使物体转动的效应，力学中引进了力对点的矩，简称力矩。力矩是力对一点的矩，等于从该点到力作用线上任一点矢径与该力的矢量积，记作 $M=r\times F$。如图 3-10 所示，扳手对螺母轴心线的矩为 $r\times F$，F 为扳手上作用的力，方向垂直于固定轴平面，r 为 F 到轴线的垂直距离。显然，F 使扳手绕点 O 的转动方向不同，作用效果也就不同。其转动效果，由下面两个因素决定：

① 力的大小与力臂的乘积。

② 力使物体绕 O 点的转动方向。

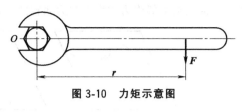

图 3-10　力矩示意图

这两个因素可用一代数量来表示：$r \times F$。力对某点之矩。

正负通常规定如下：力使物体绕矩心逆时针方向转动为正，反之为负。

力矩在下列两种情况下等于零：

① 力等于零。

② 力的作用线通过矩心，即力臂等于零。

在国际单位制中，以牛顿米（简称牛米）为力矩的单位，记作 N·m。

3.2.2　力偶和力偶矩

（1）什么是力偶

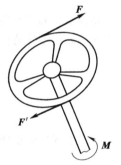

图 3-11　力偶转动效应

在实际生活中，我们常见到汽车司机用双手转动方向盘，钳工用手动铰刀铰孔等。以司机转动方向盘为例，其转动的实质是手对方向盘施加了一对力，且二力不共线（图 3-11），使得物体改变运动状态而不能相互平衡，这种由两个大小相等方向相反的平行力组成的二力，称为力偶，记作 M 或 M（F，F'）。力偶两力之间的垂直距离 d 称为力偶臂。显然力偶不能合成一个力，也不能用一个力来平衡，或用一个力来等效替换。力偶可使物体转动或改变物体的转动的状态。

（2）力偶的效应

力偶对刚体作用使刚体产生转动效应，力偶对物体的转动效果与力矩对物体的转动效果相同，力偶对物体的作用效应可用力偶矩来度量，力偶矩是两个大小相等、方向相反，且不在同一直线上的力所产生的力矩之和，即

$$M = \pm Fd \tag{3-1}$$

由上式可知：力偶的作用效果与力的大小和力偶臂的长短有关，而与矩心无关。力与力偶臂的乘积称为力偶矩，记作 M。

力偶在平面内的转动不同，则作用效果就不同。力偶矩的方向规定：逆时针转向为正，顺时针转向为负，于是力偶矩可记作 $M = F \times d$，单位为 N·m。

（3）力偶的性质

力偶中力的大小、力偶臂的长短以及作用的位置都不是决定力偶对物体作用的独立因素，只有力偶矩才能唯一地决定力偶对物体的作用。因此，只要保证力偶矩的代数值不变，任何一个力偶总是可以用同平面内另一个力偶等效替换，而不改变它对物体的作用。同平面内力偶的等效定理：在同平面内的两个力偶，如果力偶矩相等，则两力偶彼此等效。

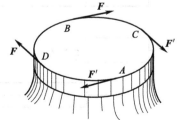

图 3-12　力偶在作用面内任意转动

性质①：力偶可以在其作用面内任意移转，而不改变它对刚体的作用，如图 3-12 所示。

性质②：只要保持力偶矩大小和力偶的转动方向不变，

可以同时改变力偶中力的大小和力偶臂的长短，而不改变力偶对刚体的作用，如图 3-13 所示。

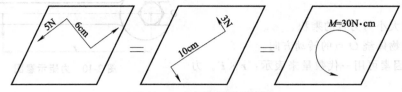

图 3-13　力偶的等效示意图

其正、负号规定为：使物体逆时针转动的力偶矩为正，反之为负。力偶矩的单位与力矩的单位相同。

综上所述，力偶对物体的转动效应，取决于力偶矩的大小、力偶的转向与力偶作用面的方位这三个要素。

3.3 拉伸和压缩

3.3.1　机械零件的强度

强度是零件应满足的基本要求。零件强度是指零件受载后抵抗断裂、塑性变形和表面失效的能力。为了保证零件具有足够的强度，必须使零件在受载后的工作应力 σ 不超过零件的许用应力 $[\sigma]$。其表达式为：

$$\sigma \leqslant [\sigma] \quad 或 \quad \sigma = F/A \leqslant [\sigma] \tag{3-2}$$

式中　F——载荷，N；

A——截面积，m^2。

利用上式计算零件的几何尺寸，是零件设计计算。如果零件尺寸已知，由上式校验零件的强度，则是校核计算。

零件工作应力的类型不同，可能是静应力（即应力不随时间变化或变化缓慢），也可能是交变应力（即应力随时间变化）；分布不同，其强度表现行为也不同。

3.3.2　内力与截面法

（1）内力的概念

构件在外力作用下产生变形，其内部的一部分对另一部分的作用称为内力。这种内力将随外力增加而增大。当内力增大到一定限度时，构件就会发生破坏。内力与构件的强度是密切相关的，拉压杆上的内力又称为轴力。

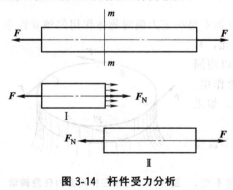

图 3-14　杆件受力分析

（2）截面法

将受外力作用的杆件假想地切开用以显示内力，并以平衡条件来确定其合力的方法，称为截面法。它是分析杆件内力的唯一方法。具体求法如下：

图 3-14 所示为受拉杆件，假想地沿截面 m—m 将杆件切开，分为 I 和 II 两段。取 I 段为研究对象。在 I 段的截面 m—m 上到处都作用着内力，其合力为 F_N。F_N 是 II 段对 I 段的作用力，并与

外力 F 相平衡。由于外力 F 的作用线沿杆件轴线，显然，截面 $m—m$ 上的内力的合力也必然沿杆件轴线。据此，可列出其平衡方程：

$F_N-F=0$　得：$F_N=F$

综上所述求杆件内力的方法——截面法可概述如下：

截：在所需求内力的截面处，沿该截面假想地把构件切开。

取：选取其中一部分作为研究对象。

代：将弃去部分对研究对象的作用，以截面上的未知内力来代替。

平：根据研究对象的平衡条件，建立平衡方程，以确定未知内力的大小和方向。

当杆件受拉时轴力为正，杆件受压时轴力为负。在轴力方向未知时，轴力一般按正向假设。如果最后求得的轴力为正号，那么表示实际轴力的方向与假设方向一致，轴力为拉力；如果最后求得的轴力为负号，则表示实际轴力方向与假设方向相反，轴力为压力。

3.3.3　拉伸与压缩的受力、变形特点

在生产实践中，受到拉伸或压缩的杆件虽然外形各有差异，但构件都是直杆，因此在计算中都可以简化为图 3-15 所示的受力简图。杆件拉伸和压缩的受力特点是：作用于杆件上的外力合力的作用线沿杆件轴线；变形特点是：沿轴线方向产生纵向伸长或缩短。凡以轴向伸长为主要变形特征的杆件称为拉杆，以轴向压缩为主要变形特征的杆件称为压杆。

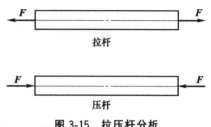

图 3-15　拉压杆分析

当拉（压）杆受到轴力作用后，杆中横截面上的任一点都将产生正应力 σ，同时该点相应地产生纵向线应变 ε。正应力 σ 为：

单位面积上的内力，表示为 $\sigma=F_N/A$

线应变 ε 为单位长度的伸长量。正应力 σ 与线应变 ε 存在下列关系：

$$\sigma=E\varepsilon \tag{3-3}$$

式中　E——比例系数，称为弹性模量，MPa 或 GPa。

在一定的范围内，一点处的正应力同该点处的线应变成正比关系。式中 E 的量纲与正应力 σ 的量纲相同，式（3-3）称为胡克定律，适用于单向拉伸、压缩。

3.3.4　拉伸（压缩）时材料的力学性质

材料的力学性质，主要是指材料受力时在强度、变形方面表现出来的性质。材料的力学性质是通过试验手段获得的。试验采用的是国家标准统一规定的标准试件。如图 3-16 所示，L_0 为试件的试验段长度，称为标距。下面以低碳钢做拉伸试验来研究低碳钢时的力学性质，脆性材料的力学性质可以查阅相关资料，这里不再赘述。

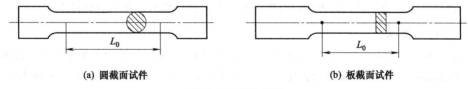

(a) 圆截面试件　　　　　　　　　　　　　　(b) 板截面试件

图 3-16　拉伸试件

试验时，试件在受到缓慢施加的拉力作用下，试件逐渐被拉长（伸长量用 ΔL 来表示），直到试件断裂为止。这样得到 F 与 ΔL 的关系曲线，称为拉伸图或 $F\text{-}\Delta L$ 曲线，如图 3-17 所

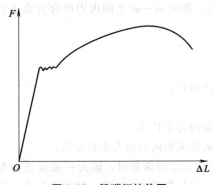

图 3-17　低碳钢拉伸图

示。拉伸图与试件原始尺寸有关，受原始尺寸的影响。为了消除原始尺寸的影响，获得反映材料性质的曲线，将 F 除以试件的原始横截面积 A，得正应力 $\sigma = F/A$，把 ΔL 除以 L 得应变 $\varepsilon = \Delta L/L$。以 σ 为纵坐标，以 ε 为横坐标，于是得到 σ 与 ε 的关系曲线，称为应力-应变图或 σ-ε 曲线。由 σ-ε 图（图 3-18）可见，整个拉伸变形过程可分为四个阶段。

（1）弹性阶段

在拉伸的初始阶段，Oa 为一直线段，它表示应力与应变成正比关系，即 $\sigma \propto \varepsilon$。直线最高点 a 所对应的应力值 σ_p 称为材料的比例极限。低碳钢的比例极限 $\sigma_p \approx 200\text{MPa}$。$ab$ 段图线微弯，说明 σ 与 ε 不再是正比关系，而所产生的变形仍为弹性变形。b 点所对应的应力值 σ_e 称为材料的弹性极限。由于 σ_p 与 σ_e 非常接近，因此工程上常不予区别，并多用 σ_p 代替 σ_e。

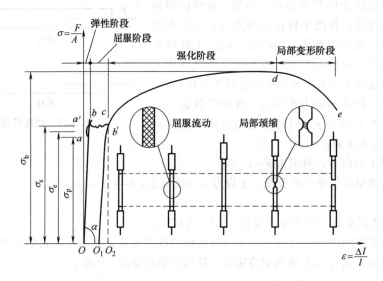

图 3-18　低碳钢材料拉伸时的应力-应变曲线

（2）屈服阶段

当由 b 点逐渐发展到 c 点，表明应力几乎不增加而变形急剧增加，这种现象称为屈服或流动，bc 阶段称为屈服阶段。对应 c 点的应力值 σ_s 称为材料的屈服点。低碳钢的 $\sigma_s \approx 240\text{MPa}$。材料屈服时，所产生的变形是塑性变形。当材料屈服时，在试件光滑表面上可以看到与杆轴线成 45°的暗纹，这是由于材料最大剪应力作用面产生滑移造成的，故称为滑移线。

（3）强化阶段

经过屈服后，图线由 c 点上升到 d 点，这说明材料又恢复了对变形的抵抗能力。若继续变形，必须增加应力，这种现象称为强化。cd 段称为强化阶段。最高点 d 所对应的应力 σ_b 称为材料的强度极限。低碳钢的强度极限 $\sigma_b \approx 400\text{MPa}$。

（4）局部变形阶段

当图线经过 d 点后，试件的变形集中在某一局部范围内，横截面尺寸急剧缩小

（图 3-18），产生缩颈现象。由于缩颈处横截面显著减小，使得试件继续变形的拉力反而减小，直至 e 点试件被拉断。de 段称为局部变形阶段。

3.3.5　许用应力和安全系数

在研究材料的力学性质时知道，当材料受到拉压作用达到或超过材料的极限应力时，材料就会产生塑性变形或断裂，为了保证构件的安全，必须使构件在载荷作用下工作的最大应力低于材料的极限应力。极限应力降低到一定程度，这个应力值称为材料的许用应力。许用应力值可由极限应力除以一个大于 1 的系数而得到。在强度计算中，规定允许的最大的应力是极限应力除以一个大于 1 的系数 n。用 $[\sigma]$ 表示许用应力，即：

$$[\sigma_s]=\sigma_s/n \tag{3-4}$$

式中　n——安全系数，无量纲。

许用应力反映了构件必要的强度储备。在工程实际中，静载时塑性材料一般取安全系数 $n=1.2\sim2.5$，对脆性材料取 $2\sim3.5$。安全系数也反映了经济与安全之间的矛盾关系。取值过大，许用应力过低，造成材料浪费。反之，取值过小，安全得不到保证。塑性材料一般取屈服点 σ_s 作为极限应力；脆性材料取强度极限 σ_b 作为极限应力，上式分子用 σ_b 代替。

3.3.6　拉伸与压缩时的强度校核

为了保证构件安全可靠地正常工作，必须使用构件的最大工作应力小于材料的许用应力，即

$$\sigma=F_N/A\leqslant[\sigma] \tag{3-5}$$

若已知构件尺寸、载荷及材料的许用应力，校核式（3-5）可检验杆件强度是否满足要求。

例 1　如图 3-19 所示的拉杆受最大拉力 $F=300\text{kN}$，该拉杆的许用应力 $[\sigma]=300\text{MPa}$，最细处的直径 $d=44\text{mm}$，试校核该拉杆的强度。

图 3-19　拉杆受力图

拉杆受力的情况如图所示，各截面轴力均为：

$$F_N=F=300\text{kN}$$

最细处的面积为：

$$A=\pi d^2/4$$

据强度校核公式

$$\sigma_{max}=\frac{F_N}{A}=4\frac{F_N}{\pi d^2}=\frac{4\times300\times10^3}{3.14\times44^2}=197（\text{MPa}）$$

可见 $\sigma_{max}<[\sigma]$，说明拉杆符合拉伸强度要求。

3.4 剪切和挤压

3.4.1　剪切

（1）剪切的概念

用剪切机剪断钢板是剪切的典型实例 [图 3-20（a）]。剪切时上、下刀刃在力的作用下使钢板沿着两力作用截面 $m—m$ 相对错动，直至沿截面 $m—m$ 被剪断。在工程中常遇到受剪切变形的零件有螺栓、键、销等。受剪切的零件的受力特点是：作用于构件两侧面上外力的合力的大小相

等、方向相反，且作用线相距很近；变形特点是：构件沿两力作用的截面发生相对的错动。

（2）剪切和切应力

如图 3-20 所示为剪切变形，钢板在外力作用下使零件发生剪切变形。此时，在零件内部产生一个抵抗变形的力，称为剪力。根据截面法可求出该截面的内力，即剪力，可知剪力大小与外力相等且与该受力截面相切，如图 3-20（b）和（c）所示。剪力的单位是牛顿（N）或千牛顿（kN）。剪力常用 F_Q 表示。

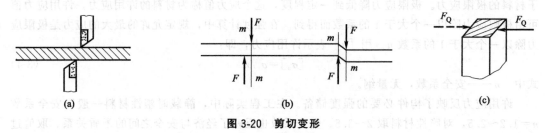

(a)　　　　　　　　　(b)　　　　　　　　　(c)

图 3-20　剪切变形

切应力 τ 表示沿剪切面上应力分布的程度，即单位面积上所受到的剪力。由于剪切面附近变形复杂，切应力在剪切面上的分布规律难于确定，因此工程实际中一般近似地认为：剪切面上的应力分布是均匀的，其方向与剪切力相同，即

$$\tau = F_Q / A_B \tag{3-6}$$

式中　τ——切应力，Pa 或 MPa；

　　　F_Q——剪力，N；

　　　A_B——剪切面积，m^2。

3.4.2　挤压

（1）挤压的概念

在构件发生剪切变形的同时，往往还在受力处相互接触的作用面间发生挤压现象，如图 3-21 所示。当相互挤压力很大时，作用面间将可能发生塑性变形或压溃。彼此相互接触压紧的表面称为挤压面；彼此相互挤压的作用力称为挤压力。

（2）挤压应力

工程中常假定挤压力在挤压面上是均匀分布的。挤压面上单位面积所受到的挤压力，称为挤压应力，其表示式为：

$$\sigma_B = F_B / A_j \tag{3-7}$$

式中　F_B——挤压力，N；

　　　A_j——挤压计算表面积，m^2。

在圆柱表面上，挤压应力分布并非均匀，如图 3-22 所示。因此，在工程实际中采用近似计算，即把作用于圆柱表面上的应力，认为在其直径的矩形投影面上是均布的，即用直径截面代替挤压面。

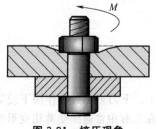

图 3-21　挤压现象

3.4.3　剪切与挤压强度

（1）抗剪强度

剪切面上的最大切应力，即抗剪强度 τ_{max} 不得超过材料的许用切应力，表示式为

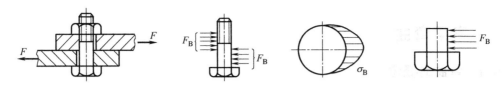

图 3-22 挤压应力分布

$$\tau_{\max} = F_Q/A_B \leqslant [\tau] \tag{3-8}$$

式中　$\tau_{\max}$——破坏时的抗剪强度应力极限，MPa；

　　　A_B——剪切截面积，m^2；

　　　$[\tau]$——许用切应力，MPa。

（2）挤压强度

挤压面上的最大挤压应力不得超过挤压许用应力，即

$$\sigma_{j\max} = F_B/A_j \leqslant [\sigma_j] \tag{3-9}$$

式中　$\sigma_{j\max}$——最大挤压应力，MPa；

　　　F_B——接触面间挤压力，N；

　　　A_j——挤压计算表面积，m^2；

　　　$[\sigma_j]$——挤压许用应力，MPa。

利用抗剪强度和挤压强度两个条件式可以解决三类强度问题，即强度校核、设计截面尺寸和确定许用载荷。由于受剪零件同时伴有挤压作用，因此在校核强度时，不仅要计算抗剪强度，还要计算挤压强度。

3.4.4　剪切与挤压在生产实践中的应用

工程中，常用作连接的螺栓、键、销、铆钉等标准件，它们受到的剪力和挤压力较复杂，变形也复杂。因此，在计算设计这类构件时常采用实用计算法，即假定剪力、挤压力是均匀分布的，利用抗剪强度、挤压强度计算公式进行强度校核、设计截面尺寸以及确定许用载荷。如一部机器在工作中可能会产生超载现象，零件在超载时会发生破坏。为了使机器中关键零件或贵重零件不致损坏，而把机器中某个次要零件设计成机器中最薄弱的环节。机器超载时，这个零件先行破坏，而使载荷不能增加，从而保护了机器中其他重要零件。

例 2　如图 3-23 所示为车床光杠的安全销。已知 $D=20\text{mm}$，安全销材料为 30 钢，抗剪强度极限 $\tau_b=360\text{MPa}$，为保证光杠安全，传递力矩 M 不能超过 $120\text{N}\cdot\text{m}$。试设计安全销的直径 d。

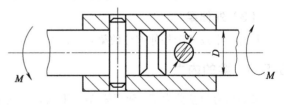

图 3-23　安全销受力示意图

① 求内力：安全销上有两个受剪面，受剪面上剪力 F_Q 组成的一力偶与外载荷平衡，即 $M=F_Q D$，剪力为 $F_Q=M/D$。

② 利用抗剪强度计算公式确定安全销直径。按抗剪条件，切应力应不超过抗剪强度极限：

$\tau=F_Q/A \geqslant \tau_b$

$d \leqslant 4M/\pi D\tau = (4\times120)/(\pi\times20\times10^{-2}\times360\times10^6) \approx 0.45 \text{（cm）}$

由计算可知，应选择直径不大于 0.45cm 的安全销，机器才能保证安全。

3.5 直梁弯曲

3.5.1 弯曲的概念

在日常生活中，弯曲的现象是普遍存在的，例如挑重物的扁担和钓鱼的竹竿，在使用中都会发生弯曲。同样，在工程机械中也存在着弯曲。如吊车的主梁，汽车用的钢板弹簧以及火车的车轴在受到横向载荷作用时，都会产生弯曲变形，如图 3-24 所示。弯曲变形的特点是杆件所受的力是垂直于梁轴线的横向力，在其作用下梁的轴线由直线变成曲线。以弯曲变形为主要变形的杆件，称为梁。

3.5.2 梁的基本形式

梁的支承和受力很复杂，计算中常将梁简化为三种典型形式：

（1）简支梁

一端为固定铰支承，另一端为可动铰支承的梁，如图 3-25（a）所示。

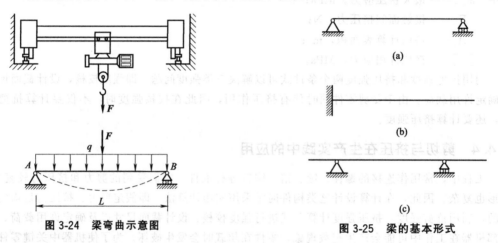

图 3-24　梁弯曲示意图

图 3-25　梁的基本形式

（2）悬臂梁

一端为固定铰支承，另一端为自由的梁，如图 3-25（b）所示。

（3）外伸梁

具有一个或两个外伸部分的梁，如图 3-25（c）所示。

3.5.3 梁的内力

梁的内力包括剪力 F_Q 和弯矩 M，下面以简支梁（图 3-26 和图 3-27）为例加以说明。

（1）首先求出梁上所受外力：

$$F_{RA} = Fb/L$$

$$F_{RB} = Fa/L$$

（2）用截面法求内力

在截面 m—m 处假想地把梁切为两段。

取左段为研究对象。由于左段作用着外力 F_{RA}，则在截面上必有一个与 F_{RA} 大小相等、方

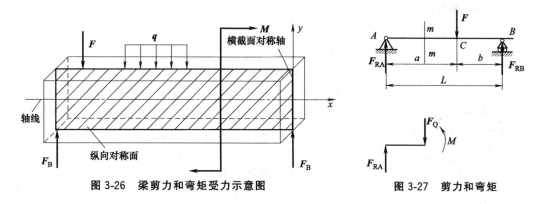

图 3-26　梁剪力和弯矩受力示意图　　　　图 3-27　剪力和弯矩

向相反的力 F_Q。由于该内力切于截面，因此称为剪力。又由于 F_{RA} 与 F_Q 形成一个力偶，因此在截面处必存在一个内力偶 M 与之平衡，该内力偶称为弯矩。

建立平衡方程：

由 $\sum F=0$，得：$F_{RA}-F_Q=0$，$F_Q=F_{RA}$

由 $\sum M=0$，得：$M=F_{RA}a-F_Q m=0$

由此可以看出：弯曲时，梁的横截面上产生两种内力：一个是剪力，一个是弯矩。

（3）剪力和弯矩符号的规定

剪力符号规定：左上、右下为正（顺时针转动趋势），反之为负。弯矩符号规定：使梁微段上凹为正，反之为负，如图 3-28 所示。

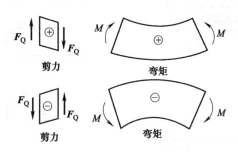

图 3-28　剪力和弯矩符号

3.6 圆轴扭转

力矩是力对物体转动效应的度量，以 $M_o(F)$ 表示力 F 对点 O 的力矩，点 O 称为矩心，矩心 O 到力作用线的垂直距离 h 称为力臂，则：$MO(F)=Fh$，当力使物体绕矩心逆时针转动时为正，反之为负。

大小相等、方向相反但不共线两个平行力组成的力系，称为力偶，如图 3-29 所示，记作 (F,F')。力偶对物体的转动效应称为力偶矩。两力作用线之间垂直距离 d 称为力偶比，则 $M=Fd$。

（1）外力偶矩的计算公式：

$$M=9550\frac{P}{n} \tag{3-10}$$

式中　M——外力偶矩，N·m；

P——轴传递的功率，kW；

n——轴的转速，r/min。

（2）扭矩

扭矩是使物体发生转动的一种特殊的力矩。圆轴在外力偶矩作用下发生扭转变形时，其截面上产生的内力称为扭矩，确定了作用在轴上的所有外力偶矩之后，就可以采用截面法计算圆轴扭转时的内力。发动机的扭矩就是指发动机从曲轴端输出的力矩，通过传动轴输出到后桥，如图 3-30 所示，在功率固定的条件下它与发动机转速成反比关系，转速越快扭矩越小，反之越大，它反映了汽车在一定范围内的负载能力。外部的扭矩叫转矩或者叫外力偶矩，内部的叫内力偶矩或者叫扭矩。

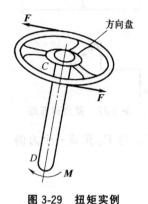

图 3-29　扭矩实例

由力偶的平衡条件可知，力偶要用力偶来平衡。外力以力偶的方式作用在圆轴上，横截面上必然出现一个内力偶与之平衡，即为去掉的右段对左段的作用，该力偶作用在截面 $m—m$ 内，如图 3-31 所示。这样的内力称为扭转内力矩，简称扭矩，以 M_n 来表示。

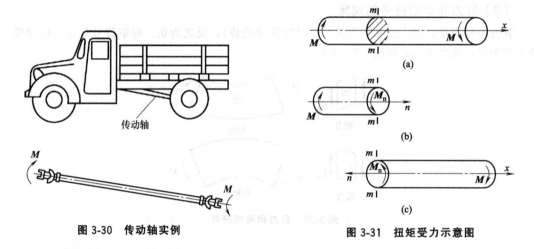

图 3-30　传动轴实例　　　　　　　图 3-31　扭矩受力示意图

由平衡方程式 $\qquad\qquad \sum M_x = 0$

确定扭矩 M_n 的大小。即 $M_n = M$

无论是取左段为研究对象，还是取右段为研究对象，为使两段杆上求得的同一截面上的扭矩符号相同，可将扭矩符号做如下规定：右手四指表示扭矩转动方向，大拇指表示扭矩矢量方向，若大拇指与截面外法线方向相同，则扭矩为正，反之为负。这种方法称为右手螺旋法。

当轴上有多个外力偶作用时，为了清楚地看出各截面的扭矩变化情况，以便确定危险截面，通常用坐标系的横轴表示圆轴各横截面的位置，纵轴表示相应截面上的扭矩，把扭矩随截面位置的变化用图线来表示，这种图形称为扭矩图。

（3）圆轴扭转的应力

为了研究圆轴扭转时横截面上应力分布情况，可先观察和分析变形现象，如图 3-32 所示圆轴，在圆轴表面画若干条垂直轴线的圆周线和平行于轴向的纵向线，两边施加一对大小相等、方向相反的外力偶矩，使圆轴扭转。从图中可以观察到：圆周线的形状、大小及两圆周线的间距均不改变，仅绕轴线做相对的转动；各纵向线仍然为直线，且都倾斜了同一角度，使原来的矩形变成平行四边形。圆轴扭转的概念与实例从以上扭转变形实例可以看出，杆件扭转变形的受力特点是杆件受到作用面与轴线垂直的外力偶作用；其变形特点是杆件的各横截面绕轴线发生相对转动。杆轴线始终保持直线。这种变形称为扭转变形。以扭转变形为主要变形的杆件称为轴。圆轴是工程上常见的一种受扭转的杆件，这里只研究圆轴扭转变形问题。

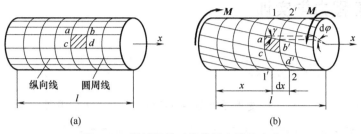

图 3-32　圆轴扭转时横截面上的剪应力

由于相邻截面的间距不变，故横截面上没有正应力；由于相邻横截面发生了旋转式的相对错动，故横截面上必有垂直于半径方向呈线性分布的切应力存在，且与扭矩的转向一致。最大切应力 τ_{max} 发生在圆轴横截面边缘上，而圆心处的切应力为零。如图 3-33 所示。

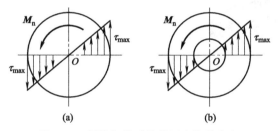

图 3-33　圆轴扭转时横截面上的剪应力

3.7 压杆稳定的概念

细长的受压杆当压力达到一定值时，受压杆可能突然弯曲而破坏，即产生失稳现象。由于受压杆失稳后将丧失继续承受原设计荷载的能力，而失稳现象又常是突然发生的，所以，结构中受压杆件的失稳常造成严重的后果，甚至导致整个结构物的倒塌。

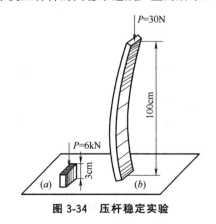

图 3-34　压杆稳定实验

图 3-35　压杆稳定实例

实验发现，当杆长为100cm，则只需要30N的压力，杆就会变弯（图3-34）；压力若再增大，杆将产生显著的弯曲变形而失去工作能力。这说明细长压杆丧失工作能力，是由于它不能保持原来的直线形状而造成的。可见，细长压杆的承载能力不取决于它的压缩强度条件，而取决于它保持直线平衡状态的能力。压杆保持原有直线平衡状态的能力，称为压杆的稳定性；反之，压杆丧失直线平衡状态而被破坏的现象，称为丧失稳定或失稳。压杆稳定实例见图3-35。

任务 3 工程力学实训

任务3.1 千斤顶受力分析

已知重物质量是890kg，欲使用千斤顶将其顶起，求电动机消耗能量和千斤顶位移。

使用 SolidWorks 打开随书千斤顶装配体模型，点击添加引力按钮，添加引力如图3-36 所示，添加重力时注意重力方向应向下，目的是将千斤顶自身重力计算在内。单击添加马达 按钮，在千斤顶的旋转轴上添加马达如图3-37 所示。

图 3-36　添加引力

图 3-37　添加马达

单击 按钮，添加重物向下力，如图3-38 所示，注意应和重力方向相同。点击查看结果 按钮，查看马达驱动力矩如图3-39 所示，结果如图3-40 所示。

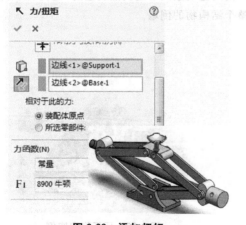

图 3-38　添加扭矩

图 3-39　查看结果

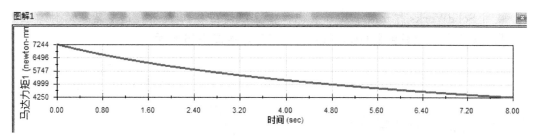

图 3-40　马达力矩输出结果

可以查看马达消耗的能量，如图 3-41 所示，也可以选择查看千斤顶垂直方向位移结果如 3-42 所示，显示结果分别如图 3-43、图 3-44 所示

图 3-41　查看马达消耗能量

图 3-42　查看千斤顶位移

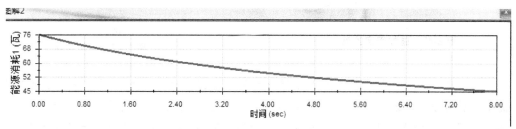

图 3-43　显示马达能量消耗

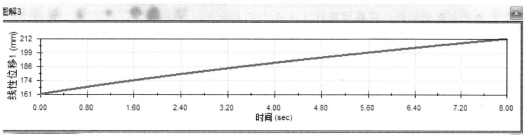

图 3-44　显示千斤顶位移图

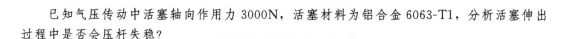

任务3.2　活塞杆屈曲分析

已知气压传动中活塞轴向作用力 3000N，活塞材料为铝合金 6063-T1，分析活塞伸出过程中是否会压杆失稳？

使用 SolidWorks 打开随书气缸装配体模型，如图 3-45 所示，选中活塞零件单独打开，找到活塞材料为铝合金 6063-T1，点击应用，如图 3-46 所示。

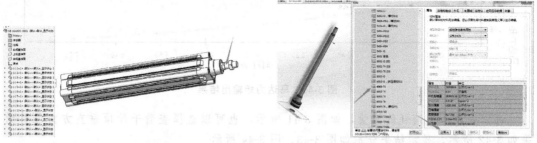

图 3-45　气缸装配体　　　　　　　　　　图 3-46　选择活塞材料

因为活塞在滑动过程中，活塞环与气缸筒内壁接触，可以视为支撑固定，所以在活塞环上添加固定约束，如图 3-47 所示。在活塞顶部添加均布载荷 3000N，如图 3-48 所示。

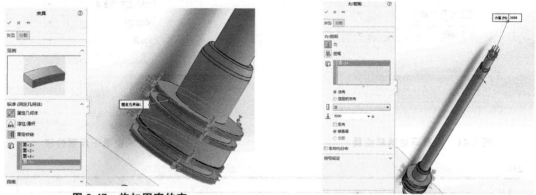

图 3-47　施加固定约束　　　　　　　　　图 3-48　添加载荷

点击查看结果 按钮，查看屈曲分析结果如图 3-49 所示，也可以更改屈曲分析参数，右键单击屈曲分析，选择属性，如图 3-50 所示。弹出屈曲分析模式数，更改为 6 次，如图 3-51 所示。右键选择列举屈曲安全系数，如图 3-52 所示，列出屈曲分析结果如图 3-53 所示。从屈曲分析结果可以看出活塞杆最大变形量为 1.2×10^{-2} mm，没有发生压杆失稳现象。也可以查看动画，观察活塞杆发生微小扭曲状况。

图 3-49　查看屈曲分析结果

图 3-50　更改屈曲分析参数

图 3-51　更改屈曲分析模式数

图 3-52　选择列举屈曲安全系数

图 3-53　查看屈曲分析安全系数

 思政小故事

　　1665 年，伦敦爆发鼠疫，夺走了约 8 万人的性命，几乎占到了伦敦人口的 1/5。当时的学校，被迫停课，疏散师生。正在剑桥大学就读的牛顿也未能幸免，只好回到乡下老家躲避瘟疫。正是在这段独处的 18 个月中，牛顿生平最重要的几项成就，初现雏形。疫情期间，牛顿创立了二项式定理、光的分解，确立了力学三定律、万有引力定律的基本思想。此时的牛顿，只有 23 岁。这些伟大的科学发现，开启了近代自然科学的序幕，点燃了人类飞速前进的助推器。牛顿后来说，那段时光，正是他创造的鼎盛时期，"我对于数学和哲学，比以后任何年代都更为用心"。

获取本章视频资源，
请扫描上方的二维码

认识常用连接

4.1 螺纹连接

螺纹连接是利用螺纹零件构成的可拆连接，它的主要功能是把若干个零件连接在一起。这种连接构造简单，拆装方便，工作可靠。标准螺纹紧固件的种类和形式很多，是由专业工厂批量生产的、成本很低、因此应用广泛。

用螺纹零件将两个或两个以上的零件相对固定起来的连接，称为螺纹连接。利用螺纹零件将回转运动变为直线运动，从而传递运动或动力的装置，称为螺旋传动。大多数螺纹和螺纹零件均已标准化，并有专门工厂生产。

螺纹的类型、特点和应用，见表 4-1 所示。

表 4-1　常用螺纹的类型、特点和应用

类型	牙型图	特点和应用
普通螺纹	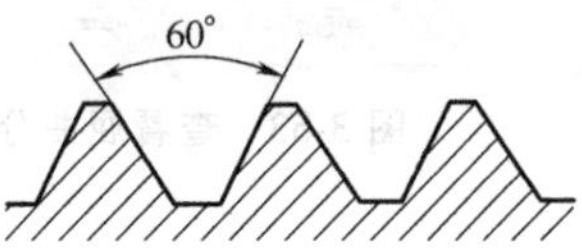	普通螺纹多用于连接、测量和调整 牙型为三角形，牙型角 $\alpha = 60°$，当量摩擦角大，易自锁，牙根厚，强度高 同一公称直径分粗牙和细牙，一般用粗牙，细牙螺纹自锁性能好，用于薄壁零件和微调装置
梯形螺纹	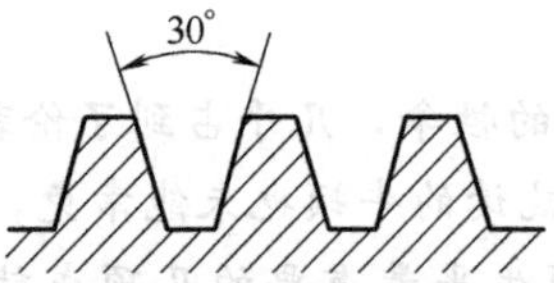	用于传动或传力螺旋 牙型角 $\alpha = 30°$，牙根强度高，对中性好，用剖分螺母可调整间隙，传动效率低于矩形螺纹
锯齿形螺纹	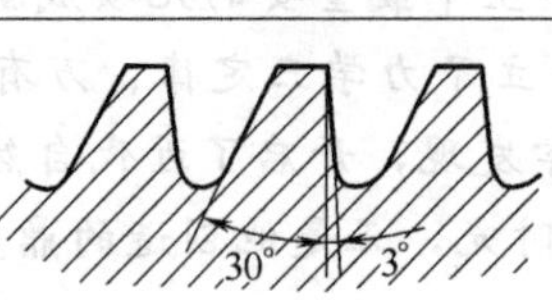	用于单向受力的传力螺旋 牙型角 $\alpha = 33°$（承载面的斜角为3°，非承载面斜角为30°），兼有矩形螺纹效率高和梯形螺纹牙根强度高、对中性好的优点
矩形螺纹	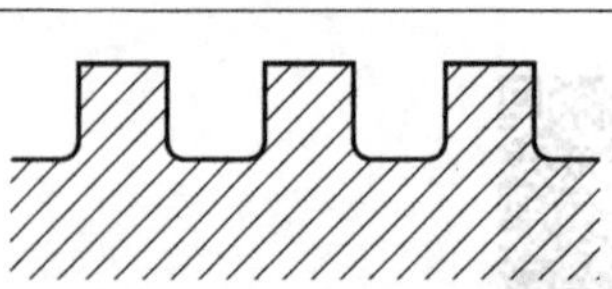	用于传动和传力螺旋 牙型为正方形，牙型角为 0°，传动效率高，牙根强度低，加工困难，对中性差，螺纹磨损后，间隙难以补偿或修复

按螺旋线绕行方式的不同，又有右旋螺纹和左旋螺纹之分，如图 4-1 所示。

螺纹在螺旋线上形成的剖面形状各处相同。螺纹在圆柱外表面的叫外螺纹，在孔内表面的叫内螺纹。内、外螺纹都是配套使用，缺一不可的。

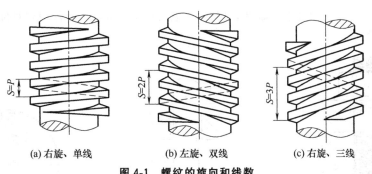

(a) 右旋、单线　　　　(b) 左旋、双线　　　　(c) 右旋、三线

图 4-1　螺纹的旋向和线数

（1）螺纹的主要参数

螺旋副由外螺纹和内螺纹相互旋合而成。圆柱普通螺纹的主要参数如图 4-2 所示。

① 大径 D、d　与外螺纹牙顶或内螺纹牙底相重合的假想圆柱面的直径称为大径，内螺纹大径代号是 D，外螺纹大径代号是 d。

② 小径 D_1、d_1　与外螺纹牙底或内螺纹牙顶相重合的假想圆柱面的直径称为小径。内螺纹小径代号是 D_1，外螺纹小径代号是 d_1。

③ 中径 D_2、d_2　中径指一个假想的中径圆柱的直径，该圆柱的母线通过牙型上沟槽和凸起宽度相等的地方，内螺纹中径代号是 D_2，外螺纹中径代号是 d_2。

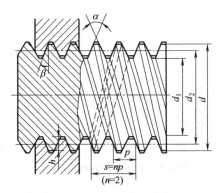

图 4-2　圆柱螺纹的主要几何参数

④ 螺距 P　螺距是相邻两牙在中径线上对应两点间的轴向距离。

⑤ 导程 P_h　导程是同一条螺旋线上的相邻两牙在中径线上对应两点间的轴向距离，$P_h = nP$。

（2）螺纹的连接类型

螺纹连接有下列四种基本类型。

① 螺栓连接　螺栓连接中被连接件的孔中不切制螺纹，装拆方便。图 4-3（a）所示为普通螺栓连接，螺栓与孔之间有间隙，由于加工简便、成本低，所以应用最广。图 4-3（b）所示为铰制孔用螺栓连接，被连接件上孔用高精度铰刀加工而成，螺栓杆与孔之间一般采用过渡配合，主要用于需要螺栓承受横向载荷或需靠螺杆精确固定被连接件相对位置的场合。

② 双头螺柱连接　双头螺柱连接使用两端均有螺纹的螺柱，一端旋入并紧定在较厚被连接件的螺纹孔中，另一端穿过较薄被连接件的通孔（见图 4-4）。它适用于被连接件较厚，要求结构紧凑和经常拆装的场合。

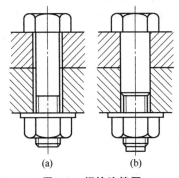

(a)　　　　(b)

图 4-3　螺栓连接图

③ 螺钉连接　螺钉连接中螺钉直接旋入被连接件的螺纹孔中，如图 4-5 所示，它结构较简单，适用于被连接件之一较厚，或另一端不能装螺母的场合。但经常拆装会使螺纹孔磨损，导致被连接件过早失效，所以不适用于经常拆装的场合。

④ 紧定螺钉连接　紧定螺钉连接将紧定螺钉拧入一零件的螺纹孔中，其末端顶住另一零

件的表面或顶入相应的凹坑中，如图 4-6 所示。它常用于固定两个零件的相对位置，并可传递不大的力或转矩。

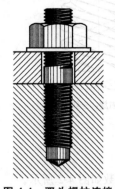

图 4-4　双头螺柱连接

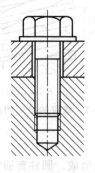

图 4-5　螺钉连接

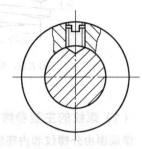

图 4-6　紧定螺钉连接

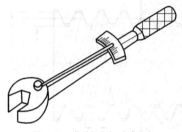

图 4-7　指针式扭力扳手

（3）标准螺纹连接件

在机械制造中常见的标准螺纹连接件有螺栓（最常用的是六角螺栓）、双头螺柱、螺钉、螺母和垫圈等。这类零件的结构形式和尺寸都已标准化。它们的公称尺寸是螺纹的大径。

设计时可按其大小在有关的标准或设计手册中查出其他尺寸。

（4）螺纹连接的预紧和防松

① 螺纹连接的预紧　绝大多数螺纹连接在装配时都必须拧紧，从而使连接在承受工作载荷前就事先受到预紧力的作用，称为预紧。

预紧的目的是增强连接的可靠性、紧密性和刚性，提高连接的防松能力。对重要的螺纹连接，为了保证所需的预紧力，又不使连接螺栓过载，在装配时应控制预紧力。通常是利用控制拧紧螺母时的拧紧力矩来控制预紧力的，可采用指针式扭力扳手（如图 4-7 所示）或预置式定力矩扳手来控制预紧力。

② 螺纹连接的防松　螺纹连接是利用螺纹的自锁性来达到连接的要求的，一般情况下不会松动。但是在冲击、振动、变载、温度变化较大时螺纹会产生自动松脱。因此，在设计螺纹连接时必须考虑防松。螺纹连接防松的根本问题是阻止螺旋副相对转动。防松的方法很多，常用的防松方法见表 4-2 所示。

（5）螺纹连接的装拆工具

由于螺栓、螺柱和螺钉的种类繁多，螺纹连接的装拆工具也很多。使用时，应根据具体情况合理选用。

① 旋具（螺丝刀）　它是用来旋紧或松开头部带沟槽的螺钉。一般旋具的工作部分用碳素工具钢制成。并经淬火硬化。常用的旋具有一字形和十字形两种。

② 扳手　扳手是用来旋紧六角形、正方形螺钉和各种螺母的。常用工具钢、合金钢或可锻铸铁制成。它的开口处要求光整、耐磨。扳手分为活扳手、专用扳手和特殊扳手三类。

（6）螺纹连接的装配方法及注意事项

螺纹连接在装配时拧紧螺母称为预紧。预紧的作用是增加连接的刚度、紧密性和提高连接在变载荷作用下的疲劳强度及防松能力。通常是利用控制拧紧力矩的方法来控制预紧力。

表 4-2　常用的防松方法

摩擦力防松	弹簧垫圈	对顶螺母	尼龙圈　锁紧螺母
	弹簧垫圈材料为弹簧钢,装配后垫圈被压平,其弹力能使螺纹间保持压紧力和摩擦力	利用两螺母的对顶作用使螺栓始终受到附加的拉力和附加的摩擦力。由于多用一个螺母,且工作并不十分可靠,目前较少采用	螺纹旋入处嵌入纤维或尼龙弹性圈来增加摩擦力。该弹性圈还可起防止液体泄漏的作用
机械防松	六角开槽螺母和开口销	圆螺母用止动垫圈	带舌止动垫圈
	槽形螺母拧紧后,用开口销穿过螺栓尾部小孔和螺母的槽,也可以用普通螺母拧紧后再配钻开口销孔	垫圈内舌嵌入螺栓(轴)的槽内,拧紧螺母后将垫圈外舌之一折嵌于螺母的一个槽内	将垫圈折边以固定螺母和被连接件的相对位置
其他方法防松	冲点 (1~1.5)P 冲点法防松 用冲头冲 2~3 点	涂黏结剂 黏合法防松 通常采用厌氧性黏结剂涂于螺纹旋合表面,拧紧螺母后黏结剂能自行固化,防松效果良好	

　　① 双头螺柱的装配方法　由于双头螺柱没有头部,无法将旋入端紧固,常采用螺母对顶或螺钉与双头螺柱对顶的方法来装配双头螺柱;用双螺母对顶装配双头螺柱的具体方法是先将两个螺母相互锁紧在双头螺柱上,然后用扳手扳动上面一个螺母,把双头螺柱拧入螺孔中紧固。用螺钉与双头螺柱对顶装配双头螺柱的具体方法是用螺钉来阻止螺母和双头螺柱之间

的相对运动，然后扳动长螺母，双头螺柱即可拧入螺孔中。松开螺母时，应先使螺钉回松。

　　② 装配双头螺柱时，必须注意如下几点：

　　a. 首先将螺纹和螺孔的接触面清除干净，然后用手轻轻地把螺母拧到螺纹的终止处。

　　b. 双头螺柱与螺孔的配合应有足够的坚固性，保证装拆螺母时，双头螺柱不能有任何松动现象。

　　c. 双头螺柱的轴心线必须与被连接件的表面垂直。

　　③ 螺母和螺纹的装配方法

　　a. 螺母或螺钉与零件贴合的表面应当经过加工，否则容易使连接松动或使螺钉弯曲。

　　b. 螺母或螺钉和接触表面之间应保持清洁，螺孔内的脏物应当清理干净。

　　c. 装配时，必须对拧紧力矩加以控制。

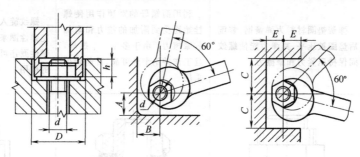

图 4-8　扳手空间

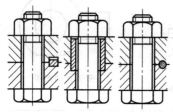

图 4-9　承受横向载荷的减载装置

　　④ 要留有扳手空间　考虑装拆的需要，布置螺栓时，螺栓之间及螺栓与箱体侧壁之间应留有足够的扳手空间。如图 4-8 所示，图中符号及尺寸参见 JB/ZQ 4005—2006 标准，目的是应留有扳手空间以便于螺栓的装拆。

　　⑤ 对于承受较大横向载荷的螺栓组连接，可采用销、套、键等抗剪零件来承受局部横向载荷，如图 4-9 所示，以减少螺栓的张紧力及其结构尺寸。

　　⑥ 与螺栓接触的被连接件表面应平整并垂直于螺栓的轴线，可采用如图 4-10 所示的支承面结构。

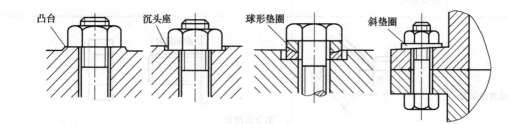

图 4-10　支承面结构

4.2　键连接

　　键是连接件。键连接主要用来实现轴和轴上零件之间的固定以及传递动力。其结构简单，工作可靠，拆装方便，应用十分广泛。

4.2.1 键连接

（1）键和键连接的类型、特点和应用（表4-3）

表4-3 键和键连接的类型、特点和应用

键的类型	图 例	特 点	应 用
普通型平键 （GB/T 1096—2003） 薄型平键 （GB/T 1567—2003）	 圆头(A型)　方头(B型) 一端圆头，一端方头(C型)	A型用于端铣刀加工的轴槽，键在槽中固定良好，但轴上槽引起的应力集中较大；B型用于盘铣刀加工的轴槽，轴的应力集中较小；C型用于轴端，靠侧面传递转矩，对中良好，结构简单，装拆方便	应用最广，适用于高精度、高速或承受变载、冲击的场合
导向型平键 （GB/T 1097—2003）		靠侧面工作，对中性好，结构简单。轴上零件可沿轴向移动	用于轴上零件轴向移动量不大的场合，如变速箱中的滑移齿轮
半圆型键 （GB/T 1099—2003）		靠侧面传递转矩。键在轴槽中能摆动，装配方便。键槽较深，对轴的削弱较大	一般用于轻载，适用于轴的锥形端部
普通型楔键 （GB/T 1564—2003）		键的上、下两面是工作面，键的上表面和毂槽的底面各有 1：100 的斜度，装配时需打入，靠锲紧作用传递转矩	用于精度要求不高、转速较低时传递较大的、双向的或有振动的转矩

（2）平键的标准

平键是标准件。普通平键的规格采用 $b \times L$ 标记，b 为宽度，h 为厚度，L 为长度。

（3）平键连接类型和选用

平键的宽度公差一般选 h9 即相当 H9 的负值公差；键槽公差，一般情况可选一般键连接公差；导向型平键可选较松键连接。如传递重载荷或冲击载荷，或双向传递转矩可选较紧键连接。平键连接类型和选用见表4-4所示。

平键的尺寸是根据轴公称直径来选择，要先确定轴的直径再从对应轴行中选择相应的键，键长度要比连接轮毂或齿轮长度短 5～10mm，然后要从键长的标准系列中选取。普通型平键的尺寸参数见表4-5所示。

表 4-4　平键连接类型和选用

连接型式	尺寸 b 的公差			应用范围
	键	轴槽	轮毂槽	
较松键连接		H9	D10	主要应用在导向型平键上
一般键连接	h9	N9	JS9	常用的机械装置
较紧键连接		P9	P9	传递重载荷、冲击性载荷及双向传递转矩

表 4-5　普通型平键尺寸系列

轴的公称直径 d	键		键槽		键长的标准系列
	公称尺寸 $b \times h$	长度 l	键槽深 t	毂槽深 t_1	
自 6～8	2×2	6～20	1.2	1	
>8～10	3×3	6～36	1.8	1.4	
>10～12	4×4	8～45	2.5	1.8	
>12～17	5×5	10～56	3.0	2.3	
>17～22	6×6	14～70	3.5	2.8	6,8,10,12,14,16,18,20,
>22～30	8×7	18～90	4.0	3.3	22,25,28,32,36,40,45,50,
>30～38	10×8	22～110	5.0	3.3	56,63,70,80,90,100,110,
>38～44	12×8	28～140	5.0	3.3	125,140,160,180,200,220,
>44～50	14×9	36～160	5.5	3.8	250，280，320，360，400，
>50～58	16×10	45～180	6.0	4.3	450,500
>58～65	18×11	50～200	7.0	4.4	
>65～75	20×12	56～20	7.5	4.9	
>75～85	22×14	63～50	9.0	5.4	
>85～95	25×14	70～280	9.0	5.4	
>95～110	28×16	80～320	10.0	6.4	
>110～130	32×18	90～360	11.0	7.4	

4.2.2　花键连接

花键连接由内花键和外花键组成。内、外花键均为多齿零件，在内圆柱表面上的花键为内花键，在外圆柱表面上的花键为外花键。显然，花键连接是平键连接在数目上的发展。

由于结构形式和制造工艺的不同，与平键连接比较，花键连接在强度、工艺和使用方面有下列特点：因为在轴上与毂孔上直接而均匀地制出较多的齿与槽，故连接受力较为均匀；因槽较浅，齿根处应力集中较小，轴与毂的强度削弱较少；齿数较多，总接触面积较大，因而可承受较大的载荷；轴上零件与轴的对中性好，这对高速及精密机器很重要；导向性好，这对动连接很重要；可用磨削的方法提高加工精度及连接质量；制造工艺较复杂，有时需要专门设备，成本较高。

花键连接的类型、特点和应用见表4-6所示。

表 4-6　花键连接的类型、特点和应用

类　型	特　点	应　用
矩形花键 （GB/T 1144—2001）	多齿工作，承载能力高，对中性好，导向性好，齿根较浅，应力集中较小，轴与毂强度削弱小，加工方便，能用磨削方法获得较高的精度 标准中规定两个系列：轻系列用于载荷较轻的静连接；中系列用于中等载荷	应用广泛。如飞机、汽车、拖拉机、机床制造业、农业机械及一般机械传动装置等

类　　型	特　　点	应　　用
渐开线花键 (GB/T 3478.1—2008)	齿廓为渐开线,受载时齿上有径向力,能起自动定心作用,使各齿受力均匀,强度高,寿命长。加工工艺与齿轮相同,易获得较高精度和互换性。渐开线花键标准压力角有 30°及 45°两种	用于载荷较大,定心精度要求较高,以及尺寸较大的连接

4.3 销连接

销是标准件,可用来作为定位零件,用以确定零件间的相互位置;也可起连接作用,以传递横向力或转矩,或作为安全装置中的过载切断零件。

(1)销连接按其用途可分为:

① 定位销　主要用于固定零件之间的相互位置［图 4-11 (a)］。

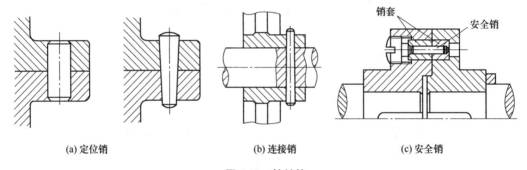

(a) 定位销　　　　　　　(b) 连接销　　　　　　　(c) 安全销

图 4-11　销链接

② 连接销　用于轴毂间或其他零件间的连接［图 4-11 (b)］。

③ 安全销　用于过载剪断元件［图 4-11 (c)］。

(2)销按其形状可分为:圆柱销、圆锥销和异形销

① 圆柱销　利用与孔的过盈配合,为保证定位精度,不宜经常装拆,主要用于定位,也可做安全销和连接销。

② 圆锥销　具有 1∶50 的锥度,小端直径是标准值,定位精度高,自锁性好,用于经常装拆的连接。

③ 异形销（图 4-12）　具有许多特殊形式,常与螺母配合使用,起到锁紧作用。销连接只能承受较小的载荷。

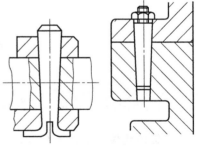

(a) 开尾异形圆锥销　　(b) 外螺纹异形圆锥销

图 4-12　圆锥销和异形销

任务 4 常用连接实训

任务4.1　平键选型与校核

一铸铁带轮用普通平键与钢轴连接,有轻微冲击。带轮轮毂长为 90mm,安装齿轮处

轴的直径 $d=60$mm，该连接传递的转矩 $T=500$N·m，试确定此键连接的类型及尺寸，并校核该平键是否满足工作要求？

打开迈迪工具，搜索"强度计算"，软化选择"平键"，输入"轴所受扭矩 $T=500$N·m，轴的直径 $d=60$mm"点击"确认"，系统自动弹出平键的公称尺寸。由于键长度要比轮毂短5~10mm，键工作面是侧面，为防止压溃，所以从键长系列中选择与轮毂长度最接近的80mm。（点击向下三角符合可以选择不同系列的平键长度），选择平键类型为"A型"，按照系统默认选择"单键"，平键为"一般键连接"，点击"确定"，系统自动计算出平键的应力为48.87MPa。如图4-13所示。按照题意所述，带轮为铸铁，有轻微冲击，所以选择第二列"铸铁"中第二行"轻微冲击"，对应的许用强度是50~60MPa，而校核计算结果是48.87MPa小于许用最小强度50MPa，所以该平键符合使用工况要求。

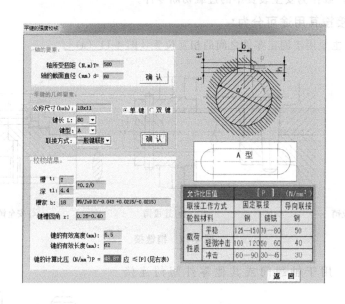

图4-13 平键强度校核图

任务4.2　平键三维建模

平键的建模，按照任务4.1所选参数建立平键模型并导入SolidWorks装配体中。

平键建模方法有两种，一种是自己通过手动拉伸建模，另外一种是通过迈迪工具或其他选型库中下载模型到装配体中，优先选择第二种方法，效率高且准确。

（1）直接下载标准件法

选择迈迪工具集中"标准件"，下面"平键"中"普通平键A型"，如图4-14所示。按照任务4.1题目要求选择键宽度18，键长度80，系统自动弹出两个选项："下载SolidWorks特征模型"和"下载通用模型"，SolidWorks特征模型为SolidWorks统一零件模型可以直接使用。如果你使用的是其他三维软件比如UG、PROE等则需要选择"下载通用模型"，下载为通用"step"格式。如图4-15所示。用其他软件打开需要则需要进行特征识别，如图4-16所示。

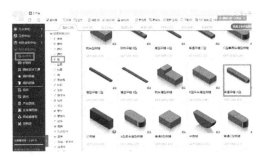

图 4-14 平键选择

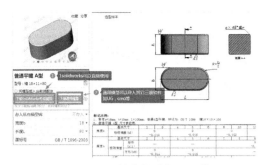

图 4-15 平键参数选择及下载

图 4-16 特征识别

（2）直接建模法

平键建模另一种方法是自己通过手动拉伸建模，选择"新建"，"零件" ，"拉伸凸台" ，选择"前视基准面"，点击"正视于"，如图 4-17 所示，系统自动进入草绘界面，选择绘制直槽口 ，如图 4-18 所示，点选 ✓ 退出草绘界面，选择凸台拉伸参数，一般而言选择两侧对称拉伸可以多增加一个绘图基准，所以选择对称拉伸，根据任务 4.1 所确定的参数，输入拉伸的深度为 11mm，如图 4-19 所示，按照国家标准对平键增加 0.2～0.5mm 圆角，完成倒圆角后即完成平键建模过程。案例创建过程可以扫描图书二维码查看。

图 4-17 草图绘制设置

任务4.3 螺栓选型与校核

螺栓选型及强度校核。起重滑轮松螺栓连接如图 4-20 所示的螺栓受力图。如图 4-21 所示，已知作用在螺栓上的工作载荷为 50kN，螺栓材料是 Q235，试确定螺栓的直径。

打开迈迪工具集搜索"螺栓"，选择"螺栓校核"工具，如图 4-21 所示，选择材料为 Q235，松连接，输入轴向载荷 50000N，点击"计算"按钮，得到螺栓最小直径取 M20，如图 4-22 所示。

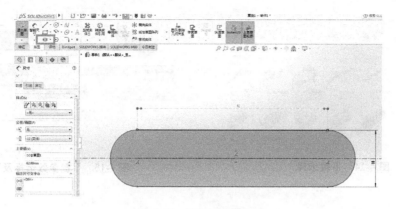

图 4-18　草图绘制界面

图 4-19　拉伸参数设置

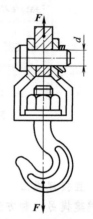

图 4-20　螺栓受力图

图 4-21　螺栓校核界面

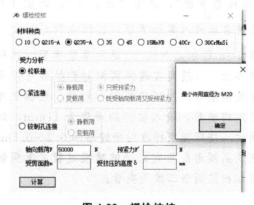

图 4-22　螺栓校核

任务4.4　螺栓组选型

螺栓组选型及强度校核。有一个气缸盖与缸体凸缘采用普通螺栓连接，如图 4-23 所示，已知气缸中压力 $P = 0 \sim 2\text{MPa}$，气缸内径 $D = 500\text{mm}$，螺栓分布圆直径 650mm。为了保证气密性要求，剩余预紧力 $F'' = 1.8F$，螺栓间距 $t < 4.5d$（d 为螺栓大径）。螺栓材

料许用拉伸应力为120MPa，许用应力幅20MPa，试设计此螺栓组连接。

螺栓的常用材料Q215、Q235、10、35和45钢，重要和特殊用途的螺纹连接件可以采用15Cr、40Cr、30CrMnSi等力学性能较高的合金钢。

打开迈迪工具集搜索"螺栓"，选择"螺栓副校核"工具，如图4-21所示中第一个插件，选择材料为45，松连接，输入轴向载荷392700N，点击"计算"按钮，得到螺栓最小直径取M48，如图4-24所示。

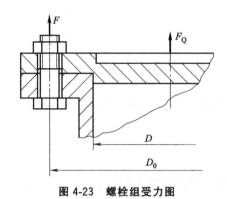

图4-23　螺栓组受力图

图4-24　螺栓组校核

 思政小故事

　　我们常说瓦特发明了蒸汽机，其实蒸汽机在瓦特之前就有了，更准确地说应该是瓦特改进了蒸汽机，或者说瓦特发明了一种万用蒸汽机。18世纪时，英国的一些矿井使用非常笨拙、适用性差、效率低下的纽卡门蒸汽机。虽然它有诸多缺点，但是半个世纪的时间里都没有人能够改进它，不是因为工人不想改进，而是不知道怎样改进。瓦特和他之前的工匠都不同，他是通过科学原理直接改进蒸汽机，而不是靠长期经验的积累。瓦特从20岁出头就在格拉斯哥大学工作，利用工作之便，他在那里学习了力学、数学和物理学的课程，并时常与教授们讨论理论和技术问题。瓦特改进蒸汽机的大部分理论工作都是在这所大学完成的。后来瓦特离开了格拉斯哥大学专心发明新的、适合各种场合的蒸汽机，因此，瓦特的蒸汽机也被称为万用蒸汽机。

获取本章视频资源，请扫描上方的二维码

认识常用传动

5.1 带传动

带传动是用于原动机与工作机之间的传动，调整工作机部分与原动机部分的速度关系，实现减速、增速的变速要求。

5.1.1 带传动概述

在金属切削机床、汽车、农机等各种机械传动系统中，广泛应用着带传动。本节以普通 V 带为主研究带传动的工作原理、特点、应用及标准，分析普通 V 带传动的失效形式与设计准则，设计的思路和方法，以及使用和维护方面应注意的问题。

带传动的特点和应用

带是弹性元件，因此带传动有以下特点：

① 能吸收振动，缓和冲击，传动平稳，噪声小；

② 过载时，带会在带轮上打滑，防止其他机件损坏；

③ 结构简单，制造、安装和维护方便，成本低；

④ 带与带轮之间存在一定的弹性滑动，故不能保证恒定的传动比，传动精度和传动效率较低；

⑤ 传动比不准确、带寿命低、轴上载荷较大、传动装置外部尺寸大、效率低。因此，带传动常适用于大中心距、中小功率、带速 $v=5\sim25\text{m/s}$，传动比一般小于 5 的场合。

（1）带传动的组成

如图 5-1 所示，带传动由主动带轮 1、从动带轮 2 和传动带 3 组成，工作时依靠带与带轮之间的摩擦或啮合来传递运动和动力。

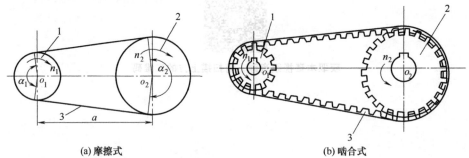

(a) 摩擦式   (b) 啮合式

图 5-1　带传动的组成

（2）带传动的类型

根据工作原理的不同，带传动分为两类：一是摩擦式带传动：依靠带与带轮间的摩擦力传递运动和动力；二是啮合式带传动：依靠带上的齿或孔与带轮上的齿或孔啮合传递运动和动力。

① 摩擦式带传动　根据带的截面形状不同可分为平带传动 [矩形截面，如图5-2 (a) 所示]、V带传动 [梯形截面，如图5-2 (b) 所示]、多楔带传动 [如图5-2 (c) 所示]、圆带传动 [圆形截面，如图5-2 (d) 所示] 等类型。

(a)　　　　　(b)　　　　　(c)　　　　　(d)

图5-2　摩擦式带传动类型

a. 平带传动　平带传动结构最简单，其工作表面为内表面，平带挠曲性好，适用于中心距较大场合。

b. V带传动　V带俗称三角带，其工作表面为两侧面，V带与平带相比，在相同的正压力作用下，V带的当量摩擦因数大，故能传递较大的功率，况且V带结构紧凑，因此应用广泛。

c. 多楔带传动　多楔带是在带基体上由多根V带组成的传动带，兼有平带挠曲性好及V带传动能力强等优点，可以避免使用多根V带时长度不等，受力不均匀等缺点。

d. 圆带传动　圆带通常用棉绳或皮革制成。圆带传动能力小，适合于仪器和家用机械，如缝纫机、吸尘器等。

② 啮合式带传动　啮合式带传动分为同步带传动 [如图5-1 (b) 所示] 和齿孔带传动。齿孔带通过凸出的齿面插入预先打在带上孔来传动，其传动精度较低。同步带主要靠齿形咬合来传动，其兼有带传动和齿轮传动的特点，主要应用于要求传动比准确、功率较大、线速度较高的场合。如数控机床和电影胶片运动的传动分别应用了同步带传动和齿孔带传动。

5.1.2　普通V带和V带轮

（1）普通V带

① 结构　V带分为普通V带、窄V带、宽V带、大楔角V带、汽车V带等多种类型，其中普通V带应用最为广泛。以下主要介绍普通V带。

标准普通V带（GB/T 1171—2017）都制成无接头的环形，根据抗拉体结构，分为帘布芯V带和绳芯V带两类（见图5-3）。这两类结构的V带都是由橡胶和纤维组成，可分为包布、顶胶、抗拉体、底胶四部分。包布是V带的保护层，由胶帆布制成。抗拉体是由几层胶帘布

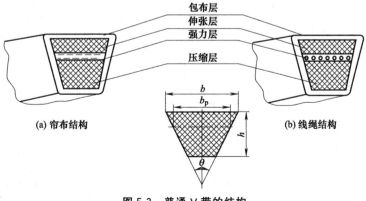

(a) 帘布结构　　　　　　　　　　　　　　　　(b) 线绳结构

图5-3　普通V带的结构

（帘布芯结构）或一层胶线绳（绳芯结构）组成，用来承受基本的拉力。顶胶层和底胶层则填满橡胶，以适应 V 带的弯曲。帘布芯 V 带抗拉强度较好，且制造方便，型号齐全，而绳芯 V 带柔韧性好，抗弯强度高。适用于转速较高、带轮直径较小的场合。为了提高承载能力，近年来已广泛使用合成纤维绳芯。

② 标准　普通 V 带是标准件，按截面尺寸可分为 Y、Z、A、B、C、D、E 七种型号。普通 V 带和带轮轮槽截面的基本尺寸及参数见表 5-1。当 V 带弯曲时，带的顶胶层将伸长，而底胶层将缩短，只有在两层之间的抗拉体内节线处带长保持不变，因此沿节线量得的带长即为 V 带的基准长度。各种型号普通 V 带的基准长度及长度修正系数见表 5-2。

表 5-1　普通 V 带的基本尺寸及参数

型号	Y	Z	A	B	C	D	E
顶宽 b/mm	6	10	13	17	22	32	38
节宽 b_d/mm	5.3	8.5	11	14	19	27	32
高度 h/mm	4.0	6.0	8.0	11	14	19	25
楔角 ϕ/mm				40°			
每米质量 q/(kg/m)	0.04	0.06	0.10	0.17	0.30	0.60	0.87

表 5-2　普通 V 带基准长度系列及长度修正系数

基准长度 L_d/mm	K_L										
	普通 V 带							窄 V 带			
	Y	Z	A	B	C	D	E	SPZ	SPA	SPB	SPC
200	0.81										
224	0.82										
250	0.84										
280	0.87										
315	0.89										
355	0.92										
400	0.96	0.87									
450	1.00	0.89									
500	1.02	0.91									
560		0.94									
630		0.96	0.81					0.82			
710		0.99	0.82					0.84			
800		1.00	0.85					0.86	0.81		
900		1.03	0.87	0.81				0.88	0.83		
1000		1.06	0.89	0.84				0.90	0.85		
1120		1.08	0.91	0.86				0.93	0.87		
1250		1.11	0.93	0.88				0.94	0.89	0.82	
1400		1.14	0.96	0.90				0.96	0.91	0.84	
1600		1.16	0.99	0.93	0.84			1.00	0.93	0.86	
1800		1.18	1.01	0.95	0.85			1.01	0.95	0.88	
2000			1.03	0.98	0.88			1.02	0.96	0.90	0.81
2240			1.06	1.00	0.91			1.05	0.98	0.92	0.83
2500			1.09	1.03	0.93			1.07	1.00	0.94	0.86
2800			1.11	1.05	0.95	0.83		1.09	1.02	0.96	0.88
3150			1.13	1.07	0.97	0.86		1.11	1.04	0.98	0.90

基准长度 L_d/mm	K_L										
	普通 V 带							窄 V 带			
	Y	Z	A	B	C	D	E	SPZ	SPA	SPB	SPC
3550			1.17	1.10	0.98	0.89		1.13	1.06	1.00	0.92
4000			1.19	1.13	1.02	0.91			1.08	1.02	0.94
4500				1.15	1.04	0.93	0.90		1.09	1.04	0.96
5000				1.18	1.07	0.96	0.92			1.06	0.98
5600					1.09	0.98	0.95			1.08	1.00
6300					1.12	1.00	0.97			1.10	1.02
7100					1.15	1.03	1.00			1.12	1.04
8000					1.18	1.06	1.02			1.14	1.06
9000					1.21	1.08	1.05				1.08
10000					1.23	1.11	1.07				1.10
11200						1.14	1.10				1.12
12500						1.17	1.12				1.14
14000						1.20	1.15				
16000						1.22	1.18				

如图 5-4 所示 V 带的全部节线构成的面称为节面，故基准长度也常称为节线长度，节面的宽度称为节宽。节宽在带弯曲时尺寸保持不变。V 带节面与 V 带轮槽相配处的节宽与轮槽的基准宽度重合并相等。V 带轮的基准宽度处的直径称为基准直径。

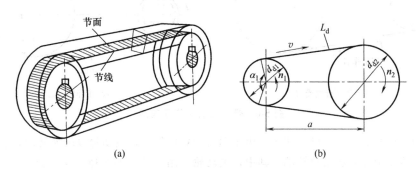

图 5-4　V 带传动示意图

（2）普通 V 带轮

① V 带轮设计要求　设计 V 带轮时应满足的要求有：质量小且质量分布均匀；足够的承载能力；良好的结构工艺性；轮槽工作面要精细加工，以减少带的磨损；各槽的尺寸和角度应保持一定的精度，以便载荷分布较为均匀等。

② 带轮的材料　带轮是带传动中的重要零件，它必须满足下列条件要求：质量分布均匀，安装对中性好，工作表面要经过精细加工，以减少磨损，重量尽可能轻，强度足够，旋转稳定。在圆周速度 $v<30\text{m/s}$ 时，带轮最常用材料为铸铁，如 HT150，HT100，速度大时用 HT200。高速时，常用铸钢或轻合金，以减轻重量。低速转动 $v<15\text{m/s}$ 和小功率传动时，常常用木材和工程塑料。

③ 结构尺寸　V 带轮由轮缘、轮毂、轮辐三部分组成。一般小的带轮，即带轮直径<150mm 时可制成实心式［图 5-5（a）］；中等直径（带轮直径＝150～450mm）带轮采用腹板式

或孔板式［图 5-5（b）、（c）］；带轮直径大于 450mm 时可采用轮辐式。轮辐截面是椭圆形，其长轴与回转平面重合［图 5-5（d）］。

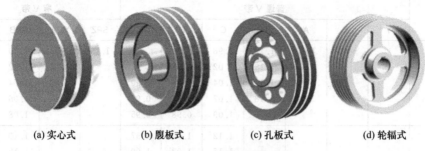

| (a)实心式 | (b)腹板式 | (c)孔板式 | (d)轮辐式 |

图 5-5　V 带轮结构

5.1.3　带传动的基本理论

（1）带传动中的受力分析

① 有效拉力　为使带和带轮间有足够的摩擦力，在安装时带就要以一定的拉力张紧在带轮上。这个拉力称为带的初拉力。带传动不工作时，带两边的初拉力相等，如图 5-6（a）所示。

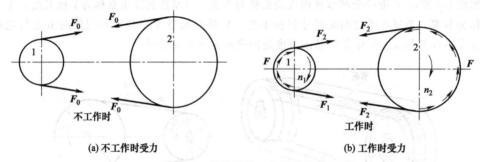

(a)不工作时受力　　　　　　　　(b)工作时受力

图 5-6　带传动的工作原理图

带传动工作时如图 5-6（b）所示，由于驱动力矩的作用，主动轮以转速转动，通过摩擦力的作用带动传动带并使从动轮转动。其中，主动轮作用在带上的摩擦力 F_f 与带的运动方向相同；从动轮作用在带上的摩擦力则与带的运动方向相反。在这两种摩擦力的作用下，传动带两边的拉力也要相应发生变化；带绕入主动轮的一边，拉力由 F_0 增大到 F_1，称为紧边；而绕入从动轮的另一边，拉力由 F_0 减小到 F_2，称为松边。通过分析可知（证明从略）：紧边和松边拉力的差值（F_1-F_2）就是带传动传递功率的驱动力，称为有效拉力，它等于任意一个带轮接触面上摩擦力的总和。

带传动传递功率 P 为

$$P=F_e v/1000(\mathrm{kW}) \tag{5-1}$$

式中　F_e——带传动有效拉力，N；

　　　v——带的速度，m/s。

② 带的打滑　在一定的条件下，带传动有一极限摩擦力，当传动所需要的有效拉力大于极限摩擦力时，传动带将在带轮轮缘上产生显著的相对滑动，这种现象称为打滑。打滑时，传动带的速度迅速下降，使传动失效。带传动正常工作时是不允许打滑的。打滑是过载时带与带轮之间的全面滑动，是带传动的一种失效形式。打滑是可以避免的。

③ 弹性滑动 由于带的弹性变形而引起带在带轮面上滑动的现象，称为弹性滑动。弹性滑动是不可以避免的。

弹性滑动引起的不良后果：使从动轮的圆周速度低于主动轮，即 $v_2 < v_1$；产生摩擦功率损失，降低了传动效率；引起带的磨损，并使带温度升高。

④ 最大有效拉力 分析可知带的最大有效圆周力

$$F_{emax} = 2F_0 \left(\frac{e^{f\alpha_1} - 1}{e^{f\alpha_1} + 1} \right) = 2F_0 \left[1 - \frac{2}{e^{f\alpha_1} + 1} \right] \tag{5-2}$$

式中 e——自然对数的底，即 e＝2.718；

F_0——带的初拉力，N；

f——摩擦因数；

α_1——小带轮包角，rad。

$$\alpha_1 = 180° - 57.3°(d_{d2} - d_{d1})/a \tag{5-3}$$

式中 a——中心距，m。

由式（5-2）可知，最大的有效拉力与下列因素有关：

① 预紧力 F_0 越大会带来有效拉力 F_e 增加，因为压力越大摩擦力越大，F_0 过大，会使带失去弹性并加剧带的磨损。

② 小带轮包角 α_1 增加会带来有效拉力 F_e 增加。

③ 摩擦因数 f 增大会让有效拉力 F_e 增大。

（2）传动带工作时的应力分析

传动带工作时有三种应力作用：拉应力引起应力、离心应力、弯曲应力。

① 拉应力引起应力 紧边和松边的应力大小是不同的。传动带在绕过主动轮的过程，拉应力逐渐减少，而传送带在绕过从动带轮过程中，拉应力则逐渐增大，形成交变拉应力循环。

② 离心力引起的应力 沿着带轮轮缘弧面运动传动带，由于具有一定质量，不可避免受到离心力作用，为了平衡离心力，带内会引起离心拉应力。传动带速度越高，离心拉应力就越大。

$$\sigma_c = F/A = qv^2/A \tag{5-4}$$

式中 A——带的截面积，mm²；

q——单位长度的带质量，kg/m；

v——带速度，m/s。

③ 传动带的弯曲应力 传动带有一定的厚度，工作时又要从带轮上绕过，因此，带在经过带轮时由于弯曲而引起弯曲应力，如图 5-7 所示。其值由材料力学可知：

$$\sigma_{bb} = 2Eh_a/d_d \tag{5-5}$$

$$\text{大带轮 } \sigma_{bb1} = 2Eh_a/d_{d1}$$

$$\text{小带轮 } \sigma_{bb2} = 2Eh_a/d_{d2}$$

式中 E——带材料的弹性模量，MPa；

d_{d1}，d_{d2}——大带轮和小带轮直径，mm。

由式（5-5）可见：带轮直径越小，带越厚，弯曲应力越大。为了增大带的使用寿命，小带轮直径不能取得过小。一般应不小于该型号传动带规定的带轮最小直径。

带中各截面上的应力大小，如用来自该点所作的径向线长短表示应力大小，可画成如图 5-8 所示的应力分布图。由图 5-8 可见，带在工作中所受的应力是变化的，最大应力在由紧边进入小带轮处。

$$\sigma_{max} = \sigma_1 + \sigma_c + \sigma_{b1} \tag{5-6}$$

图 5-7 带的弯曲应力

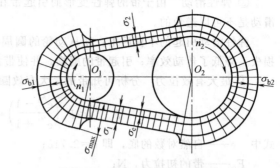

图 5-8 带工作时的应力变化

在一般情况下，弯曲应力越大，则离心应力越小，离心应力随着带速增加而增加，由于传动带在交变应力状态下工作，故容易发生疲劳破坏。带的使用寿命不仅与应力大小有关，还与应力循环次数有关，为了使传动带具有预期的疲劳寿命，设计时应满足：

$$\sigma_{max} \leqslant [\sigma] \tag{5-7}$$

式中　$[\sigma]$——许用应力，MPa。

5.1.4　V带传动的设计计算

带传动的设计准则和单根 V 带额定功率如下。

① 设计准则　带传动工作时，若传动带在带轮上打滑或传动带发生疲劳破坏（如拉断、脱层、撕裂等），带传动就不能正常工作。因此，带传动的设计准则为：既要保证传动带具有足够的传动能力，不发生打滑现象，又要保证传动带具有足够的疲劳强度，达到预期的使用寿命。

② V带设计流程　设计带传动的已知条件通常是：传动用途、载荷性质、需传递的功率、带轮转速以及对传动外廓尺寸的要求等。

设计带传动的任务是：选择带的型号，计算和选择带与带轮的各个参数，计算初拉力和轴上压力，并绘制带轮零件图。设计流程如图 5-9 所示。

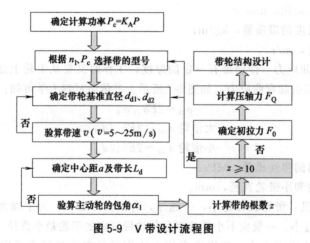

图 5-9　V带设计流程图

a. 确定计算功率

$$P_c = K_A P \tag{5-8}$$

式中　P——所需传递的名义功率，kW；

K_A——工作情况系数。

b. 计算单根 V 带额定功率　通过实验和理论计算可以求得单根 V 带既不打滑又有足够的疲劳强度时所能传递的基本额定功率。如表 5-3 所示。

因实验条件为载荷平稳，传动比 $i=1$，特定的带长和抗拉材料为化纤，而实际使用条件与其不相符，应对 P_0 值进行修正，因此，单根 V 带在实际工作条件下可允许传动功率为：

$$[P_0]=(P_0+\Delta P_0)K_a K_L \tag{5-9}$$

式中　$[P_0]$——单根 V 带在实际工作条件下可传递的额定功率，kW；

　　　P_0——单根 V 带所能传递的额定功率，kW（表 5-3）；

　　　ΔP_0——$i\neq1$ 时单根 V 带的额定功率增量，kW（表 5-4）；

　　　K_a——包角修正系数（表 5-5）；

　　　K_L——带长修正系数（表 5-2）。

表 5-3　单根普通 V 带的基本额定功率（$\alpha_1=\alpha_2=180°$，特定长度，载荷平稳）

单位：kW

型号	小带轮基准直径 d_{d1}/mm	小带轮转速 n_1/(r/min)										
		200	400	730	800	980	1200	1460	1600	1800	2000	2400
Z	50		0.06	0.09	0.10	0.12	0.14	0.16	0.17	0.18	0.20	0.22
	56		0.06	0.11	0.12	0.14	0.17	0.19	0.20	0.22	0.25	0.30
	63		0.08	0.13	0.15	0.18	0.22	0.25	0.27	0.30	0.32	0.37
	71		0.09	0.17	0.20	0.23	0.27	0.31	0.33	0.36	0.39	0.46
	80		0.14	0.20	0.22	0.26	0.30	0.36	0.39	0.41	0.44	0.50
	90		0.14	0.22	0.24	0.28	0.33	0.37	0.40	0.44	0.48	0.54
A	75	0.16	0.27	0.42	0.45	0.52	0.60	0.68	0.73	0.78	0.84	0.92
	80	0.18	0.31	0.49	0.52	0.61	0.71	0.81	0.87	0.94	1.01	1.12
	90	0.22	0.39	0.63	0.68	0.79	0.93	1.07	1.15	1.24	1.34	1.50
	100	0.26	0.47	0.77	0.83	0.97	1.14	1.32	1.42	1.54	1.66	1.87
	112	0.31	0.56	0.93	1.00	1.18	1.39	1.62	1.74	1.89	2.04	2.30
	125	0.37	0.67	1.11	1.19	1.40	1.66	1.93	2.07	2.25	2.44	2.74
	140	0.43	0.78	1.31	1.41	1.66	1.96	2.29	2.45	2.66	2.87	3.22
	160	0.51	0.94	1.56	1.69	2.00	2.36	2.74	2.94	3.17	3.42	3.80
B	125	0.48	0.84	1.34	1.44	1.67	1.93	2.20	2.33	2.50	2.64	2.85
	140	0.59	1.05	1.69	1.82	2.13	2.47	2.83	3.00	3.23	3.42	3.70
	160	0.74	1.32	2.16	2.32	2.72	3.17	3.64	3.86	4.15	4.40	4.75
	180	0.88	1.59	2.61	2.81	3.30	3.85	4.41	4.68	5.02	5.30	5.67
	200	1.02	1.85	3.06	3.30	3.86	4.50	5.15	5.46	5.83	6.13	6.47
	224	1.19	2.07	3.59	3.86	4.50	5.26	5.99	6.33	6.73	7.02	7.25
	250	1.37	2.50	4.41	4.46	5.22	6.04	6.85	7.20	7.63	7.87	7.89
	280	1.58	2.89	4.77	5.13	5.93	6.90	7.78	8.13	8.46	8.60	8.22
C	200	1.39	2.41	3.80	4.07	4.66	5.29	5.86	6.07	6.28	6.34	6.02
	224	1.70	2.99	4.78	5.12	5.89	6.71	7.47	7.75	8.00	8.06	7.57
	250	2.03	3.62	5.82	6.23	7.18	8.21	9.06	9.38	9.63	9.62	8.75
	280	2.42	4.32	6.99	7.52	8.65	9.81	10.47	11.06	11.22	11.04	9.50
	315	2.86	5.14	8.34	8.92	10.23	11.53	12.48	12.72	12.67	12.14	9.43
	355	3.36	6.05	9.79	10.46	11.92	13.31	14.12	14.19	13.73	12.59	7.98

表 5-4　$i\neq1$ 时单根 V 带的额定功率增量　　　　　　　　单位：kW

型号	传动比 i	小带轮转速 n_1/(r/min)										
		200	400	730	800	980	1200	1460	1600	1800	2000	2400
Z	1.19~1.24	0.00	0.00	0.00	0.01	0.01	0.01	0.02	0.02	0.02	0.02	0.03
	1.25~1.34	0.00	0.00	0.01	0.01	0.01	0.02	0.02	0.02	0.02	0.02	0.03
	1.35~1.51	0.00	0.00	0.01	0.01	0.02	0.02	0.02	0.02	0.03	0.03	0.03
	1.52~1.99	0.01	0.01	0.01	0.02	0.02	0.02	0.02	0.03	0.03	0.03	0.04
	≥2	0.01	0.01	0.02	0.02	0.02	0.03	0.03	0.03	0.04	0.04	0.04
A	1.19~1.24	0.01	0.03	0.05	0.05	0.06	0.08	0.09	0.11	0.12	0.13	0.16
	1.25~1.34	0.02	0.03	0.06	0.06	0.07	0.10	0.11	0.13	0.14	0.16	0.19
	1.35~1.51	0.02	0.04	0.07	0.08	0.08	0.11	0.13	0.15	0.17	0.19	0.23
	1.52~1.99	0.02	0.04	0.08	0.09	0.10	0.13	0.15	0.17	0.19	0.22	0.26
	≥2	0.03	0.05	0.09	0.10	0.11	0.15	0.17	0.19	0.21	0.24	0.29
B	1.19~1.24	0.04	0.07	0.12	0.14	0.17	0.21	0.25	0.28	0.32	0.35	0.42
	1.25~1.34	0.04	0.08	0.15	0.17	0.20	0.25	0.31	0.34	0.38	0.42	0.51
	1.34~1.51	0.05	0.10	0.17	0.20	0.23	0.30	0.36	0.39	0.44	0.49	0.59
	1.52~1.99	0.06	0.11	0.20	0.23	0.26	0.34	0.40	0.45	0.51	0.56	0.68
	≥2	0.06	0.13	0.22	0.25	0.30	0.38	0.46	0.51	0.57	0.63	0.76
C	1.19~1.24	0.10	0.20	0.34	0.39	0.47	0.59	0.71	0.78	0.88	0.98	1.18
	1.25~1.34	0.12	0.23	0.41	0.47	0.56	0.70	0.85	0.94	1.06	1.17	1.41
	1.35~1.51	0.14	0.27	0.48	0.55	0.65	0.82	0.99	1.10	1.23	1.37	1.65
	1.53~1.99	0.16	0.31	0.55	0.63	0.74	0.94	1.14	1.25	1.41	1.57	1.88
	≥2	0.18	0.35	0.62	0.71	0.83	1.06	1.27	1.41	1.59	1.76	2.12

表 5-5　包角修正系数

α_1/(°)	180	175	170	165	160	155	150	145	140	135
K_α	1.00	0.99	0.98	0.96	0.95	0.93	0.92	0.91	0.89	0.88
α_1/(°)	130	125	120	115	110	105	100	95	90	
K_α	0.86	0.84	0.82	0.80	0.78	0.76	0.74	0.72	0.69	

　　c. 确定两带轮基准直径　计算功率 P_c，由图 5-10 选择带的型号，如所选型号介于某两种型号之间，则按两种型号分别计算，再根据有关条件择优选用。带轮直径越小可使传动结构越紧凑，但另一方面弯曲应力则越大，使带的寿命降低，故对带轮的最小基准直径应加以限制，带轮最小直径和直径系列按照表 5-6 选取。计算所得的两带轮基准直径，要按表 5-6 中 V 带轮的基准直径取标准值。

表 5-6　带轮最小直径和直径系列表

V 带轮型号	Y	Z	A	B	C	D	E
最小基准直径 d_{min}/mm	20	50	75	125	200	355	500

　　基准直径系列：28 31.5 40 50 56 63 71 75 80 90 100 106 112 118 125 132 140 150 160 180 200 212 224 250 280 315 355 375 400 450 500 560 630

　　d. 验算带速　当传递功率一定时，带速过低，则需要很大圆周力，带根数要增多；带速过高离心力较大，容易打滑，带速应控制在 5m/s≤v≤25m/s 范围内。

$$v=\frac{\pi d_{d1} n_1}{60\times1000} \tag{5-10}$$

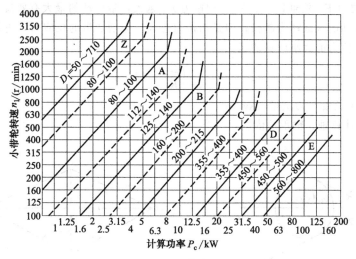

图 5-10　V 带选型图

式中　v——带速，m/s；

　　　d_{d1}——小带轮的基准直径，mm；

　　　n_1——小带轮的转速，r/min。

e. 确定中心距及带长　中心距过小时，结构紧凑，但传动带的基准长度短，包角小，传动带绕过带轮的次数增多，降低带的寿命。中心距过大时，带外廓尺寸大，速度高时容易引起带的抖动，影响正常工作。中心距初定公式如下：

$$0.7(d_{d1}+d_{d2}) \leqslant a_0 \leqslant 2(d_{d1}+d_{d2}) \tag{5-11}$$

初定中心距，再按式（5-12）初定带基准长度 L_0。

$$L_0 = 2a_0 + \frac{\pi}{2}(d_{d1}+d_{d2}) + \frac{(d_{d2}-d_{d1})^2}{4a_0} \tag{5-12}$$

根据 V 带型号，查表 5-2，选取相近的基准长度，然后再计算实际中心距。

$$a \approx a_0 + (L_d - L_{d0})/2 \tag{5-13}$$

考虑到安装调整和带松弛后张紧的需要，应给中心距留出一定的调整余量。中心距的变动范围为：

$$a_{min} = a - 0.015 L_d$$
$$a_{max} = a + 0.03 L_d \tag{5-14}$$

f. 验算主动轮包角　由式（5-3）可知，小带轮包角 α_1 越大，有效圆周拉力也越大，带的传动能力就越高。反之，小带轮包角 α_1 越小，对传动就越不利。为了保证带的传动能力，应验算小带轮上的包角，并要求小带轮包角不得小于 120°。

$$\alpha_1 = 180° - \frac{d_{d2}-d_{d1}}{a} \times 57.3° \tag{5-15}$$

g. 确定传动带根数

$$z \geqslant \frac{P_c}{(P_0 + \Delta P_0)K_\alpha K_L} \tag{5-16}$$

带的根数应取整数。为使各带受力均匀，带的根数不宜过多，一般应满足 $z<10$。如计算结果超出范围，应改 V 带型号或加大带轮直径后重新设计。P_0 表示单根 V 带的基本额定功率，查表 5-3 获得相关值；ΔP_0 表示单根 V 带基本额定功率的增量，查表 5-4 获得相关值；K_α 表示包角修正系数，查表 5-5 获得相关值；K_L 表示带长修正系数，查表 5-2 获得相关值。

h. 计算出拉力 F_0 及轴上压力 F_Q 初拉力 F_0 越大，带传动的最大有效拉力越大，带越不容易打滑，带传动的承载能力越强；但是初拉力过大，会增加带的拉应力，进而缩短带的使用寿命。因此，初拉力的大小应该适当。

$$F_0 = 500 \frac{P_C}{vz}\left(\frac{2.5}{K_\alpha} - 1\right) + qv^2 \tag{5-17}$$

式中 q——单位长度带的质量，kg/m

压力 F_Q 为计算轴、轴承的依据，如图 5-11 所示。

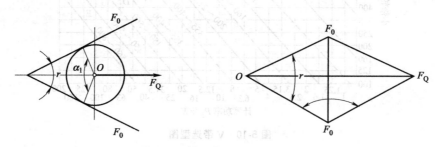

图 5-11 轴压力 F_Q 受力分析图

$$F_Q = 2zF_0 \sin\frac{\alpha_1}{2} \tag{5-18}$$

例 1 试选用从电动机传至带式传输机减速箱之间的普通 V 带传动。已知：电动机额定功率 $P_0 = 6kW$，$n_1 = 1450r/min$，电动机的主动带轮直径 $d_{d1} = 200mm$，传动至减速箱从动轴的转速 $n_2 = 520r/min$，工作要求中心距 $a = 900 \sim 1000mm$，两班制工作，开口式传动。

设计步骤	设计说明与设计计算内容	设计结果
①确定计算功率	查机械设计手册得：$K_A = 1.3$ 则 $P_C = K_A P_0 = 1.3 \times 6 = 7.8$(kW) 根据小带轮的转速和计算功率 P_C，在带选型图（图 5-10）中进行选型	$P_C = 7.8kW$，选用 B 型普通 V 带
②确定大带轮基准直径	大带轮基准直径 $d_{d2} = n_1 d_{d1}/n_2 = 1456 \times 200/520 = 560$(mm) 由表 5-7 选取标准值 d_{d2} 与计算值重合，实际传动比，误差为 0，符合要求	$d_{d2} = 560mm$ 合适
③验算带速	$v = \pi n_1 d_{d1}/60 \times 1000 \approx 15.2$(m/s)	$v = 15.2m/s$ 合适
④确定带的基准长度和实际中心距	由题目可知，初定为带基准长度，由式（5-12）得：$L_{d0} = 2a_0 + \pi(d_{d1} + d_{d2})/2 + (d_{d2} - d_{d1})^2/4 = 3226.2mm$ 由表 5-2 选取基准长度：$L_d = 3150mm$ 由式（5-13）得实际中心距为 $a \approx a_0 = (L_d - L_{d0})/2 = 962mm$	$L_d = 3150mm$；$a = 962mm$ 合适
⑤校验小带轮包角	由式（5-15）得：$\alpha_1 = 180° - (d_{d2} - d_{d1})/a \times 57.3° = 158.5° > 120°$	$\alpha_1 = 158.5°$，$\alpha_1 > 120°$ 合适
⑥确定带根数、基本额定功率、功率增量、带长度修正系数、包角系数	由式（5-16）得 $Z \geqslant P_C/(P_0 + \Delta P_0)K_\alpha K_L$ 查表 5-3，得 $P_0 = 5.15kW$ 查表 5-4，得功率增量 $\Delta P_0 = 0.1806kW$ 查表 5-2，得 $K_L = 1.13$ 查表 5-5，得 $K_\alpha = 0.96$ 代入式（5-16）得 $z \geqslant 1.34$ 所以取根 $z = 2$	$P_0 = 5.15kW$，$\Delta P_0 = 0.1806kW$，$K_L = 1.13$，$K_\alpha = 0.96$ B 型带 2 根

设计步骤	设计说明与设计计算内容	设计结果
⑦计算初拉力及轮轴上的压力	查表 5-1,得 B 型普通 V 带的每米长质量为 0.17kg/m,根据式(5-17)的单根 V 带的初拉力为:$F_0 = 500\dfrac{P_c}{vz}\left(\dfrac{2.5}{K_a}-1\right)+qv^2$ 由式(5-18)可得作用在轴上的压力	$F_0 = 245.1\text{N}$ $F_Q = 963.2\text{N}$
⑧带轮结构设计	由于带速<25m/s,大带轮直径大于 400mm,可以采用轮辐式,材料可以选用 HT150	大带轮采用轮辐式结构
设计结果	选用 2 根 B-3150 GB/T 1171—2017 V 带,中心距 $a=962$mm,大带轮直径 $d_{d2}=560$mm,轴上压力为 963.2N,带初拉力为 245.1N	

5.1.5　带传动的张紧与维护

根据带的摩擦传动原理,带必须在预张紧后才能正常工作;传动带运转一定时间后,带会松弛,为了保证带传动的能力,必须重新张紧,才能正常工作。

常见的张紧装置有定期张紧装置、自动张紧装置、张紧轮张紧装置。

（1）带的张紧方法

由于传动带工作一段时间后,会产生永久变形而使带松弛,影响带传动的工作能力,因此需要采取张紧措施保证一定的初拉力。

常用的张紧方法有:调整中心距、采用张紧轮。

当皮带的中心距不能调节时,可以采用张紧轮将皮带张紧。张紧轮是为了改变皮带轮的包角或控制皮带的张紧力而压在皮带上的随动轮,是皮带传动的张紧装置。

① 改变中心距法　改变带轮中心距从而起到张紧目的,如图 5-12 (a) 所示为滑道式张紧装置;通过斜向调整螺栓来拉紧或放松也同样可以达到调整中心距方法,如图 5-12 (b) 所示。

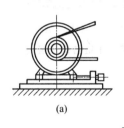 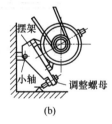 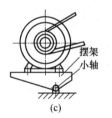 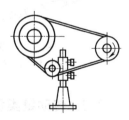

(a)　　　　　　　(b)　　　　　　　(c)

图 5-12　改变中心距法　　　　　　图 5-13　张紧轮安装

② 加张紧轮法　当中心距不能调节时,可采用张紧轮将带张紧,如图 5-13 所示。张紧轮一般放在松边的内侧,使带只受单向弯曲,同时张紧轮还应尽量靠近大轮,以免过分影响带在小轮上的包角。张紧轮的轮槽尺寸与带轮的相同,且直径小于小带轮的直径。

（2）带的安装和维护

① 应按设计要求选取带型、基准长度和根数。新、旧带不能同组混用,否则各带受力就不均匀。

② 安装带轮时,两轮的轴线应平行,端面与中心垂直,且两带轮装在轴上不得晃动,否则会使传动带侧面过早磨损。

③ 安装时,先将中心距缩小,将传动带套在带轮上后再慢慢拉紧,以使带松紧适度。一

般可凭经验来控制，带张紧程度以大拇指能按下 10～15mm 为宜。

④ V 带在轮槽中应有正确的位置，在使用过程中要对带进行定期检查且及时调整。若发现个别 V 带有疲劳撕裂现象时，应及时更换所有 V 带。

⑤ 严防 V 带与酸、碱、油类等对橡胶有腐蚀作用的介质接触，尽量避免日光曝晒。

⑥ 为了保证安全生产，应给 V 带传动装置加防护罩。

5.2 链传动

5.2.1 链传动的工作原理、特点及应用

链传动是通过链条将具有特殊齿形的主动链轮的运动和动力传递到具有特殊齿形的从动链轮的一种传动方式，如图 5-14 所示。链传动有许多优点，与带传动相比，无弹性滑动和打滑现象，平均传动比准确，工作可靠，效率较高；传递功率大，过载能力强，相同工况下的传动尺寸小；所需张紧力小，作用于轴上的压力小；能在高温、多尘、潮湿、有污染等恶劣环境中工作。

链传动的主要缺点是：仅能用于两平行轴间的传动；成本高、易磨损、易伸长、传动平稳性差，运转时会产生附加动载荷、振动、冲击和噪声，不宜用在急速反向的传动中。因此链传动多用在不宜采用带传动与齿轮传动，而两轴平行，且距离较远，功率较大，平均传动比准确的场合。

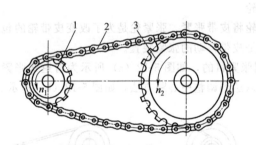

图 5-14　链传动示意图

1—主动链轮；2—传动链轮；3—从动链轮

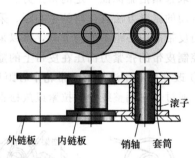

图 5-15　套筒滚子链结构及组成

5.2.2 传动链类型

按照用途不同，链可以分为起重链、牵引链和传动链三大类。机械中传递动力的链传动装置常用的是传动链，主要有套筒滚子链和齿形链两种。

（1）套筒滚子链

套筒滚子链的结构如图 5-15 的形式，它由内链板、外链板、销轴、套筒和滚子组成。内链板与套筒、外链板与销轴各用过盈配合连接。轴销与套筒，滚子与套筒之间都是用间隙配合连接，以形成转动。当链与链轮啮合时，滚子与轮齿之间是滚动摩擦。若受力不大而速度较低时，也可不要滚子，这种链叫套筒链。承受较大功率时，也可采用多排链。但为了避免受力不匀，一般多采用两排、三排、最多四排链。

套筒滚子链接头有三种形式，当链节为偶数时，大链节可采用开口销式，如图 5-16（b）小链节可采用卡簧式（卡簧开口应装在其运动相反方向）如图 5-16（a）所示。当链节为奇数

时，可采用过渡链节式，如图 5-16（c）所示，采用过渡形式零件受力不均匀，容易断裂，应尽量避免采用奇数链节。

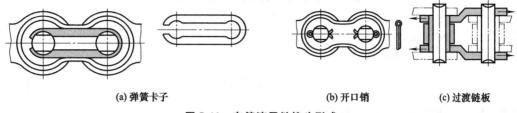

(a) 弹簧卡子　　　　　　　　　(b) 开口销　　　　(c) 过渡链板

图 5-16　套筒滚子链接头形式

（2）齿形链

齿形链是由铰链连接的齿形板组成。与套筒滚子链比较，它传动平稳、噪声较小，能传动较高的速度，但摩擦力较大，易磨损。

5.2.3　链传动设计

（1）滚子链的组成

滚子链由内链板、外链板、销轴、套筒和滚子组成。内链板与套筒、外链板与销轴间均为过盈配合，套筒与销轴、滚子与套筒间均为间隙配合。

滚子链的标记：链号—排数×链节数（GB/T 1243—2006）。

（2）滚子链的基本参数

① 节距 p 为相邻二滚子轴线间的距离，p 增大，说明链条的各部分尺寸增大，即能传递的动力也增大。

② 链长用链节数表示，当链节数为偶数，可以用开口销等；如为奇数，要用过渡链节，我们希望采用的链节数为偶数。

（3）主要失效形式

常见的形式有四种：链板疲劳破坏，链条铰链磨损，链条铰链胶合，静力拉断。

（4）链传动设计的主要参数的选择

① 链传动比　一般 $i \leqslant 7$，推荐 $i = 2 \sim 3.5$，i 过大会使小链轮上包角过小，将加速链轮磨损，通常值不能小于 $120°$。

② 链轮齿数 z　$z_2 = iz_1$，一般 $z_2 < 114$ 当链节数为偶数时，齿数就最好取奇数，这样使磨损均匀些。$z_1 \geqslant z_{\min}$，$z_{\min} = 9$，z_1 应参照链速和传动比进行选取，推荐 $z_1 \approx 29 - 2i$。当链速在 $0.6 \sim 3$ 时，$z_1 \geqslant 15 \sim 17$；当链速在 $3 \sim 8$ 时，$z_1 \geqslant 19 \sim 21$；当链速大于 8 时，$z_1 \geqslant 23 \sim 25$。链轮齿数应优先选用以下系列：17，19，21，23，25，38，57，76，95，114。

③ 链速 v　不应超过 $12m/s$，否则会出现过大的附加动载荷。

④ 链节距 p　p 增大，链条和链轮尺寸增大，承载能力增大，但 p 增大会使传动不均匀性增大，动载荷、噪声增大，因此要求在保证承载能力条件下，尽量用小的 p。

⑤ 中心距与链长　中心距增大导致松边颤动，中心距减小导致小链轮包角减小，导致轮齿承受载荷增大，会造成脱链、跳齿，会导致链条的绕转次数增加，从而造成链条屈伸次数和应力循环次数增加，导致链条加剧磨损和疲劳，故一般 a 取（$30 \sim 50$）p，最大中心距 $a_{\max} = 80p$。

链条的长度以链节数 L_p 来表示，链节数为：

$$L_p = \frac{2a_0}{p} + \frac{z_1 + z_2}{2} + \left(\frac{z_2 - z_1}{2\pi}\right)^2 \frac{p}{a_0} \tag{5-19}$$

计算出的 L_p 应圆整为整数，最好取为偶数 L_p，链传动的最大中心距为：

$$A = f_1 p[2L_p - (Z_1 + Z_2)] \tag{5-20}$$

式中　f_1——中心距计算系数。

⑥ 计算单排链计算功率

$$P_{ca} = \frac{K_A K_z}{K_p} P \tag{5-21}$$

式中　K_A——链传动的工作情况系数；

　　　K_z——主动链轮齿数系数；

　　　K_p——多排链系数。

查相关手册获取，由于篇幅所限，这里就不在列出。

⑦ 计算链速度　速度增加冲击增加，动载荷增加，故 $v \leqslant 12 \sim 15\text{m/s}$　推荐 $v = 6 \sim 8\text{m/s}$

对于链速 $v < 0.6\text{m/s}$ 的低速链传动，因抗拉静力强度不够而破坏的可能性很大，故应进行抗拉静力强度计算。

⑧ 计算轴压力

$$F_p = (1.2 \sim 1.3)F_e = (1.2 \sim 1.3) \times \frac{1000P}{v} \tag{5-22}$$

链设计流程如图 5-17 所示：

5.2.4　链传动的布置与张紧

（1）布置

链条自重比较大，所以应考虑链条布置。两轴应平行，两链轮应位于同一平面内，一般宜采用水平或接近水平的布置，并使松连在下，倾斜布局时应使链水平夹角不超过 45°，如图 5-18（b）所示，尽量不采用垂直布置，因为链条自重比较大会造成脱齿现象，无法避免时，必须用垂直布置时，使两个链轮轴线不重合并应加张紧轮，如图 5-18（c）所示。

（2）张紧

其目的为避免下垂过大而引起啮合不良。

方法：① 增加张紧轮，放在松边外侧靠近小带轮，通过弹簧、重力、托架等方式进行张紧，如图 5-19 所示。

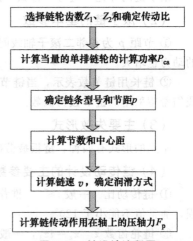

选择链轮齿数 Z_1、Z_2 和确定传动比

↓

计算当量的单排链轮的计算功率 P_{ca}

↓

确定链条型号和节距 p

↓

计算节数和中心距

↓

计算链速 v，确定润滑方式

↓

计算链传动作用在轴上的压轴力 F_p

图 5-17　链设计流程图

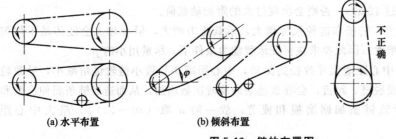

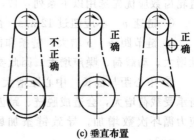

(a) 水平布置　　**(b) 倾斜布置**　　**(c) 垂直布置**

图 5-18　链的布置图

(a) 弹簧自动张紧　　　　(b) 重力自动张紧　　　　(c) 托架自动张紧　　　　(d) 张紧轮自动张紧

图 5-19　链张紧方法

② 调整中心距　改变两链轮之间距离以实现张紧。

任务 5.1 带传动与链传动实训

任务 5.1.1 带传动设计

请设计某机床用的普通 V 带传动，已知电动机功率 $P = 4kW$，转速 $n_1 = 1440r/min$，从动轮转速 $n_2 = 400r/min$，要求两带轮轴中心距约为 600mm 左右，每天工作 16h。请设计该系统的带传动。

在今日制造"辅助设计"栏目中搜索"带轮"下载并安装，带轮辅助设计工具可以进行 V 带设计、平带设计、同步带设计、多楔带设计，这里只介绍 V 带设计。系统弹出 V 带设计对话框如图 5-20 所示。

① 按照 V 带设计流程首先选取工况系数，按照题目要求金属机床属于轻载启动，工作 16h，选择"10～16h"。根据机床类型选择工况为载荷变化小，得出工况系数为 1.2，如图 5-21 所示。根据题意电动机功率 $P = 4kW$，"输入功率 P"输入框中输入"4"，得到计算功率为 4.8kW。

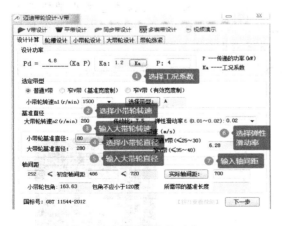

图 5-20　带设计参数列表页

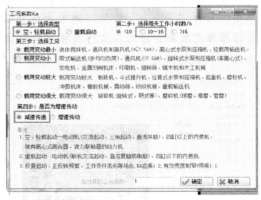

图 5-21　V 带工况系数选择对话框

② 选择小带轮转速 $n_1 = 1440r/min$，可以推测电动机为 2 对电极，理论转速应选择 1500r/min，因为异步电动机存在转差率故电动机实际转速小于理论转速。点击"选择带型"按钮，会弹出带型选择对话框如图 5-22 所示，系统自动出现两条红色线段，水平红

线对应电动机转速，垂直红线对应是计算功率，两红线交叉点落在 Z 型和 A 型带之间，说明即可以选择 Z 型带也可以选择 A 型带，因为 A 型带截面积比 Z 型带截面积要大，选择 A 型带可以减少带根数，故选择 A 型 V 带。

③ 根据国家标准系统自动确定 A 型 V 带小带轮直径从 80mm 开始选择，小于 80mm 尺寸系统已经屏蔽，无法选择，这里为结构紧凑，选择小带轮直径 80mm。带传动比一般小于 5，题目已经给出传动比为 3.6，圆整取标准大带轮直径为 280mm，系统根据输入大小带轮直径计算出轴间距区间值。这里可以取轴间距为 700mm。为保险起见弹性滑动率可以取大值，这里取 0.02。系统自动计算出小带轮的包角是 161°，大于 120° 要求，符合带轮传动要求。系统自动计算出带速度是 6.28m/s 符合带速度在 5～25m/s 范围。点击"下一步"按钮，进入轮槽设计阶段。根据上面计算系统自动产生轮槽参数，计算出最小根数是 4 根，如图 5-23 所示，参数的具体含义可以从黑色的图框标注中找到。点击"下一步"按钮，进入小带轮设计对话框，如图 5-24 所示。

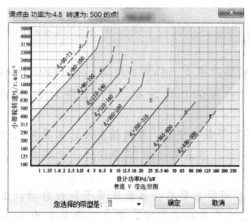

图 5-22　带型选择对话框

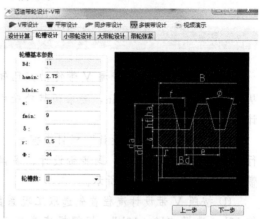

图 5-23　轮槽设计对话框

小带轮对话框中需要根据带轮直径自行选择带轮尺寸，小带轮尺寸小于 150mm 故可以选择"实心轮"点击"生成小带轮"按钮，系统自动在 Solidworks 中生成小带轮三维模型。点击"下一步"按钮，进入大带轮设计对话框，如图 5-25 所示，系统根据大带轮直径推荐孔板轮，也可以自行选择其他结构。对话框中参数的具体含义可以从黑色的图框标注中找到。点击生成大带轮，系统自动在 Solidworks 中生成大带轮三维模型。分别将

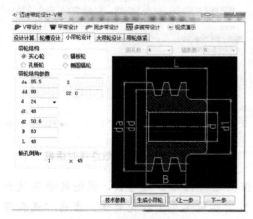

图 5-24　小带轮对话框

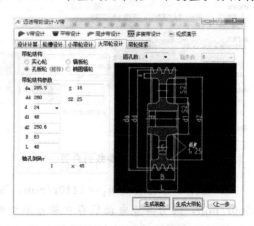

图 5-25　大带轮对话框

大小带轮保持到电脑同一目录中，点击"生成装配"SolidWorks自动生成带轮装配体，如图5-26所示。这样大大节省设计开发人员绘图时间。

也可以点击"技术参数"按钮，系统会自动弹出记事本，将计算参数全部列出，以便开发人员编写设计说明书。常用张紧措施栏目中，系统列出可供选择张紧措施，如图5-27所示。

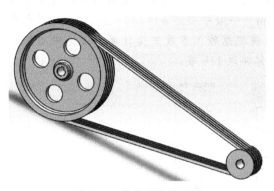

图 5-26　带轮系统装配图

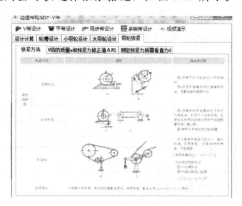

图 5-27　推荐带传动张紧措施

设计用于某输送机传动系统中低速级的滚子链传动，已知该传动系统采用交流电动机驱动，载荷平稳。链传动的输入功率 P 为 9kW，水平布置，链速 $v=0.6\sim8$m/s（中速传动），主动链轮转速 $n_1=750$r/min，传动比 i 约为 2.5，中心距 $a=600\sim700$mm，试设计该链传动。

在迈迪工具集"辅助设计"栏目中搜索"链轮"下载并安装，带轮辅助设计工具可以进行滚子链设计、齿形链设计，这里只进行滚子链设计实训，弹出链轮设计参数如图5-28所示。链轮设计步骤如下：

选择链轮齿数

根据链速范围，选择 $Z_1\geqslant21$，选择优先系列 $Z_1=21$（奇数齿）：

$$Z_2=iZ_1=2.5\times21=52.5$$

选 $Z_2=53$（奇数齿），故平均传动比 $i=Z_2/Z_1=2.52$，符合设计要求。点击"f_1"按钮选择工况系数，如图5-29所示，载荷平稳工况系数取1.0。点击"f2"按钮选择小链轮系数，根据上述大链轮和小链轮取小链轮系数为1.11，如图5-30所示。

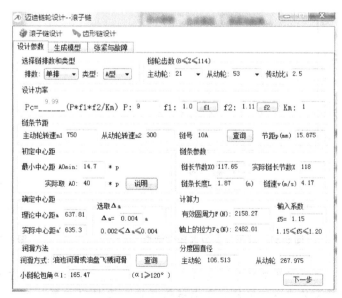

图 5-28　滚子链设计参数对话框

选择滚子链排数为"单排"，类型为"A型"，输入主动链轮速度 750r/min，系统根据传动比直接计算出从动链轮转速，点击"查询"按钮，选择滚子链类型。系统自动产生根据小链轮转速绘制一条垂直线，根据计算功率绘制一条水平线，两线交点作为选型依据，这里我们选择滚子链类型为"10A"，如图 5-31 所示。系统根据链传动参数推荐润滑类型，点击润滑方法下面"查询"按钮，弹出如图 5-32 所示润滑类型对话框，这里选择飞溅润滑。系统自动生成链节距 $P=15.878$mm。一般中心距 $a=(30\sim50)P$，这里取中间值 $40P$，在初定中心距里面输入"$40P$"，系统根据输入参数直接计算出理论中心距和实际中心距。链节数一般为偶数，系统自动计算并取 118 节。

图 5-29　工况系数对话框

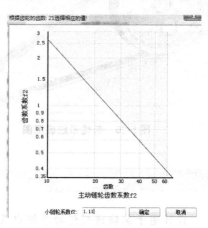

图 5-30　小链轮系数对话框

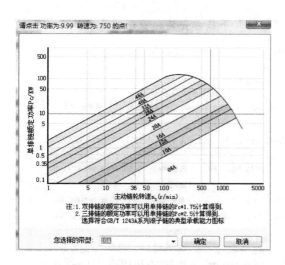

图 5-31　滚子链类型选择对话框

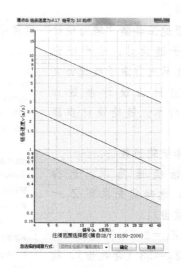

图 5-32　润滑类型选择对话框

　　进入"生成模型"选项卡，如图 5-33 所示，先创建主动链轮，根据小链轮尺寸参数选择整体式钢制链轮。点选链轮属性下面材料"▼"会弹出材料说明对话框，如图 5-34 所示，这里选择 45 钢作为链轮材料。点击"生成链轮"按钮，系统自动在 SolidWorks 中生成主动链轮。按照上述方法生成从动链轮，这里不再赘述。再次，如果需要单个链节模型则点选"生成链节"按钮，如果不需要则直接点击"生成链条"按钮，系统自动在

SolidWorks 中生成整个链条三维模型。

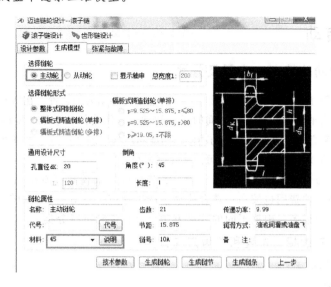

图 5-33 生成模型选项卡

链轮材料说明

材料	热处理	齿面硬度	应用范围
15、20	渗碳、淬火、回火	50~60HRC	z≤25，有冲击载荷的链轮
35	正火	160~200HBS	Z>25的主、从动链轮在正常工作条件下，齿数较多（Z>25的链...
45、50、45Mn、ZG310－570	淬火、回火	40~50HRC	无剧烈冲击震动和要求耐磨损的主、从动链轮
15、20Cr	渗碳、淬火、回火	55~60HRC	z<30传动较大功率的重要链轮
40、35SiMn、35CrMO	淬火、回火	40~50HRC	要求强度较高和耐磨损的重要链轮
Q235、Q275	焊接后退火	≈140HBS	中低速、功率不大的较大链轮
不低于HT200的灰铸铁	淬火、回火	260~280HBS	Z>50的从动链轮以及外形复杂或强度要求一般的链轮
夹布胶木			p<6kW，速度较高，要求传动平稳，噪声小的链轮

确定

图 5-34 链轮材料说明对话框

系统在 SolidWorks 中生成链轮和链条装配体时会弹出是否重建对话框，如图 5-35 所示，选择“是”以提高啮合精度，生成 SolidWorks 模型如图 5-36 所示。

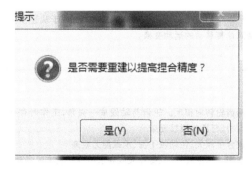

图 5-35 链轮材料说明对话框

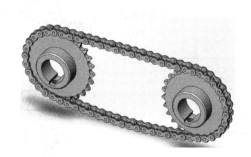

图 5-36 链轮链条装配体

5.3 齿轮传动

5.3.1 齿轮传动的特点、应用及分类

齿轮传动是指用主、从动轮轮齿直接啮合、传递运动和动力的装置。在所有机械传动中，齿轮传动应用最广，可用来传递任意两轴之间的运动和动力。齿轮传动平稳，传动效率高，传动比精确，工作可靠、效率高、寿命长，适用的功率、速度和尺寸范围大；传递功率可以从很小至十几万千瓦；速度最高可达300m/s；齿轮直径可以从几毫米至二十多米。

但是制造齿轮需要有专门的设备，制造、安装精度要求较高（专用机床和刀具加工），制造成本高而且使用维护费用也较高；啮合传动会产生噪声；不适于中心距较大的两轴间传动。

齿轮传动的类型很多，根据不同的分类方法可以将齿轮进行分类。

（1）根据两轴的相对位置和轮齿方向分类

① 圆柱齿轮传动。
② 锥齿轮传动。
③ 交错轴斜齿轮传动。

齿轮传动类型及特点和应用见表5-7。

表5-7 齿轮传动类型及特点和应用

分类	名称	示意图	特点和应用
直齿圆柱齿轮传动	外啮合直齿圆柱齿轮传动		两齿轮转向相反。轮齿与轴线平行，工作时无轴向力 重合度较小、传动平稳性较差、承载能力较低 多用于速度较低的传动，尤其适用于变速箱的换挡齿轮
	内啮合圆柱齿轮传动		两齿轮转向相同 重合度大、轴间距离小、结构紧凑、效率较高
	齿轮齿条传动		齿条相当于一个半径为无限大的齿轮，用于从连续转动到往复移动的运动变换
平行轴斜齿轮传动	外啮合斜齿圆柱齿轮传动	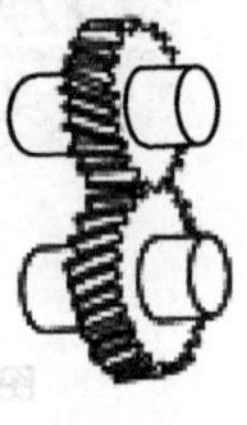	两齿轮转向相反。轮齿与轴线成一夹角，工作时存在轴向力，所需支撑较复杂 重合度较大、传动较平衡、承载能力较高 适用于速度较高、载荷较大或要求结构较紧凑的场合

分类	名称	示意图	特点和应用
人字齿轮传动	外啮合人字齿圆柱齿轮传动		两齿轮转向相反 承载能力高、轴向力能抵消、多用于重载传动
相交轴齿轮传动	直齿锥齿轮传动		两轴线相交,轴交角为90°的应用较广 制造和安装简便、传动平衡性较差、承载能力较低、轴向力较大 用于速度较低(<5m/s)、载荷小而稳定的运转
	曲线齿锥齿轮转动		两轴线相交 重合度大、工作平衡、承载能力高、轴向力较大且与齿轮转向有关 用于速度较高及载荷较大的传动
交错轴齿轮传动	交错轴斜齿轮传动		两轴线交错 两齿轮点接触、传动效率低 适用于载荷小、速度较低的传动
	蜗杆传动		同轴线交错,一般成90° 传动比较大,一般 $i=10\sim80$ 结构紧凑、传动平稳、噪声和振动小 传动效率低,易发热

（2）根据齿轮传动的工作条件分类

① 开式齿轮传动　齿轮暴露在外,不能保证良好润滑。

② 半开式齿轮传动　齿轮浸入油池,有护罩,但不封闭。

③ 闭式齿轮传动　齿轮、轴和轴承等都装在封闭箱体内,润滑条件良好,灰沙不易进入,安装精确,齿轮传动有良好的工作条件,是应用最广泛的齿轮传动。

5.3.2　渐开线齿轮各部分名称、主要参数

（1）渐开线的形成和性质

一条直线沿一个圆的圆周做纯滚动,该直线上任一点的轨迹称为该圆的渐开线,这个圆称为基圆,该直线称为渐开线的发生线。渐开线上任一点 K 的压力角 α_K 与渐开线上任一点 K 的向径 r_K 及基圆半径 r_b 的关系是：

$$\cos\alpha_K = r_b/r_K \tag{5-23}$$

（2）渐开线齿轮主要参数

在一个齿轮上,齿数、压力角和模数是几何尺寸计算的主要参数和依据。

① 齿数（Z）　一个齿轮的轮齿数目即齿数,是齿轮的最基本参数之一。当模数一定时,齿数越多,齿轮的几何尺寸越大,轮齿渐开线的曲率半径也越大,齿廓曲线趋于平直。

② 压力角（α）　压力角是物体运动方向与受力方向所夹的锐角。通常所说的压力角是指分度圆上的压力角。压力角不同,轮齿的形状也不同。压力角已标准化,我国规定标准压力角是20°。

③ 模数（m） 模数直接影响齿轮的大小，轮齿齿形和强度的大小。对于相同齿数的齿轮，模数越大，齿轮的几何尺寸越大，轮齿也大，因此承载能力也越大。国家对模数值规定了标准模数系列，如表 5-8 所示。

表 5-8　标准模数系列表（GB/T 1357—2008）　　　单位：mm

第一系列	0.1,0.12,0.15,0.2,0.25,0.3,0.4,0.5,0.6,0.8,1,1.25,1.5,2,2.5,3,4,5,6,8,10,12, 16,20,25,32,40,50
第二系列	0.35,0.7,0.9,1.75,2.25,2.75,(3.25),3.5,(3.75),4.5,5.5,(6.5),7,9,(11),14,18,22, 28,36,45

注：选用模数时，应优先采用第一系列，其次是第二系列，括号内的模数尽量不用。

5.3.3　标准直齿圆柱齿轮的基本尺寸、计算

外啮合标准直齿圆柱齿轮各部分的名称和符号如图 5-37 所示。常用外啮合标准直齿圆柱齿轮几何尺寸的计算公式见表 5-9。标准直齿圆柱齿轮压力角 $\alpha=20°$，齿顶高系数 $h^*=1$，顶隙系数 $c^*=0.25$；而短齿制的齿轮齿顶高系数 $h^*=0.8$，顶隙系数 $c^*=0.3$。

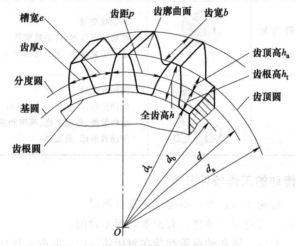

图 5-37　直齿圆柱齿轮各部分的名称

表 5-9　外啮合标准直齿圆柱齿轮计算公式

名称	代号	公式
齿数	z	设计选定
模数	m	设计选定
压力角	α	取标准值
分度圆直径	d	$d=mz$
基圆直径	d_b	$d_b=d\cos\alpha$
齿顶圆直径	d_a	$d_a=d+2h_a=(z+2h_a^*)m$
齿根圆直径	d_f	$d_f=d-2h_f=(z-2h_a^*-2c^*)m$
齿顶高	h_a	$h_a=h_a^*m$
齿根高	h_f	$h_f=(h_a^*+c^*)m$
全齿高	h	$h=h_a+h_f$
齿距	p	$p=\pi m$
齿厚	s	$s=\dfrac{\pi m}{2}$
槽宽	e	$e=\dfrac{\pi m}{2}$
中心距	a	$a=\dfrac{1}{2}(d_1+d_2)=\dfrac{1}{2}(z_1+z_2)m$

5.3.4 渐开线齿轮的啮合传动、安装

（1）正确啮合条件

前面讨论了单个齿轮尺寸的计算公式，下面进一步讨论一对齿轮的啮合传动（ω_1 和 ω_2 为两齿轮角速度）。如图 5-38 过 K 点作两齿廓（E_1 和 E_2）的公切线 $t-t$，与之相垂直的直线 $n-n$ 即为两齿廓在 K 点处的直线称为公法线。公法线与连心线 O_1O_2 的交点为 P，称为节点。过节点和旋转中心的圆称为节圆（r_1 和 r_2 为节圆半径）。齿轮中齿厚和槽宽相等的圆称为分度圆。

齿轮传动就相当于两个节圆的摩擦轮滚动。只有当两齿轮分度圆相切时啮合角等于压力角，节圆与分度圆才会重合。否则分度圆、压力角就只是标准的、理想的，而节圆、啮合角才是实际形成的。从理论上讲就是两齿轮在啮合线上齿距相等才能啮合。同样从渐开线的性质推理，可以证明必须模数和压力角相等，这样才能互不干涉，平稳传动。一对齿轮要能够顺利啮合，保证传动中既不出现啮合间隙，又不出现卡死现象，就要求两齿轮的法向齿距必须相等，故模数 m 和齿形角 α 均已经标准化了的标准直齿圆柱齿轮正确啮合条件为：

$$m_1 = m_2 = m$$
$$\alpha_1 = \alpha_2 = \alpha$$

在安装一对啮合传动的齿轮时（序号 1 和 2 分别代表两个齿轮，r_1 和 r_2 为分度圆半径，r_{b1}、r_{b2} 为两齿轮基圆半径），如果使两齿轮的分度圆相切，此时分度圆和节圆重合，见图 5-39。则称这对齿轮处于标准安装状态。处于标准安装状态的两齿轮中心距为标准中心距 a，计算公式为：

$$a = r_1 + r_2 = \frac{m(z_1 + z_2)}{2} \tag{5-24}$$

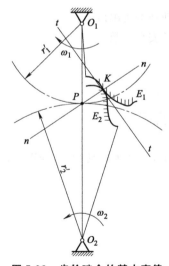

图 5-38　齿轮啮合的基本定律

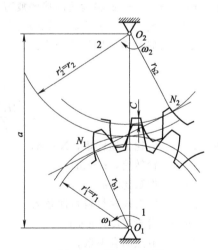

图 5-39　标准中心距

（2）直齿圆柱齿轮的连续传动条件

当齿轮啮合时的实际啮合线长度大于等于法向齿距时，齿轮可以保证连续传动。

$$定义重合度 \ \varepsilon = \frac{B_1 B_2}{p_b} \tag{5-25}$$

式中　$B_1 B_2$——实际啮合线长度，mm；

p_b——法向齿距，mm。

连续传动的条件：重合度 $\varepsilon \geqslant 1$。

重合度越大表明同时啮合的轮齿对数越多，因而传动越平稳，承载能力越大。

5.3.5 齿轮传动强度计算

齿轮主要失效形式分两类：轮齿折断和齿面损坏。轮齿折断又分：疲劳折断和过载折断。齿面损坏又分：点蚀、磨损和胶合、塑性变形。轮齿折断：弯曲疲劳折断是闭式硬齿面齿轮传动最主要的失效形式。齿面磨损是开式齿轮的主要失效形式。

目前对于齿面磨损、齿面胶合和齿面塑性变形，还没有较成熟的计算方法。对于一般齿轮传动，通常只按齿根弯曲疲劳强度或齿面接触疲劳强度进行计算。对于软齿面（HBS≤350）闭式齿轮传动，由于主要失效形式是齿面点蚀，故应按齿面接触疲劳强度进行设计计算，再校核齿根弯曲疲劳强度。对于硬齿面（HBS＞350）闭式齿轮传动，由于主要失效形式是轮齿折断，故应按齿根弯曲疲劳强度进行设计计算，然后校核齿面接触疲劳强度。开式齿轮传动，仅按齿根弯曲疲劳强度设计计算，考虑磨损的影响可将模数加大 10％～20％。

（1）齿轮的许用应力

① 齿面接触疲劳理论　齿面点蚀是由于接触应力过大引起的。因此，首先应计算齿面最大接触应力。接触应力由赫兹公式计算。通常只有一对轮齿啮合，且因相对速度为零，润滑条件不好，当两个零件是具有曲面接触的弹性体，在压力作用下互相接触时，在接触处产生弹性变形，在接触处及其附近产生的应力，称接触应力，用 σ_H 表示。许用弯曲应力，用 σ_F 表示。

$$[\sigma_H] = \frac{\sigma_{Hlim}}{S_{Hmin}} = \frac{\sigma_{Hlim}}{S_H} \tag{5-26}$$

$$[\sigma_F] = \frac{\sigma_{Flim}}{S_F} \tag{5-27}$$

式中　σ_{Hlim}，σ_{Flim}——试验齿轮的接触疲劳极限应力和弯曲疲劳极限应力；

　　　S_H，S_F——试验齿轮接触强度和弯曲疲劳强度的安全系数。

② 齿面接触疲劳强度计算公式：

$$\sigma_H = Z_E Z_H \sqrt{\frac{2KT_1}{bd_1} \times \frac{u \pm 1}{u}} \leqslant [\sigma_H] \tag{5-28}$$

$$d_1 \geqslant \sqrt[3]{\frac{2KT_1}{\psi_d} \times \frac{u \pm 1}{u} \left(\frac{Z_E Z_H}{[\sigma_H]}\right)^2} \tag{5-29}$$

式中　T_1——齿轮传递转矩，N·m，$T_1 = 9.55 \times 10^6 P/n_1$，（$P$ 为传动功率，kW；n_1 为主动轮转速，r/min）；

　　　u——齿数比，$u = z_2/z_1$；

　　　Z_E——配对齿轮材料弹性系数；

　　　b——齿轮宽度，mm；

　　　Z_H——节点啮合系数；

　　　ψ_d——齿宽系数，$\psi_d = b/d_1$；

　　　d_1——小齿轮分度圆直径，mm。

从式（5-28）可知齿轮的齿面接触疲劳强度取决于小齿轮的直径大小，而与模数不直接相关。

（2）齿面接触疲劳强度计算

① 齿轮的受力分析

圆周力	$F_t = 2T_1/d_1$	(5-30)
径向力	$F_r = F_t \tan\alpha$	(5-31)
法向力	$F_n = F_t/\cos\alpha$	(5-32)

主动轮上的圆周力是阻力，与转动方向相反；从动轮上的圆周力是驱动力，与圆周力相同。径向力分别指向各自轮心。

轮齿的变曲强度以齿根处最低，即弯曲应最大，因此应计算齿根处的弯曲强度。计算时，将轮齿看作悬臂梁，其危险截面可用30°切线确定，即作与轮齿对称线成30°角并与齿根过渡曲线相切的两直线，连接两切点的截面即得齿根的危险截面。当载荷作用于齿顶时，齿根部分的弯矩最大。但由于重合度 ε 大于1，所以一对齿在齿顶啮合时，其后面相邻一对齿也处于啮合状态，载荷应由两对齿承担，齿根弯矩也并非最大。对于制造精度较低的7、8、9级精度齿轮，通常按一对齿啮合，以全部载荷作用在齿顶来计算齿根弯曲应力。沿啮合线作用于齿顶的法向力 F_n 可分解为相互垂直的两个分力 $F_n\cos\alpha$ 和 $F_n\sin\alpha$，前者在齿根产生弯曲应力，后者产生压缩应力。压缩应力较小，通常略去不计。

② 齿根的弯曲疲劳强度计算公式：

$$\sigma_F = \frac{2KT_1}{\psi_d z_1^2 m^3} Y_{Fa} Y_{Sa} \leqslant [\sigma_F] \tag{5-33}$$

$$m \geqslant \sqrt[3]{\frac{2KT_1}{\psi_d z_1^2} \frac{Y_{Fa} Y_{Sa}}{[\sigma_F]}} \tag{5-34}$$

相啮合的两个齿轮，虽然模数相等，但齿数一般不等，所以齿形系数 Y_{Fa}、应力集中修正系数 Y_{Sa} 也不相等。两齿轮的许用应用 $[\sigma_F]$ 也可能不相等。因此，应分别校核两轮齿的弯曲疲劳强度。按弯曲疲劳强度设计时，应该比较大、小齿轮的 $Y_{Fa} Y_{Sa}/[\sigma_F]$，再将两者中较大值代入式（5-34）。计算设计计算所得模数应圆整为标准值。

上述齿面强度和齿根弯曲疲劳强度计算公式使用应注意以下几个方面：

① 小齿轮齿数 z_1　软齿面闭式齿轮传动在满足弯曲强度的条件下，为提高传动的平稳性，小齿轮齿数一般取 $z_1 = 20\sim40$；硬齿面的弯曲强度是薄弱环节，宜取较少的齿数，以便增大模数，通常取 $z_1 = 17\sim20$。

② 齿宽 b　为减少加工量，也为了装配和调整方便，大齿轮齿宽应小于小齿轮齿宽。一般小齿轮齿宽比大齿轮齿宽大 $5\sim10$mm。

③ 大小两齿轮的齿根弯曲应力　由于两轮弯曲应力不同，两轮的许用弯曲应力不同，所以校验时应分别验算大小齿轮的弯曲强度。

④ 设计求出的模数应圆整为标准值。

⑤ 一对啮合轮齿工作时，接触应力必相等。但两齿轮材料和热处理方法一般并不相同，因而两齿轮的许用接触应力 $[\sigma_{H1}]$ 与 $[\sigma_{H2}]$ 也就不一定相等。所以应用上述计算公式时，应代入 $[\sigma_{H1}]$ 和 $[\sigma_{H2}]$ 中的较小者。齿轮弯曲应力的大小，主要取决于模数。对于传递动力的齿轮，模数不宜过小，一般应使 $m \geqslant 1.5\sim2$mm。

5.3.6　常用的齿轮材料

（1）常见材料

选择齿轮材料总体上要考虑防止产生齿面失效和轮齿折断。基本要求：齿面要硬，齿芯要韧。常用齿轮材料见表 5-10。常用齿轮材料有锻钢、铸钢、铸铁和非金属材料。

① 锻钢　一般齿轮选择多采用锻钢也最常用，可通过热处理改善机械性能。

a. 软齿面齿轮（HBS≤350）　如 45 钢、40Cr，热处理为正火调质，加工方法为热处理后进行精切齿形，齿轮精度可以达到 8、7 级，适合于对精度、强度和速度要求不高的齿轮传动。

 b. 硬齿面齿轮（HBS＞350）（是发展趋势） 如 20Cr、20CrMnTi、40Cr、30CrMoAlA，表面淬火，渗碳淬火，氮化和氰化，先切齿→表面硬化→磨齿精切齿形→5、6 级适合于高速、重载及精密机械（如精密机床、航空发动机等）。合金钢用于高速、重载及在冲击载荷下工作的齿轮。

 ② 铸钢 用于尺寸较大齿轮，需正火和退火以消除铸造应力。强度稍低。

 ③ 铸铁 灰铸铁、球墨铸铁都具有较好的机械性能和耐磨性，机械强度、抗冲击和耐磨性较差，但抗胶合和点蚀能力较强，用于工作平稳、低速和小功率场合；尺寸大，结构比较复杂的齿轮多采用铸钢或球墨铸铁。开式装置中不重要的低速齿轮可采用铸铁。

 ④ 非金属材料 其中工程塑料（ABS、尼龙、取胜酰铵）、夹布胶木适用于高速、轻载和精度不高的传动，特点是噪声较低，无须润滑，在某些低速和仪器仪表中还用铜合金和铝合金作齿轮（具有耐腐蚀、自润滑等特性）。

（2）齿轮材料选取原则

齿轮材料选择依据以下四条原则：

 ① 齿轮材料须满足工作条件的要求 不同的工作条件选用不同的齿轮材料。应考虑齿轮尺寸大小、毛坯成型方式及热处理和制造工艺。正火碳钢用于载荷平稳或轻度冲击下工作的齿轮；调质钢用于中等冲击载荷下工作的齿轮。

 ② 配对齿轮、小齿轮受力及磨损较大，所以对其硬度要求高于大齿轮 20～50HBS。这是因为小齿轮齿根强度较弱，小齿轮的应力循环次数较多。另外当大小齿轮有较大硬度差时，较硬的小齿轮会对较软的大齿轮齿面产生冷作硬化的作用，可提高大齿轮的接触疲劳强度。

 ③ 一般中、低速齿轮可采用 45 钢、45Mn2 等，并调质后加工使用，齿面硬度＜350HBS。

 ④ 一般中、高速，重载齿轮，齿面硬度＞350HBS，可用中碳钢和中碳合金钢经调质、表面淬火；或低碳钢和低碳合金钢经渗碳、淬火、低温回火。最终热处理可在加工后进行，为消除热处理变形还可以进行磨齿。

表 5-10 常用齿轮材料

材料	热处理	σ_b/MPa	σ_s/MPa	硬度	备注
HT250		250		170～241HBS	
QT600-3	正火	600		229～302HBS	（1）铸钢略小于同类钢的性能
45	调质后表面淬火	650	360	217～255HBS	（2）40Cr 可用 40MnB、40MnVB 代替
40Cr	调质后表面淬火	700	500	241～286HBS	（3）20CrMnTi 可用 20Mn2B,20MnVB 代替
20CrMnTi	渗碳后淬火	1100	850	48～55HRC	
38CrMoAL	调质后氮化	1000	850	（表面）HV＞850	
夹布胶木		100		25～35HBS	

5.3.7 齿轮精度等级的选择

我国国标 GB/T 10095—2008 中，对渐开线圆柱齿轮规定了 12 个精度等级，第 1 级精度最高，第 12 级最低。齿轮精度等级主要根据传动的使用条件、传递的功率、圆周速度以及其他经济、技术要求决定。常见机器中齿轮的精度等级参见表 5-11，齿轮的加工方法及其应用范围见表 5-12。齿轮传动设计流程见图 5-40。

表 5-11　常见机器中齿轮的精度等级

机器名称	精度等级	机器名称	精度等级
汽轮机	3～6	通用减速器	6～8
金属切削机床	3～8	锻压机床	6～9
轻型汽车	5～8	起重机	7～10
载重汽车	7～9	矿山用卷扬机	8～10
拖拉机	6～8	农业机械	8～11

表 5-12　几种精度等级齿轮的加工方法及其应用范围

			齿轮的精度等级			
			6级(高精度)	7级(较高精度)	8级(普通)	9级(低精度)
加工方法			用展成法在精密机床上精磨或精剃	用展成法在精密机床上精插或精滚,对淬火齿轮须磨齿或研齿	用展成法插齿或滚齿	用展成法或仿形法粗滚或成型铣
齿面粗糙度 $Ra/\mu m \leqslant$			0.80～1.60	1.60～3.2	3.2～6.3	6.3
用途			用于分度机构或高速重载的齿轮,如汽车、船舶飞机的重要齿轮	用于高、中速重载的齿轮,如机床、汽车、内燃机中较重要齿轮、标准系列减速器中的齿轮	一般机械中的齿轮,不属于分度机构系统的机床齿轮、飞机、拖拉机中不重要的齿轮,纺织机械、农业机械中重要齿轮	轻载传动的不重要齿轮,或低速传动、对精度要求低的齿轮
圆周速度 $v/(m/s)$	圆柱齿轮	直齿	15	10	5	3
		斜齿	25	17	10	3.5
	圆锥齿轮	直齿	9	6	3	2.5

5.3.8　斜齿圆柱齿轮传动

(1)斜齿圆柱齿轮传动的特点和应用

齿轮传动设计流程见图 5-40。斜齿圆柱齿轮传动和直齿圆柱齿轮传动一样,仅限于传递两平行轴之间的运动。直齿圆柱齿轮传动过程中,齿面总是沿平行于齿轮轴线的直线接触。这样,齿轮的啮合就是沿整个齿宽同时接触,同时分离,要求齿轮精度很高。斜齿圆柱齿轮齿面接触线是由齿轮一端齿顶开始,逐渐由短而长,再由长而短,至另一端齿根为止。载荷的分配也是由小而大,再由大而小,同一时间内啮合的齿数较直齿圆柱齿轮多。

斜齿轮传动有如下特点:

① 传动平稳,冲击、噪声和振动小,所以适于高速传动;

② 承载能力强,适于重载情况下工作;

③ 使用寿命长;

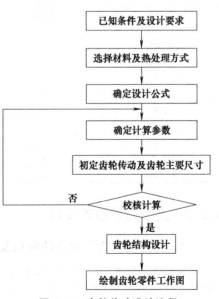

图 5-40　齿轮传动设计流程

④ 不能作变速滑移齿轮使用；

⑤ 传动时产生轴向力。

（2）斜齿圆柱齿轮的主要参数、几何尺寸计算

斜齿圆柱齿轮的轮齿是倾斜的，但加工时与直齿圆柱齿轮一样，使用的是同一套标准刀具，所以它的参数就产生了垂直于齿轮端面与垂直于轮齿法面的两套参数，而以法面参数为标准值。通常我们用 P_n、m_n、α_n 分别代表法向周节、法向模数、法向压力角；用 P_t、m_t、α_t 分别代表端面周节、端面模数、端面压力角。端面参数和法向参数关系如图 5-41 所示，斜齿轮受力图如图 5-42 所示，轮齿与轴线的夹角，即螺旋角 β，则：

$$P_n = P_t \cos\beta, \quad m_n = m_t \cos\beta \tag{5-35}$$

标准斜齿圆柱齿轮的压力角 $\alpha_n = 20°$，齿顶高系数 $h^* = 1$，顶隙系数 $c^* = 0.25$，其常用各部分尺寸公式如表 5-13 所示。

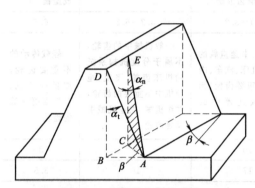

图 5-41　斜齿轮参数关系图

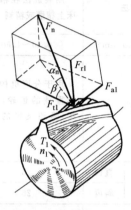

图 5-42　斜齿轮受力图

表 5-13　标准斜齿圆柱齿轮常用计算公式

名称	代号	计算公式
法向模数	m_n	$m_n = m$
端面模数	m_t	$m_t = m_n / \cos\beta$
法向径节	P_n	$P_n = \pi m_n$
分度圆直径	d	$d = z m_t = z m_n / \cos\beta$
齿顶高	h_a	$h_a = m_n$
齿根高	h_f	$h_f = 1.25 m_n$
全齿高	h	$h = h_a + h_f = 2.25 m_n$
齿顶圆直径	d_a	$d_a = d + 2h_a = z m_t + 2 m_n = m_n z / \cos\beta + 2$
齿根圆直径	d_f	$d_f = d + 2h_f = z m_t - 2.5 m_n = m_n z / \cos\beta - 2.5$
标准中心距	a	$a = d_1/2 + d_2/2 = m_n(Z_1 + Z_2)/2\cos\beta$

5.3.9　直齿圆锥齿轮传动

（1）直齿圆锥齿轮传动的特点及应用

锥齿轮传动应用于两轴线相交的场合，通常采用两轴交角 $\Sigma = 90°$。它的轮齿是沿着圆锥表面的素线切出的。工作时相当于用两齿轮的节圆锥做成的摩擦轮进行滚动。两节圆锥锥顶必须重合，才能保证两节圆锥转动比一致。这样就增加了制造、安装的困难，并降低了圆锥齿轮传动的精度和承载能力，因此圆锥齿轮传动一般用于轻载、低速的场合。锥齿轮尺寸图如图 5-43 所示，锥齿轮各部分名称如图 5-44 所示。

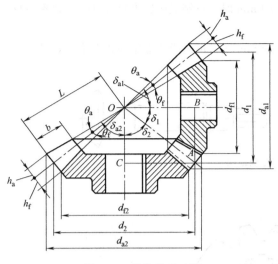

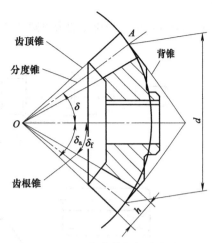

图 5-43　锥齿轮尺寸图　　　　　　　　　图 5-44　锥齿轮各部分名称

（2）直齿圆锥齿轮的主要参数、几何尺寸计算

直齿锥齿轮的轮齿是均匀分布在锥体上的，它的齿形一端大，另一端小。为了测量和计算方便，以大端模数 m 作为标准模数，各部分尺寸计算以它为基本参数，标准直齿圆锥齿轮压力角 $\alpha=20°$，齿顶高系数 $h^*=1$，顶隙系数 $c^*=0.2$。各部分主要尺寸计算如表 5-14 所示。

表 5-14　标准直齿圆锥齿轮常用计算公式表

名称	代号	计算公式
模数	m	由强度计算，大小锥齿轮均指大端
齿数	z	由传动比计算求得
分度圆锥角	δ	$\tan\delta_1=z_1/z_2=1/\tan\delta_2$；$\delta_1=90°-\delta_2$
分度圆直径	d	$d=mz$
齿顶高	h_a	$h_a=m$
齿根高	h_f	$h_f=(h_a^*+c^*)m=1.2m$
全齿高	h	$h=h_a+h_f=2.2m$
齿顶圆直径	d_a	$d_a=d+2h_a\cos\delta=m(z+2\cos\delta)$
齿根圆直径	d_f	$d_f=d-2h_f\cos\delta=m(z-2.4\cos\delta)$
锥距	R	$R=d/2\sin\delta$
齿顶角	θ_a	$\tan\theta_a=2\sin\delta/z=h_a/R$
齿根角	θ_f	$\tan\theta_f=2.4\sin\delta/z=h_f/R$

5.3.10　齿轮结构、齿轮传动失效形式及维护

（1）齿轮结构

齿轮的结构通常有齿轮轴、实体式齿轮、腹板式齿轮及轮辐式齿轮等主要形式，其主要选用原则如下：

① 齿轮轴　对于直径较小的钢齿轮，其齿顶圆直径 $d_a<2d_k$（d_k 为轴径）或齿根圆与键槽底部的距离 $x<2\sim2.5m$（m 为模数）时，将齿轮与轴制成一体，称为齿轮轴，如图 5-45 所示。

② 实体式齿轮　当齿轮的齿顶圆直径 $d_a\leqslant200mm$ 时，齿轮与轴分别制造，制成锻造实体式齿轮，如图 5-46 所示。

③ 腹板式齿轮　当齿轮的齿顶圆直径 $d_a \leqslant 500\text{mm}$ 时，可制成锻造腹板式齿轮，如图 5-47 所示。

④ 轮幅式齿轮　当齿轮的齿顶圆直径 $d_a > 500\text{mm}$ 时，可采用铸造轮幅式齿轮，如图 5-48 所示。

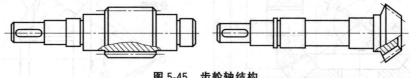

图 5-45　齿轮轴结构

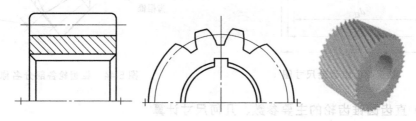

图 5-46　实体式齿轮

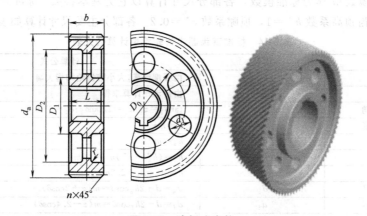

图 5-47　腹板式齿轮

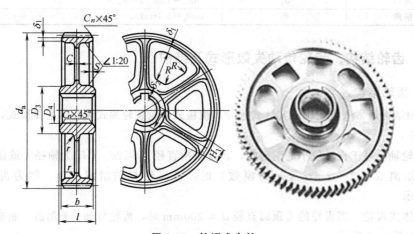

图 5-48　轮幅式齿轮

（2）齿轮的失效形式

齿轮失效是指齿轮在传动过程中，由于载荷的作用使轮齿发生折断、齿面损坏等现象，而使齿轮过早地失去正常工作能力的情况。由于齿轮传动的工作条件和应用范围各不相同，影响失效的原因很多。就其装置的形式来说，有开式、半开式和闭式之分。就使用情况来说，又有低速、高速及轻载和重载之别。再加上齿轮材料的性能及热处理工艺的不同，齿轮自身的尺寸，齿廓形状，加工精度等级差别，齿轮传动出现了不同的失效形式，主要现象是齿根折断、齿面磨损、点蚀、胶合及塑性变形等。

开式齿轮失效常因为是沙尘落入齿面，加快了轮齿磨损；闭式齿轮失效多由于轮齿强度、韧性不足，或是齿面硬度，接触强度欠佳所造成。为此除了要在设计时应充分注意外，材料选择是否恰当也十分重要。

5.3.11 轮系

（1）轮系的分类与应用

前面已经讨论了由啮合的一对齿轮所组成的传动机构，它是齿轮传动中最简单的形式。但是实际应用中，常常需要将主动轴的较快转速变为从动轴的较慢转速；或者将主动轴的一种转速变换为从动轴的多种转速；也可改变从动轴的旋转方向，采用一系列相互啮合齿轮，将主动轴和从动轴连接起来。这种由一系列相互啮合齿轮组成的传动系统称为轮系，如图5-49所示的钟表轮系，如图5-50所示的变速箱中轮系。

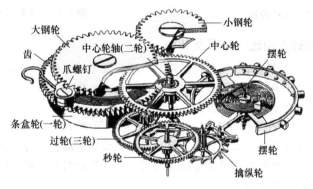

图5-49　钟表轮系

① 轮系的分类

轮系的结构形式很多，根据轮系运转时各齿轮的几何轴线在空间的相对位置是否固定，轮系可分为定轴轮系和周转轮系两大类。

a. 定轴轮系　定轴轮系是指齿轮（包括蜗杆、蜗轮）在运转中轴线位置都是不动的轮系，如图5-51是两类不同定轴轮系。

b. 周转轮系　周转轮系是指在轮系中至少有一个齿轮及轴线是围绕另一个齿轮进行旋转的，即至少有一个齿轮轴线没有固定，如图5-52所示。

图5-50　变速箱图

② 轮系的作用

a. 用轮系传动就可以达到很大的传动比，如航空发动机的减速器。

b. 轮系可作较远距离传动。

c. 轮系可实现变速、换向要求，采用轮系组成各种机构。

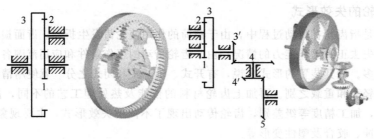

(a) 平面定轴轮系   (b) 空间定轴轮系

图 5-51　定轴轮系

d. 将运转速度分为若干等级进行变换，并能变换运转方向。

e. 轮系可合成或分解运动，如汽车传动后桥差速器，如图 5-53 所示。

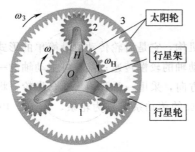

图 5-52　行星轮系

图 5-53　汽车后桥差速器

（2）定轴轮系的传动比、计算及转向

定轴轮系的传动比及其计算：在讨论轮系时，把轮系中首末两轮转速之比，称为轮系的传动比。它的计算包括两个方面：一个方面为齿轮传动比大小数值的计算，涉及到有关各对齿轮转速；另外一个方面是首末齿轮转动方向。

① 定轴轮系的转向　在定轴轮系中，每一个齿轮和传动件的几何轴线都是固定的。当末端件分别为齿轮齿条或丝杠螺母时，还须计算从动件直线运动的移距等。表示齿轮转向的基本方法是画箭头。运动简图或投影图是圆形的齿轮可以根据其顺时针或逆时针转向用圆弧箭头表示。成对圆柱齿轮的转向表示方法为：

a. 当两轮为外啮合时，如图 5-54 所示，两轮的转向相反，转向相反的传动比取负值，用负号表示。

b. 当两轮为内啮合时，如图 5-55 所示，两轮的转向相同，则传动比取正值。

c. 成对圆锥齿轮转向的分析方法与圆柱齿轮基本一致，但由于它的轴线是垂直相交的，不像圆柱齿轮的轴线是平行的，所以转向有很大区别，不能用正负号表示，只能用画箭头来确定。锥齿轮啮合，如图 5-56 所示，转动方向要么都指向啮合处，要么都远离啮合处。

为了改变从动轮的旋转方向，即在齿轮 1 和齿轮 2 中间增加 1 个齿轮，从而改变从动轮的转向。这个增加的齿轮叫惰轮。加奇数个中间轮，主、从动轮旋转方向相同；加偶数个中间轮，主、从动轮旋转方向相反。中间轮对传动比并无影响，但改变了从动轮的转向。因此，常用作变换从动轴的转向。此外，还起了一个连接作用。

② 定轴轮系的传动大小计算　传动比大小计算公式：

$$i_{AK} = \frac{\omega_A}{\omega_K} = \frac{n_{主动}}{n_{从动}} = \frac{从 A 到 K 各级啮合中所有从动轮齿数的连乘积}{从 A 到 K 各级啮合中所有主动轮齿数的连乘积}$$

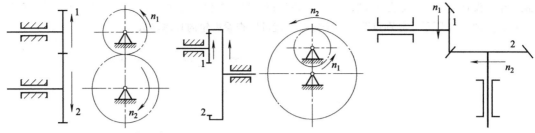

图 5-54　外啮合齿轮转向　　　图 5-55　内啮合齿轮转向　　　图 5-56　锥齿轮转向

定轴轮系考虑到传动方向，则平面定轴传动比为：

$$i_{AK}=\frac{\omega_A}{\omega_K}=\frac{n_{主动}}{n_{从动}}=(-1)^m\frac{从 A 到 K 各级啮合中所有从动轮齿数的连乘积}{从 A 到 K 各级啮合中所有主动轮齿数的连乘积} \qquad (5-36)$$

式中　m——轮系外啮合次数。

例 2　如图 5-57 所示的齿轮系中，已知 $z_1=20$，$z_2=40$，$z_2'=30$，$z_3=60$，$z_3'=25$，$z_4=30$，均为标准齿轮传动。若已知轮 1 的转速 $n_1=1440$r/min，试求轮 4 的转速。

此定轴齿轮系各轮轴线相互平行，齿轮系中有两对外啮合齿轮，代入公式（5-36）进行计算：

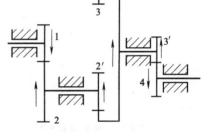

$$i=\frac{n_1}{n_4}=(-1)^2\frac{z_2 z_3 z_4}{z_1 z_2' z_3'}=(-1)^n\times\frac{40\times60\times30}{20\times30\times25}=4.8$$

$$n_4=n_1/i=1440/4.8=300\text{r/min}$$

图 5-57　齿轮系

任务 5.2　直齿圆柱齿轮的设计

试设计一单级直齿圆柱齿轮减速器中的齿轮传动。已知：电动机驱动，传递功率 10kW，小齿轮转速 950r/min，传动比 4，单向运行，载荷平稳。使用寿命 10 年，单班制工作。

打开迈迪工具集，搜索"齿轮"，如图 5-58 所示，打开圆柱齿轮插件。设计对话框如图 5-59 所示。啮合类型根据实际情况进行选择，这里选择"外啮合"，"几何计算"选项有三个。分别是：

① 已知中心距"aw"求"m，z_1，z_2"；

② 已知中心距"aw"和"m 求 z_1，z_2"；

③ 已知模数"m，z_1，z_2"和变位系数"X"求中心距"aw"。

这里选择第三项。齿宽：可以选择"用户自定义"或"取默认值"，这里选第一项。"载荷计算"选项：

① 已知输入功率"P_1"和小齿轮转速"n_1"，求转矩"MK_1"；

② 已知转矩"MK_1"和小齿轮转速"n_1"，求输入功率"P_1"；

③ 已知输入功率"P_1"和转矩"MK_1"，求小齿轮转速"n_1"。

变位系数的分配选项可以根据实际情况选定，这里选择无变位齿轮，故选择第一项。

进入设计参数页如图 5-60 所示，小齿轮齿数一般取 $z_1=20\sim40$；因为不发生根切的最小齿数是 17，可以相对取多一点齿数。这里取齿数为 20，根据题意传动比为 4，故大齿轮齿数为 80。选择模数，这里模数有两列，左侧一列为模数，第一系列即优先系统，要优先选择，右侧为第二系列。齿轮模数越大其承载能力越强，考虑到齿轮传递功率为 10kW，所以模数不能太小，可以取 2.5～8，这里取优先系列 2.5，采用直齿圆柱齿轮，故螺旋角为 0°，系统自动计算出中心距，齿顶高系数和顶隙系数取正常齿国家标准值 $h_a^*=1$，$C^*=0.25$。齿宽查机械设计手册，也可以根据经验取中心距一半。没有变位，故变位系数取"0"。可以通过"尺寸参数"选项页来查看齿轮1和齿轮2设计参数，如图5-61所示，分别点选这两个按钮，就可以查看齿轮的具体参数。

图 5-58　圆柱齿轮插件　　　　　　　　　　　　　　图 5-59　齿轮设计向导页

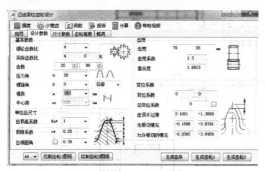

图 5-60　齿轮设计参数页

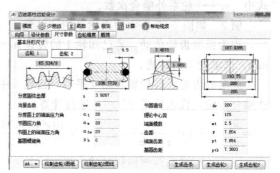

图 5-61　齿轮参数查看页

选择"齿轮精度"选项页，选择齿轮精度，齿轮精度根据使用工况选择，减速器一般7～8可以满足要求，这里选择7级精度，如图5-62所示。齿轮载荷设定页，按照题目要求输入传递功率10kW，传动效率可以根据实际情况输入，也可以按照默认0.97，如图5-63所示。

图 5-62　齿轮精度设计页

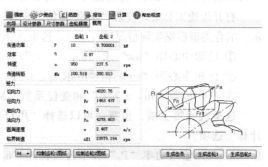

图 5-63　齿轮载荷设定页

选择设计工具上方齿轮强度校核按钮"　强度　"，进行强度校核，如图5-64所示。首先选择齿轮工况系数，根据设备实际工况选择工况系数，也可以拉动下方滑动条自己设定工况系数，如图5-65所示。

选择好齿轮工况后，选择齿轮材料，根据齿轮工况要求选择合适齿轮材料，材料可以按"▼"下拉按钮来选择系统自带材料，也可以按右侧"编辑"自行输入材料。齿轮粗糙度系数根据使用场合选择，这里选择默认第三项，如图5-66所示。相对齿面表面状况系数选择默认值，如图5-67所示。

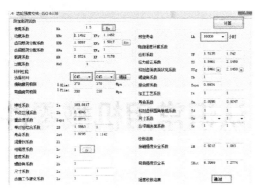

图 5-64 齿轮强度校核对话框

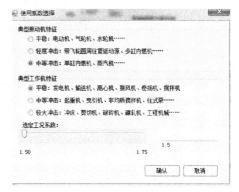

图 5-65 齿轮使用工况设定对话框

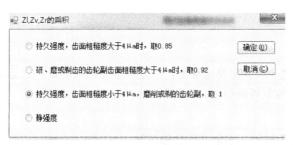

图 5-66 齿轮粗糙度设定对话框

图 5-67 相对齿面表面状况系数

设定好齿轮材料后，输入预期的寿命，点击"计算"按钮，系统计算出是否能满足要求，结果显示在强度计算对话框最下方，如果强度校核结果显示"不通过"，需要重新调整参数，尤其是齿轮材料。若满足强度校核条件，则点击生成齿轮1" 生成齿轮1 "按钮，生成小齿轮，生成小齿轮三维模型如图 5-68 所示，系统使用 excel 在三维模型附近生成参数列表。则点击绘制齿轮1图纸" 绘制齿轮1图纸 "按钮，图纸幅面可以按"▼"下拉按钮来选择，生成小齿轮二维图纸如图 5-69 所示。大齿轮绘图方法相同，这里就不再赘述。

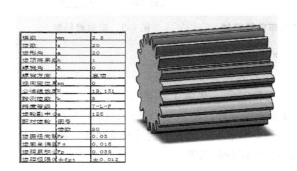

图 5-68 小齿轮三维模型

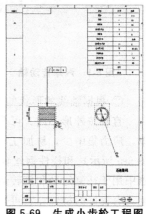

图 5-69 生成小齿轮工程图

获取本章视频资源，请扫描上方的二维码

认识常用机械零件

6.1 轴

6.1.1 轴的功用与分类

（1）轴的功用

轴是组成机器中基本和重要的零件之一，其主要功能为：一是传递运动和转矩；二是支承回转零件（如齿轮、带轮）。轴通常都要有足够的强度，合理的结构和良好的工艺性。

（2）轴的分类和应用特点

① 按轴承受的载荷不同，可将轴分为转轴、芯轴和传动轴三种。

主要承受转矩作用的轴，如汽车的传动轴称为传动轴，如图 6-1 所示；只承受弯矩作用的轴，如自行车前轮轴称为芯轴，如图 6-2 所示；既承受弯矩又承受转矩作用的轴，如减速器的齿轮轮轴，称为转轴，如图 6-3 所示。

图 6-1 汽车传动轴

图 6-2 自行车前轮芯轴

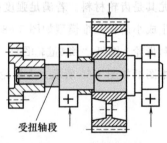
受扭轴段
图 6-3 减速器转轴

② 根据轴线的形状的不同，轴又可分为直轴、曲轴和挠性钢丝轴

直轴按外形不同又可分为光轴（如图 6-4 所示）和阶梯轴（如图 6-5 所示）。光轴形状简单，应力集中少，易加工，但轴上零件不易装配和定位，常用于芯轴和传动轴。曲轴（如图 6-6 所示）和挠性钢丝轴（如图 6-7 所示）属于专用零件。曲轴是内燃机、曲柄压力机等机器中用于往复运动和旋转运动相互转换的专用零件，它兼有转轴和曲柄的双重功能。挠性钢丝轴具有良好的挠性，它可以把回转运动灵活地传到空间任何位置。

图 6-4 光轴

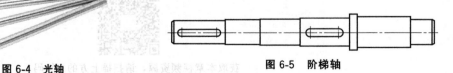
图 6-5 阶梯轴

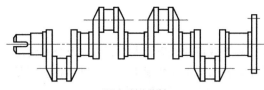

图 6-6　曲轴

阶梯轴各轴段截面的直径不同，这种设计使各轴段的强度相近，而且便于轴上零件的装拆和固定，因此阶梯轴在机器中的应用最为广泛。直轴一般都制成实心轴，但为了减少重量或为了满足有些机器结构上的需要，也可以采用空心轴如图 6-8 所示。

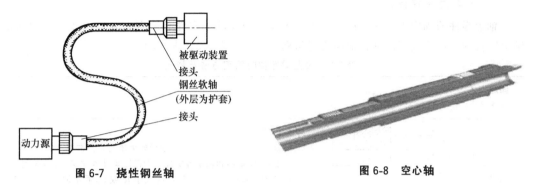

被驱动装置
接头
钢丝软轴
（外层为护套）
接头
动力源

图 6-7　挠性钢丝轴

图 6-8　空心轴

6.1.2　轴的常用材料

轴的材料要求有足够的强度，对应力集中敏感性低；还要能满足刚度、耐磨性、耐腐蚀性要求；并具有良好的加工性能，且价格低廉、易于获得。轴的常用材料主要是碳钢和合金钢，其次是球墨铸铁和高强度铸铁，详见表 6-1 所示。

表 6-1　轴的常用材料及性能

材料	牌号	热处理	毛坯直径 /mm	硬度 (HBS)	力学性能/MPa			应用
					抗拉强度	屈服强度	许用弯曲极限	
碳素结构钢	Q235	—	—	—	440	240	43	不重要或载荷不大的轴
	Q275	—	—	—	580	280	53	
优质碳素结构钢	45	正火	25	≤240	600	360	55	强度和韧性较好，应用最广泛
		正火、回火	≤100	170～217	600	300	55	
		正火、回火	>100～300	162～217	580	290	53	
		调质	≤200	271～255	650	360	61	
合金钢	40Cr	调质	25		1000	800	90	用于载荷较大而冲击不大的重要轴
			≤100	241～266	750	550	72	
			>100～300	241～266	700	550	70	
	20Cr	渗碳淬火、回火	15	表面 50～60HRC	850	550	76	用于强度、韧性和耐磨性均较高的轴
			30		650	400	—	
			≤60		650	400	—	
	20CrMnTi	渗碳淬火、回火	15	表面 56～60HRC	1100	850	100	性能略优于 20Cr
球墨铸铁	QT400—15	—		156～197	400	300	30	应用于曲轴、凸轮轴、水泵轴等
	QT400—3			197～269	600	420	42	

6.1.3 轴的结构

轴的结构主要决定于：轴上载荷的性质、大小、方向及分布情况；轴与轴上零件、轴承和机架等相关零件的结合关系；轴的加工和装配工艺等。其结构应满足：

① 轴的受力合理，有利于提高轴的强度和刚度。

② 轴相对于机架和轴上零件相对于轴的定位准确，固定可靠。

③ 轴便于加工制造，轴上零件便于装拆和调整。

④ 尽量减小应力集中，并节省材料、减轻重量。

（1）轴上零件固定

轴上零件的固定为了保证机械的正常工作，轴及轴上零件必须有准确定位和牢靠的固定。轴上零件的固定形式有两种：轴向固定与周向固定（表 6-2、表 6-3）。

表 6-2　轴上零件轴向固定方法及特点

固定方法	简图	特点
轴肩和轴环		结构简单,定位可靠,可承受较大轴向力。常用于齿轮、链轮、带轮、联轴器和轴承等定位。为保证零件紧靠定位面,应使 $r < c1$ 或 $r < R$。轴肩高度 a 应大于 R 或 C,通常取 $a = (0.07 \sim 0.1)d$;轴环宽度 $b \approx 1.4a$。与滚动轴承相配合处的 a 与 r 值应根据滚动轴承的类型与尺寸确定。圆柱轴伸的结构尺寸见 GB/T 1569—2005
套筒		结构简单,定位可靠,轴上不需开槽、钻孔和切制螺纹,因而不影响轴的疲劳强度。一般用于零件间距较小场合,以免增加结构重量。轴的转速很高时不宜采用
螺钉锁紧挡圈		结构简单,不能承受大的轴向力,不宜用于高速。常用于光轴上零件的固定 螺钉锁紧挡圈的结构尺寸见 GB/T 884—1986
锥面		能消除轴与轮毂间的径向间隙,装拆较方便,可兼作周向固定,能承受冲击载荷。多用于轴端零件固定,常与轴端压板或螺母联合使用,使零件获得双向轴向固定
螺母		固定可靠,装拆方便,可承受较大轴向力。由于轴上切制螺纹,使轴的疲劳强度降低。常用双圆螺母或圆螺母与止动垫圈固定轴端零件,当零件间距较大时,亦可用圆螺母代替套筒以减小结构重量 圆螺母和止动垫圈的结构尺寸见 GB/T 810—1988,GB/T 812—1988 及 GB/T 858—1988
轴端挡圈		适用于固定轴端零件,可承受剧烈振动和冲击载荷 螺栓紧固轴端挡圈的结构尺寸见 GB/T 892—2006(单孔)及 JB/ZQ 4349—2006(双孔)

固定方法	简图	特点
轴端挡板		适用于芯轴和轴端固定,见 JB/ZQ 4348—2006
弹性挡圈		结构简单紧凑,只能承受很小的轴向力,常用于固定滚动轴承。轴用弹性挡圈的结构尺寸见 GB/T 894—2017
紧定螺钉		紧定螺钉同时起轴向和周向固定作用,但轴向力和周向力均不能大,转速也不能高。为防止螺钉松动,可加锁圈

表 6-3 轴上零件的周向固定形式及特点

周向固定形式		特点
键连接		以平键应用最广泛。加工容易,装拆方便 轴向不能固定,不能承受轴向力
花键连接		具有接触面积大、承载能力强、对中性和导向性好、轴毂的强度削弱小等优点,适用于载荷较大、定心要求高的静、动连接。加工工艺较复杂,需专用设备,成本较高
过盈配合		结构简单,对中性好,承载能力高,同时起轴向固定作用,不适于经常拆卸的场合。常与平键联合使用,以承受大的循环、振动和冲击载荷
异性面		成型连接,可承受大载荷,对中性好,但制造困难;方形连接,多用于轴端和手动机构中,对中性差

周向固定形式	特点
胀套	对中性好,压紧力可以调整,多次拆卸仍能保持良好的配合性质,但结构复杂

（2）轴的结构工艺性

轴的结构除了考虑零件固定与支承以外,还须考虑到加工、装配等的工艺性要求。

① 加工工艺性　轴的结构中,应有加工工艺所需的结构要素。例如,需磨削的轴段,阶梯处应设有砂轮越程槽;需切制螺纹的轴段,应设有螺尾退刀槽;轴的长径比 L/D 大于 4 时,轴两端应开设中心孔,以便加工时用顶尖支承和保证各轴段的同轴度。这些工艺结构已标准化,要按标准执行,具体尺寸参考有关手册。

② 轴上磨削的轴段和车制螺纹的轴段,应分别留有砂轮越程槽［如图 6-9（a）所示］和螺纹退刀槽［如图 6-9（b）］,且后轴段的直径小于轴颈处的直径,以减少应力集中,提高疲劳强度。

③ 为了减少刀具品种、节省换刀时间,同一根轴上所有的圆角半径、倒角尺寸、环形切槽宽度等应尽可能各自统一;轴上不同轴段的键槽应布置在轴的同一母线上,以便一次装夹后用铣刀切出,如图 6-9（c）所示。为便于零件的装拆,轴端应有 45°的倒角,如图 6-9（d）所示,同样,一根轴上不同轴段的花键尺寸最好统一。此外,加工精度和表面粗糙度应定得合理。

④ 轴肩或轴环定位时,其高度必须小于轴承内圈端部的厚度;用套筒、圆螺母、轴端挡圈作轴向定位时,一般装配零件的轴头长度应比零件的轮毂长度短 2～3mm,以确保套筒、螺母或轴端挡圈能靠紧零件端面。

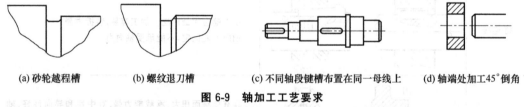

(a) 砂轮越程槽　　　(b) 螺纹退刀槽　　　(c) 不同轴段键槽布置在同一母线上　　　(d) 轴端处加工45°倒角

图 6-9　轴加工工艺要求

（3）装配工艺性

零件各部位装配时,不能互相干涉。由于两个零件加工总有误差变形,在这些地方稍有误差变形就会互相干涉,影响装配质量。因此,要保证主要面,对非主要面留一定间隙。

轴的结构也应便于轴上零件的装配。各零件装配时,应尽量不接触或无过盈地通过其他零件的装配表面。轴端应倒角（45°、30°或60°）,以便于导向和避免擦伤零件配合表面。同理,轴上过盈配合轴段的装入端也应倒角或加工成导向锥面。若还附加有键,则键槽延长到圆锥面处,以便装配时轮毂上键槽与键对中。

如图 6-10 所示,要求装配过程、轴径尺寸,必须允许零件上的孔能按次序通过,否则就不能装配。

轴上的零件除了传动零件和支承件以外,还有套筒和轴承端盖。在装拆的时候,是从轴的两侧进行的。先将轴头上的键装入到键槽内,然后将齿轮从轴的左侧套上,对准毂孔上的键槽推入直至顶在轴环上,即完成了齿轮在轴上的装配;再依次装上套筒和轴承,至此,从轴的左

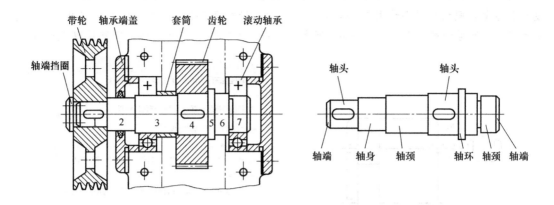

图 6-10　轴上零件装配实例

侧的装配完成。

从轴右侧的装配比较简单，只需将另一个轴承从轴的右侧装入即可。然后，将装配后的轴及轴上的零件一起放入减速器箱体的座孔中。从减速器箱体的两侧分别将轴承端盖装上，并用螺钉与减速器的箱体进行连接。最后，将带轮从轴的左侧装入，并用轴端挡圈实现带轮的固定。至此，完成了轴和轴上零件的装配。拆卸的顺序与此相反。

（4）减少应力集中

通过以下方法改进轴的结构，降低应力集中，提高轴的疲劳强度：

① 倒角和倒圆　零件截面突然发生变化的地方，都会产生应力集中现象，降低轴的强度，所以在两截面的变化处应采用圆角过渡。

② 降低表面粗糙度　采用精车或磨削，减小轴表面的加工刀痕，有利于减小应力集中，提高轴的疲劳强度。

③ 过渡结构　当轴肩尺寸不够，圆角半径达不到规定值而又要减小轴肩处的应力集中，可采用间隔环、凹圆角或制成卸载槽的形式。

④ 过盈配合　当轴与轴上零件采用过盈配合时，轴上零件的轮毂边缘和轴过盈配合处将会引起应力集中。可采用减小轮毂边缘处的刚度、将配合处的轴径略微加大做成阶梯轴，或在配合处两端的轴上磨出卸载槽。

⑤ 采用表面热处理（表面淬火、渗碳、碳氮共渗等）和冷加工（滚压、喷丸）均能明显提高轴的疲劳强度。

⑥ 改善受力情况，使得转矩和弯矩合理分布避免应力集中。

任务 6.1　轴的结构设计

设计图 6-11 所示为单级斜齿圆柱齿轮减速器的低速轴。轴输出端与联轴器相接。已知：该轴传递功率 $P=4\text{kW}$，转速 $n=130\text{r/min}$，轴上分度圆直径 $d=300\text{mm}$，齿宽 $b=90\text{mm}$，螺旋角 $\beta=12°$，法向压力角 $\alpha_n=20°$。载荷基本平稳，单向运转。

（1）计算最小轴径和选择轴的材料。

在主面板上双击常用工具模块列表中的"计算轴径"按钮，将弹出如图 6-12 所示，用户可分别根据设计轴的扭转强度或刚度、弯扭合成强度计算出最小轴径，这里按照扭转强度进行估算，假设轴材料选用 40Cr，查机械设计手册或表 6-4，取材料系数 A 取 98，将 P、n 值代入，可得轴最小直径 33.8mm。因忽略弯矩，故轴径应扩大 20%，圆整后取 40mm。

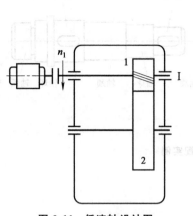

图 6-11　低速轴设计图

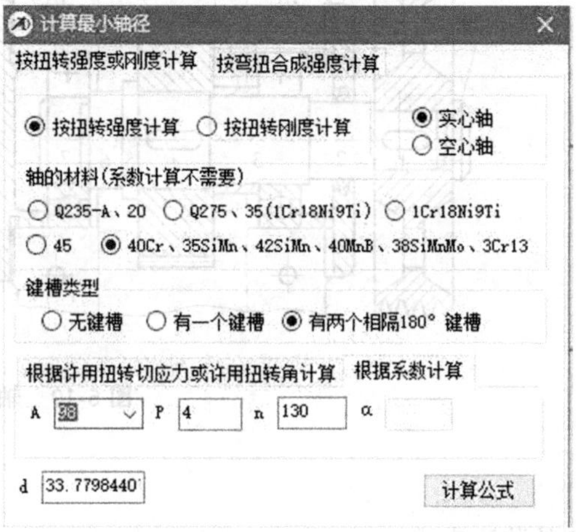

图 6-12　计算轴径对话框

表 6-4　轴材料系数

轴材料	Q235、20	35	45	40Cr、35SiMn、38SiMnMo、2Cr13
τ_{Tp}/MPa	12~20	20~30	30~40	40~50
A	160~135	135~118	118~106	106~98

(2) 轴的结构设计

轴的结构设计要考虑主要问题：轴的径向尺寸设计、各轴段的轴向长度确定和轴上零件的固定：

① 轴的径向尺寸设计

a. 从第一段轴径 d_1（最小轴径）开始，有定位要求的次段直径 $d_2 = d_1 + 2h$，其中，轴肩高度据经验公式，$h \geqslant (0.07 \sim 0.1)d$；

b. 遇到标准零件时，应取标准件的标准值，如轴与轴承内圈配合，应该选取基孔制，取轴承内圈的标准值。

② 轴的轴向长度确定，依据支承条件与配合零件宽度而定。

减速器的低速轴采用刚性凸缘联轴器查迈迪工具集标准件，选用 GY 型凸缘联轴器，型号 GY5（J1 型），公称转矩 400N·m，大于计算转矩。与轴配合长度为 84mm，从而确定最小轴径参数 Φ40mm，长 83mm（为安装可靠应比联轴器短 1~2mm）。按照平键连接实训，选择 A 型平键，型号 12×80。打开迈迪轴生成器，按照选定标准件输入轴直径"40"，轴段长度"83"，左侧进行倒角"1×45°"，键尺寸：宽度"12"，轴上键深度"5"，键长"80"，如图 6-13 所示，生成第一段轴。

第二段轴肩高度 $h \geqslant (0.07 \sim 0.1)d$，第二段轴直径取 44mm，长度定 50mm，第三段是轴颈，需要和轴承配合，由于是斜齿轮，故会产生派生轴向力，可选择 3 或 7 系列轴承，这里选择 7 系列 7011AC，与轴配合内径为 55mm，轴承宽度为 18mm，与轴套非配合部分取 20mm 长度，长度共 38mm，生成前三段轴。每次增加轴段可以点击"在前添加"或"在后添加"按钮，如果不需要该轴段，点选该轴段后点击"删除轴段"按钮。后一段轴段为安装齿轮轴头部分，齿轮宽度为90mm，取轴直径为60mm，采用平键连接，按照平键连接实训，选择 A 型平键，型号 18×80，在轴生成器对话框中选择轴直径"60"，长度"85"，轴段左侧倒角 1×45°，输入键槽宽度"18"，槽深"7"，取键槽比轴头略短，且在键长标准值选最大值，故取键长度为80mm。齿轮轴向定位：一侧使用套筒定位，另一侧使用轴环，轴环宽度取10mm，直径取70mm，这里圆角无法在轴生成器生成，故不要倒圆角。下一段为轴身，直径取60，长度由箱体尺寸决定，最后轴段为轴颈，因为轴承需要成对使用，另外一侧轴承也选择 7 系列 7011AC，与轴配合内径为55mm，轴承宽度18mm，生成整个轴如图 6-14 所示。轴三维及二维图如图 6-15 所示。

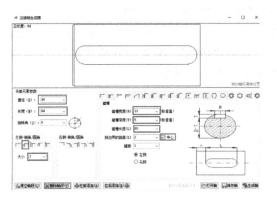

图 6-13　迈迪轴生成器生成第一轴段　　　　图 6-14　迈迪轴生成器生成整个轴段

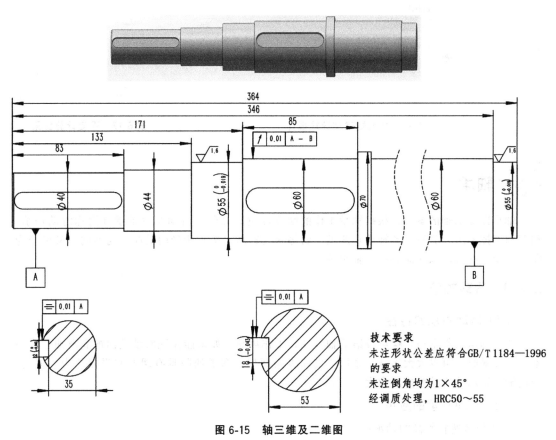

图 6-15　轴三维及二维图

技术要求
未注形状公差应符合GB/T 1184—1996的要求
未注倒角均为1×45°
经调质处理，HRC50~55

③ 校核轴的强度　一般情况下，轴的工作能力取决于轴的强度。常用的强度验算方法有：按扭转强度条件验算传动轴的强度和估算转轴的最小直径；按抗弯扭合成强度条件验算转轴的强度；必要时，还要进行安全系数的验算。

齿轮转矩：$T = 9550P/n = 9550 \times 4/130 = 294 \text{N} \cdot \text{m}$

轮齿作用力：

圆周力：$F_t = 2T/d = 2 \times 294 \times 10^3/300 = 1960 \text{ (N)}$

径向力：$F_r = F_t \tan\alpha_n/\cos\beta = 729 \text{ (N)}$

轴向力：$F_a = F_t \tan\alpha_\beta = 1960 \times \tan 12° = 417 \text{ (N)}$

打开迈迪工具集搜索"强度"，打开"键的强度计算"插件，如图 6-16 所示，按照平键章节内容校核平键强度是否满足使用工况要求？同理进行轴强度校核，如图 6-17 所示，选择按照"工作应力计算"，输入扭矩："294"，弯矩"1960"，轴最小轴径"40"，系统自动计算出工作应力为：23.396MPa，轴的强度满足使用工况要求。

图 6-16　搜索轴强度计算插件　　　　　图 6-17　强度计算结果

6.2 轴承

轴承即支承轴的零件，根据轴承工作的摩擦性质，可分为滑动摩擦轴承（简称滑动轴承）和滚动摩擦轴承（简称滚动轴承）两类。而每一类轴承，按其所受的载荷方向不同，又可分为向心轴承、推力轴承和向心推力轴承等。

6.2.1　滑动轴承

（1）滑动轴承的特性

滑动轴承工作平稳，噪声较滚动轴承低，工作可靠。如果能保证滑动表面被润滑油分开而不发生接触时，可以大大地减小摩擦损失和表面磨损，润滑油膜具有缓冲和吸振能力。但是，普通滑动轴承的启动摩擦阻力大。

（2）滑动轴承的应用

① 工作转速特别高的轴承；

② 承受极大的冲击和振动载荷的轴承；

③ 要求特别精密的轴承；

④ 装配工艺要求轴承部分做成剖分式轴承的场合，如曲轴的轴承；

⑤ 要求径向尺寸小的轴承。

（3）滑动轴承的结构

滑动轴承一般由轴瓦与轴承座构成。滑动轴承根据它所承受载荷的方向，可分为向心滑动轴承（主要承受径向载荷）和推力滑动轴承（主要承受轴向载荷）。常用向心滑动轴承的结构形式有整体式、剖分式二种。

① 整体式滑动轴承　图 6-18 是一种常见的整体式向心滑动轴承，用螺栓与机架连接。轴承座孔内压入用减摩材料制成的轴瓦（或叫轴套），为了润滑，在轴承座顶部可装油杯，轴套上有进油孔，并在内表面开轴向油沟以分配润滑油。

整体式滑动轴承也可以在机架上直接做出轴承孔，再压入轴套来实现。整体式滑动轴承的最大优点是构造简单，但有下列缺点：

轴瓦工作表面磨损过大时无法调整轴承间隙；轴颈只能从端部装入，这对粗重的轴或具有中间轴颈的轴安装不便，甚至无法安装。为克服这两个缺点，可采用剖分式滑动轴承。

② 剖分式滑动轴承　剖分式滑动轴承如图 6-19 所示，由轴承座、轴承盖、剖分式轴瓦（分为上、下瓦）及座盖连接螺栓等组成。轴承的剖分面应与载荷方向近于垂直，多数轴承剖分面是水平的，也有斜的。轴承盖与轴承座的剖分面常作成阶梯形，以便定位和防止工作时错动。它的轴瓦磨损以后可以调整，轴瓦磨损后的轴承间隙可用减少剖分面处的金属垫片或将剖分面刮掉一层金属的办法来调整，同时刮配轴瓦。剖分式滑动轴承装拆方便，轴瓦与轴的间隙可以调整，应用广泛。剖分式滑动轴承轴瓦是滑动轴承的重要组成部分。常用轴瓦可分整体式和剖分式两种结构。

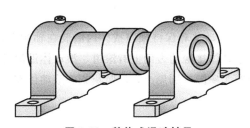

图 6-18　整体式滑动轴承

图 6-19　剖分式滑动轴承

a. 整体式轴瓦（轴套）　整体式轴瓦一般在轴套上开有油孔和油沟以便润滑，粉末冶金制成的轴套一般不带油沟。

b. 剖分式轴瓦　剖分式轴瓦由上、下两半瓦组成，上轴瓦开有油孔和油沟。为了改善轴瓦表面的摩擦性质，可在内表面上浇铸一层减摩材料（如轴承合金），称为轴承衬。轴瓦上的油孔用来供应润滑油，油沟的作用是使润滑油均匀分布。

（4）滑动轴承安装、维护要点

① 滑动轴承安装要保证轴颈在轴承孔内转动灵活、准确、平稳。

② 瓦背与轴承座孔要修刮贴实，轴瓦剖分面要高出 0.05～0.1mm，以便压紧。整体式轴瓦压入时要防止偏斜，并用紧定螺钉固定。

③ 注意油路畅通，油路与油槽接通。刮研时油槽两边点子要软，以形成油膜，两端点子均匀防止漏油。

④ 注意清洁，修刮调试过程凡出现油污的机件，每次修刮后都要清洗涂油。

⑤ 轴承使用过程要经常检查润滑、发热、振动问题。遇有发热（一般在60℃以下为正常）、干摩擦、冒烟、卡死以及异常振动、声响要及时检查、分析，采取措施。用旧的轴瓦要及时更换轴瓦。

6.2.2 滚动轴承

（1）滚动轴承的特性

滚动轴承利用滚动摩擦原理。与滑动摩擦轴承相比，滚动轴承的优点有：

① 在一般使用条件下摩擦因数低，启动及运转时摩擦力矩小，启动灵敏，效率高；

② 可用预紧的方法提高支承刚度及旋转精度；

③ 对同尺寸的轴径，滚动轴承的宽度较小，可使机器的轴向尺寸紧凑；

④ 润滑方法简便，轴承损坏易于更换。

与滑动摩擦轴承相比，滚动轴承的缺点有：

① 负担冲击载荷的能力较差；

② 高速运转时噪声大；

③ 轴承不能剖分，位于长轴或曲轴中间的轴承安装困难；

④ 比滑动轴承径向尺寸大；

⑤ 与滑动轴承比，寿命较低。

滚动轴承能在较广泛的载荷、转速及精度范围内工作，其安装、维修都较方便。滚动轴承为标准化、系列化零件，可组织专业化大规模生产，价格便宜。因此在很多场合逐渐取代了滑动轴承而得到广泛的应用。

（2）滚动轴承的基本结构

常见的滚动轴承如图6-20所示，由内圈、外圈、滚动体和保持架组成。内圈装在轴颈上，外圈装在机架（或零件的座）孔内。在内、外圈与滚动体接触的表面上有滚道，滚动体沿滚道滚动。保持架的作用是把滚动体隔开，使其均匀分布于座圈的圆周上，以防止相邻滚动体在运动中接触产生摩擦。

图6-20　滚动轴承结构示意图及实物

（3）滚动轴承的代号

在国标GB/T 272—2017中规定滚动轴承代号由基本代号、前置代号和后置代号构成，其排列如下：

轴承代号									
前置代号	基本代号	后置代号(组)							
		1	2	3	4	5	6	7	8
成套轴承分部件		内部结构	密封与防尘套圈变形	保持架及其材料	轴承材料	公差等级	游隙	配置	其他

① 基本代号（滚针轴承除外） 基本代号是轴承代号的基础，是由类型代号、尺寸系列代号［包括宽（高）度系列代号和直径系列代号］和内径代号组成。轴承类型代号，用数字或字母表示，其表示方法见表6-5。

表 6-5 滚动轴承类型代号

代号	轴承类型	代号	轴承类型
0	双列角接触球轴承	7	角接触球轴承
1	调心球轴承	8	推力圆柱滚子轴承
2	调心滚子轴承和推力调心滚子轴承	N	圆柱滚子轴承
3	圆锥滚子轴承	NN	双列或多列用字母 NN 表示
4	双列深沟球轴承	U	外球面球轴承
5	推力球轴承	QJ	四点接触球轴承
6	深沟球轴承		

a. 尺寸系列代号 尺寸系列代号由轴承的宽度（推力轴承指高）系列代号和直径系列代号组成。各用一位数字表示。用基本代号右起第三位数字表示。

轴承的宽度系列代号指：内径相同的轴承，对向心轴承，配有不同的宽度尺寸系列，如图 6-21 所示，轴承宽度系列代号有 0、1、2、3、4、5、6，宽度尺寸依次

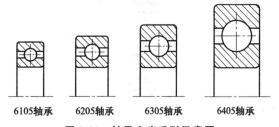

6105轴承　　6205轴承　　6305轴承　　6405轴承
图 6-21　轴承宽度系列示意图

递增。对推力轴承，配有不同的高度尺寸系列，代号有 7、9、1、2，高度尺寸依次递增。

b. 内径代号 轴承内孔直径用两位数字表示，见表 6-6。

表 6-6 轴承内径代号

内径代号	00	01	02	03	04～99
轴承内径 d/mm	10	12	15	17	数字×5

② 前置、后置代号 轴承的前置代号用字母表示。如用 L 表示可分离轴承的可分离内圈或外圈，代号示例如 LN207。

轴承的后置代号是用字母（或加数字）等表示。后置代号的内容很多，下面介绍几种常用的后置代号。

a. 内部结构代号用字母表示，紧跟在基本代号后面。如接触角 15°、25°和 40°的角接触球轴承分别用 C、AC 和 B 表示内部结构的不同。

b. 密封、防尘与外部形状变化代号。如"Z"表示轴承一面带防尘盖；"N"表示轴承外圈上有止动槽。

c. 轴承的公差等级分为 2 级、4 级、5 级、6 级、6X 级和 0 级，共 6 个级别，精度依次降

低。其代号分别为/P2、/P4、/P5、/P6、/P6X 和/P0。在公差等级中，6X 级仅适用于圆锥滚子轴承；0 级为普通级，在轴承代号中省略不标出。

d. 轴承的游隙分为 1 组、2 组、0 组、3 组、4 组和 5 组，共 6 个游隙组别，游隙依次由小到大。常用的游隙组别是 0 游隙组，在轴承代号中省略不标出，其余的游隙组别在轴承代号中分别用符号/C1、/C2、C3、/C4、/C5 表示。

代号举例：

30210 表示圆锥滚子轴承，宽度系列代号为 0，直径系列代号为 2，内径为 50mm，公差等级为 0 级，游隙为 0 组。

LN207/P63 表示圆柱滚子轴承，外圈可分离，宽度系列代号为 0（0 在代号中可省略），直径系列代号为 2，内径为 35mm，公差等级为 6 级，游隙为 3 组。

表 6-7 常用的滚动轴承类型、尺寸系列代号、基本代号和特点

轴承类型	简图	类型代号	尺寸系列	基本代号	特点
调心球轴承	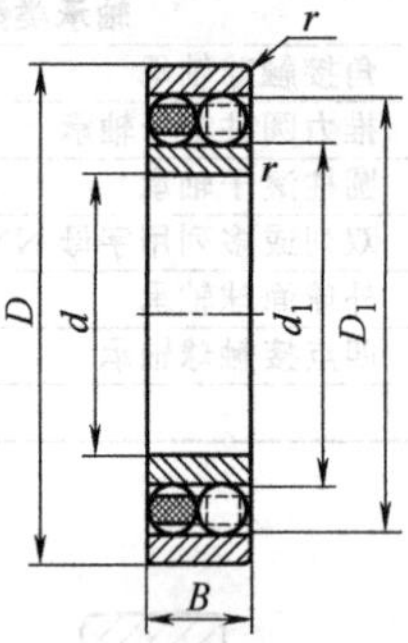	1 (1)	(0)2 22 (0)3 23	1200 2200 1300 2300	主要承受径向载荷、同时亦可承受较小的轴向负荷 轴(外壳)的轴向位移限制在轴承的轴向游隙的限度内 允许内圈(轴)对外圈(外壳)相对倾斜不大于 3°的条件下工作(调心滚子轴承允许倾角 2.5°)
调心滚子轴承	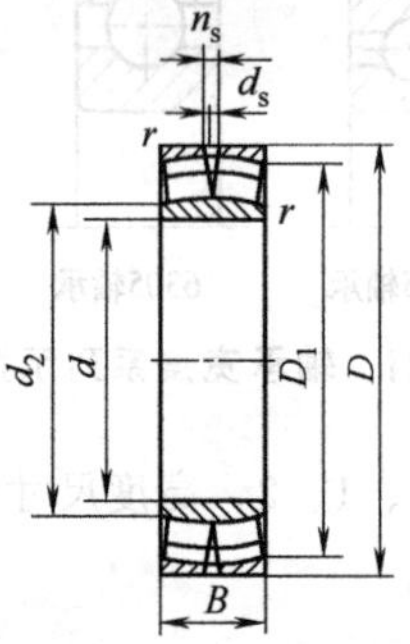	2	13 22 23 30 31	21300 22200 22300 23000 23100	
推力调心滚子轴承	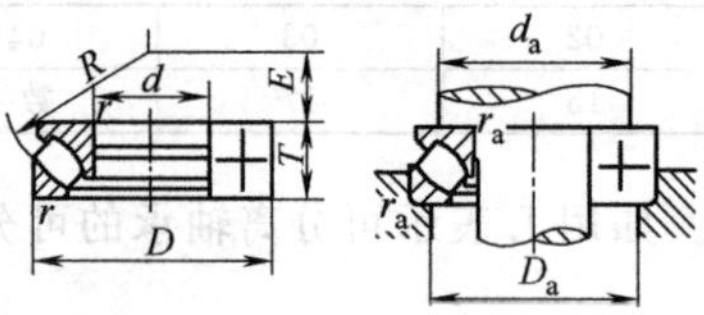	2	92 93 94	29200 29300 29400	承受轴向载荷为主的轴，径向联合负荷，但径向载荷不得超过轴向载荷的 55%。可限制轴(外壳)一个方向的轴向位移
圆锥滚子轴承	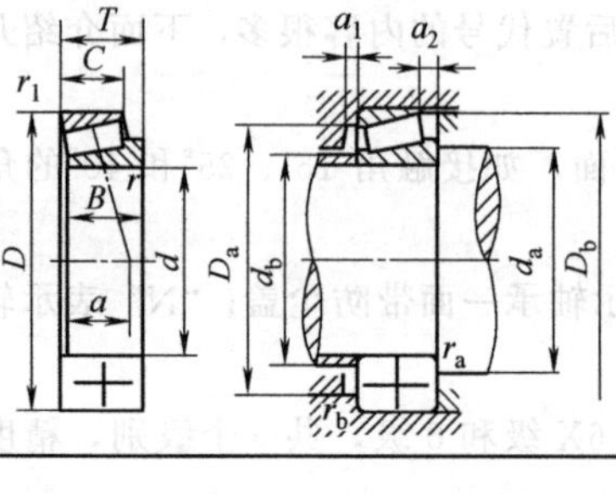	3	02 03 13 20	30200 30300 31300 32000	对配置使用时，可承受纯径向载荷，可调整径向、轴向游隙。限制轴(外壳)的一个方向的轴向位移

轴承 类型	简图	类型代号	尺寸系列	基本代号	特点
推力球 轴承	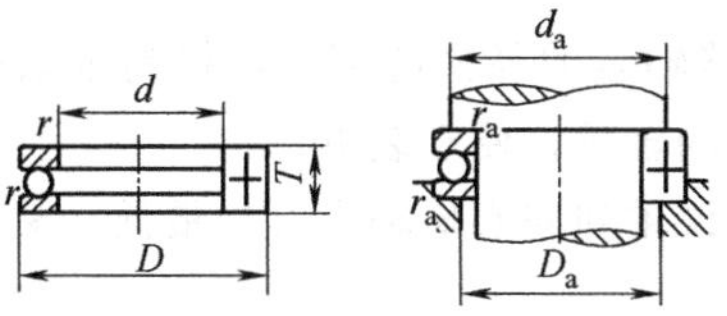	5	11 12	51100 51200	只能承受一个方向的轴向载荷,可限制轴(外壳)一个方向的轴向位移。极限转速低
深沟球 轴承	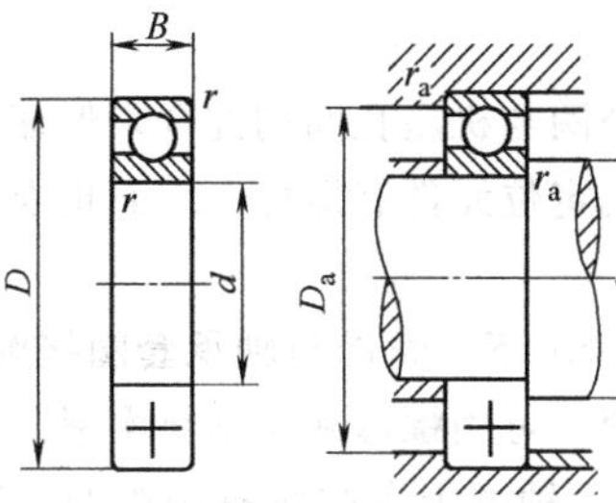	6	17 37 18 19 (1)0 (0)0	61700 63700 61800 61900 61000 6000	主要用以承受径向载荷,也可承受一定的轴向载荷,当轴承的径向游隙加大时,具有角接触球轴承的性能,可承受较大的轴向载荷。轴(外壳)的轴向位移限制在轴承的轴向游隙的限度内。允许内圈(轴)对外圈(外壳)相对倾斜 $8' \sim 15'$
角接触 球轴承	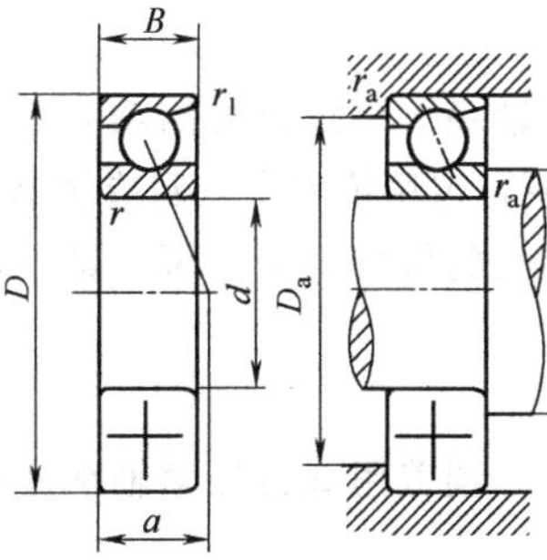	7	19 (1)0 (0)2 (0)3	71900 7000 7200 7300	可同时承受径向载荷和单向的轴向载荷,也可承受纯轴向载荷。将一对轴承外圈同名端面相对安装在轴上时,可限制轴(外壳)在两个方向的轴向位移。接触角 α 越大,承受轴向载荷的能力越大。极限转速较高
滚针 轴承	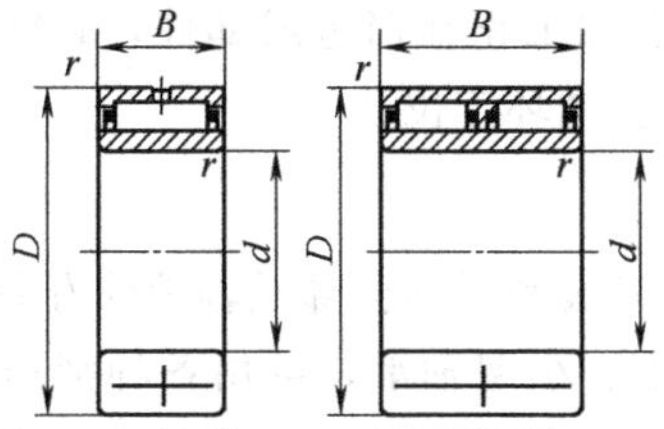 NA 4900型　　NA 6900型	NA	用尺寸系列代号、 内径代号表示		滚动体为滚针,长径比约为 $3 \sim 10$,径向尺寸小,承受径向载荷能力大,不能承受轴向载荷。适用于径向尺寸受限制而轴的刚度较大的场合,因此极限转速低

（4）滚动轴承类型的选择

常见轴承特点如表 6-7 所示。根据滚动轴承各种类型的特点,在选用轴承时应从载荷的大小、性质和方向,转速的高低,支承刚度以及安装精度等方面综合考虑。选择时可参考以下几项原则:

① 轴承的载荷　当载荷较大时应选用线接触的滚子轴承。球轴承为点接触,适用于轻载及中等载荷。当有冲击载荷时,常选用螺旋滚子或普通滚子轴承。对于纯轴向载荷,选用推力轴承。而纯径向载荷常选用向心轴承。既有径向载荷同时又承受轴向载荷的地方,若轴向载荷相对较小,选用向心角接触轴承或深沟球轴承。当轴向载荷很大时,可选用向心球轴承和推力轴承的组合结构。

② 轴承的转速　转速较高时,宜用点接触的球轴承,一般球轴承有较高的极限转速。对于有更高转速要求时,常选用中空转子,或选用超轻、特轻系列的轴承,以降低滚动体离心力的影响。

③ 刚性及调心性能要求　当支承刚度要求较大时，可采用成对的向心推力轴承组合结构或采用预紧轴承的方法。当支承跨距大，轴的弯曲变形大，刚度较低或两个轴承座孔中心位置有误差时，应考虑轴承内外圈轴线之间的偏斜角，需要选用自动调心轴承，可选用球面球轴承或球面滚子轴承，这类轴承允许有较大的偏位角。

④ 装拆的要求　采用带内锥孔的轴承，可以调整轴承的径向游隙，以提高轴系的旋转精度，同时便于安装在长轴上。具有内、外套圈可分离的轴承，便于装拆。

此外，还应注意经济性，以降低产品价格，一般说单列向心球轴承价格最低，滚子轴承较球轴承价格高，而轴承精度越高则价格越高。

（5）滚动轴承的固定方法

滚动轴承内、外圈的周向固定是靠内圈与轴间以及外圈与机座孔间的配合来保证的。其轴向定位，根据不同的情况选用不同的定位方法，内圈常见定位元件有螺母、端面止推垫圈、轴用弹性挡圈、紧定套，应用说明如下：

① 螺母　用于轴承转速较高，承受较大轴向载荷的情况下，螺母与轴承套圈接触的端面，要与轴的旋转中心线垂直。为防止螺母在旋转过程中松弛，可用螺母和止动垫圈紧固。

② 端面止推垫圈　在轴向载荷较大，转速又比较高，轴颈上车螺纹有困难的情况下，采用在轴端用两螺钉定位，用止动垫圈或铁丝防松。

③ 轴用弹性挡圈　在轴向载荷不大，轴承转速不高，轴颈上车螺纹有困难的情况下，采用断面是矩形的弹性挡圈进行轴向定位，该种方法装卸方便，占用位置小，制造简单。

④ 紧定套　在轴承转速不高，承受平稳径向载荷与不大的轴向载荷的调心轴承，在轴颈上用锥形紧定套安装，紧定套用螺母和止动垫圈定位。

外圈常见定位元件有：端盖和止动环，应用说明如下：

① 端盖　适用于转速高，轴向载荷大的各种向心轴承。端盖用螺钉压紧轴承外圈，端盖上也可做成密封装置的曲路。

② 止动环　当轴承外壳孔内由于条件限制大，不能加工止动挡边或部件，必须缩减轮廓尺寸时，可采用轴承外圈上带止动槽的深沟球轴承，用止动环定位。

（6）滚动轴承的装拆

进行轴承结构组合时必须考虑装拆问题，不正确的安装和拆卸会降低轴承的寿命。当装配小型轴承时，可使用手锤与简单的辅助套筒。而对于中、小型轴承，可用各种液压机，安装时，液压机在内圈上施加压力，将轴承压套到轴颈上；对于较大的中、大型轴承，常采用温差法装配，轴承放入热油中加热后，将轴承套入轴颈。加热温度一般为 $80\sim100℃$，不允许超过 $120℃$。用手锤和套筒安装轴承，用手锤和铜棒拆出轴承，对于配合较松的小型轴承，可用手锤和铜棒从背面沿轴承内圈四周将轴承轻轻敲出。用压力法拆卸轴承，使用较多的是用拉杆拆卸器（俗称拉马），如图 6-22 所示。它是靠 $2\sim3$ 个拉爪钩住轴承内圈而拆下轴承的。为此，应在内圈轴肩上留出足够的高度，若高度不够，可在轴肩上开槽，以便放入拉爪。

（7）滚动轴承的失效和计算准则

① 滚动轴承的失效　根据工作情况，滚动轴承的失效形式主要有两种。

a. 点蚀　滚动轴承承受载荷后，各滚动体的受力大小不同，对回转的轴承，滚动体与套圈间产生变化的接触应力，工作若干时间后，各元件接触表面上都可能发生接触疲劳磨损，出现点蚀现象，有时由于安装不当，轴承局部受载较大，更促使点蚀早期发生。

b. 塑性变形　在一定的静载荷或冲击载荷作用下，滚动体或套圈滚道上将出现不均匀的塑性变形凹坑。这时，轴承的摩擦力矩、振动、噪声都将增加，运转精度也降低。

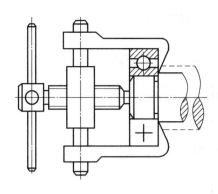

图 6-22　轴承拆卸器原理图及实物

　　② 滚动轴承的计算准则　一般工作条件的回转滚动轴承，应进行接触疲劳寿命计算和静强度计算；对于摆动或转速较低的轴承，只需做静强度计算；高速轴承由于发热而造成的黏着磨损、烧伤常是突出问题，除进行寿命计算外，还须校核极限转速。

　　③ 基本额定寿命和基本额定动载荷　大部分滚动轴承是由于疲劳点蚀而失效的。轴承中任一元件出现疲劳剥落扩展迹象前运转的总转速或一定转速下的工作小时数称为轴承寿命。在同一条件下运转的一组型号相同的轴承所能达到或超过某一规定寿命的百分率称为可靠度。

　　④ 当量动载荷　滚动轴承若同时承受径向和轴向联合载荷，为了计算轴承寿命时在相同条件下比较，须将实际工作载荷转化为与试验条件相当的载荷，才能和基本额定动载荷进行比较。

　　换算后的载荷是一种假定的载荷，故称为当量动载荷。在当量动载荷作用下，轴承寿命与实际联合载荷下轴承的寿命相同。

　　当量动载荷 P 的计算公式为：

$$P = XF_r + YF_a \tag{6-1}$$

式中　F_r——径向载荷，N；

　　　　F_a——轴向载荷，N；

　　X，Y——径向动载荷系数和轴向动载荷系数。

　　⑤ 基本额定寿命的计算　滚动轴承的寿命随载荷增大而降低，寿命与载荷的关系曲线如图 6-23 所示，其曲线方程为

$$P^\varepsilon L_{10} = 常数 \tag{6-2}$$

式中　P——当量动载荷，N；

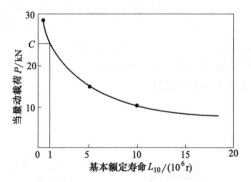

图 6-23　寿命与载荷的关系曲线

　　L_{10}——基本额定寿命，常以 10^6 r 为单位（当寿命为一百万转时，$L_{10}=1$）；

　　ε——寿命指数，球轴承 $\varepsilon=3$，滚子轴承 $\varepsilon=10/3$。

　　⑥ 滚动轴承的静载荷计算　静载荷是指轴承套圈相对转速为零时作用在轴承上的载荷，为了限制滚动轴承在静载荷下产生过大的接触应力和永久变形，须进行静载荷计算。

　　静强度计算的依据是基本额定静载荷，它指的是轴承承载区内受载最大的滚动体与滚道的接触应力达到一定值时所对应的载荷；可分为径向和轴向载荷。常用轴承的基本额定静载荷值通常可由设计手册直接查得。轴承选型流程如图 6-24 所示。

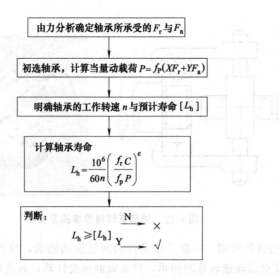

图 6-24　滚动轴承选择流程

任务 6.2 滚动轴承选型与校核

某传动装置，如图 6-25 所示，轴上装有一对 6209 轴承，两轴承上的径向负荷分别为：$F_{R1} = 5600\mathrm{N}$，$F_{R2} = 2500\mathrm{N}$，$F_a = 1800\mathrm{N}$，轴的转速为 $n = 1450\mathrm{r/min}$，预期寿命为 $L_h' = 2500\mathrm{h}$，工作温度不超过 $100℃$，轻度冲击。试校核轴承的工作能力。

确定轴承轴向力 F_{A1}，F_{A2}

由组合结构可知，轴承Ⅰ（左端）为固定支承，轴承Ⅱ为游动支承，其外部轴向力 F_a 由轴承Ⅰ承受，轴承Ⅱ不承受轴向力，两轴承的轴向力分别是 $F_{A1} = F_a = 1800\mathrm{N}$，$F_{A2} = 0$。

打开迈迪工具集搜索"滚动轴承"，系统弹出如图 6-26 所示对话框，进入滚动轴承对话框，输入轴承Ⅰ径向载荷"5600N"，轴向载荷"1800N"，输入轴承Ⅱ径向载荷"2500N"，轴向载荷"0N"，转速"1450r/min"，预期寿命"2500h"，载荷性质"轻度冲击"，选择轴承类型为深沟球轴承，选择轴承型号为"6209"，输入轴承内圈直径为"45"，如图 6-26 所示，点击"下一步"按钮。

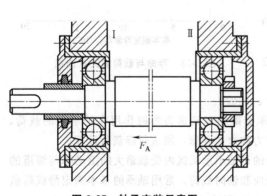

图 6-25　轴承安装示意图

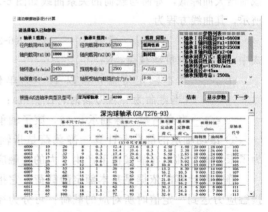

图 6-26　轴承设计计算对话框

系统自动计算出 $F_{A1}/C_0=0.088$，点击"插入法"按钮，因为出 F_{A1}/C_0 值不在下面表格，故必须通过插值法求出 e，如图 6-27 所示表格中将列出 F_{A1}/C_0 和 e 上下限分别输入插值法对话框，并输入计算的 $F_{A1}/C_0=0.088$，点击"计算"按钮，系统自动计算出插值的 $e=0.088$，同理求出 e 也不是列表中数值，也必须通过插值法清楚轴向载荷系数 Y 的值，方法同上，输入列表中对应 e 上下限，对应轴向载荷系数 Y 上下限，计算 e 值，点击"计算"按钮，系统自动通过插值法算出轴向载荷系数 $Y=1.465$，列表中读出径向载荷系数 $X=0.56$，如图 6-28 所示。

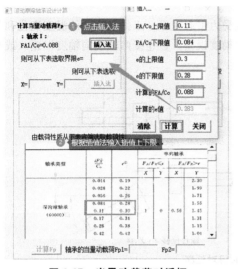

图 6-27　当量动载荷对话框

图 6-28　插值法

滑动鼠标从下面选取载荷系数 f_p 值，根据轻微冲击载荷系数取值 1.2～1.5，这里取 1.4，点击"计算 F_p"按钮，系统自动计算出两个轴承当量动载荷分别为 8082.2N 和 3500N，如图 6-29 所示，点击"下一步"按钮进入寿命计算对话框，点击"寿命 L_{h10}"按钮，系统自动计算轴承寿命，提示寿命小于预期寿命，请重新选择轴承，如图 6-30 所示。

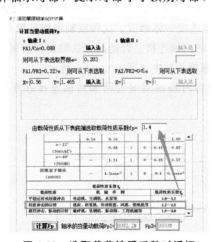

图 6-29　选取载荷性质系数对话框

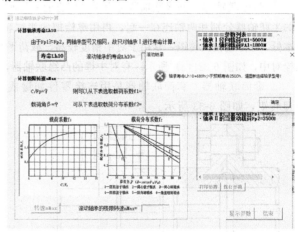

图 6-30　轴承寿命计算结果对话框

6.3 联轴器、离合器、制动器

在机械设备中，有时不能用一根轴将运动和转矩从原动机一直传递给工作机构，而是将几根轴设法连接成一体进行传递。联轴器和离合器是各种机械传动中常用部件，主要用于轴与轴之间的连接，使它们一起回转并传递转矩。用联轴器连接的两根轴只有在两轴停止转动之后，用拆卸的方法才能把它们分离或接合。用离合器连接的两根轴，在它们转动中就能方便地使它们分离或接合。制动器在机器中是降低机器的运转速度或使其停止运转的部件。联轴器、离合器及制动器是常用的部件，大多数已经标准化或系列化。本节介绍有代表性的几种类型。

6.3.1 联轴器

用联轴器连接的两轴，由于制造、安装误差或受力引起变形，工作过程中的温度变化和外力产生的变形等诸多因素的影响，使两轴线常有同轴度误差。被连接两轴线同轴度误差（或称为可能位移）的情况如图 6-31 所示。

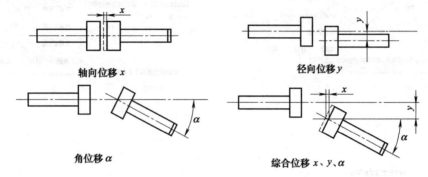

图 6-31　两轴线的相对位移

常用联轴器可分为三大类：刚性联轴器、弹性联轴器和安全联轴器。

刚性联轴器：是一种扭转刚性的联轴器，可分为固定式和可移式两类。

刚性固定式联轴器：刚性固定式联轴器有套筒式和凸缘式等。

（1）刚性固定式联轴器

① 凸缘联轴器　凸缘联轴器是应用最广泛的一种刚性固定式联轴器。凸缘联轴器由两个带凸缘的半联轴器分别和两轴连在一起，再用螺栓把两半联轴器连成一体而成。这种联轴器构造简单，成本低，可传递较大转矩，常用于对中精度较高，载荷平稳的两轴连接。普通凸缘联轴器靠铰制孔螺栓对中，如图 6-32（a）所示。有对中榫的凸缘联轴器，靠榫头对中如图 6-32（b）所示。

② 套筒联轴器　套筒联轴器是用连接零件如键或销将两轴轴端的套筒和两轴连接起来以传递转矩，如图 6-33 所示。

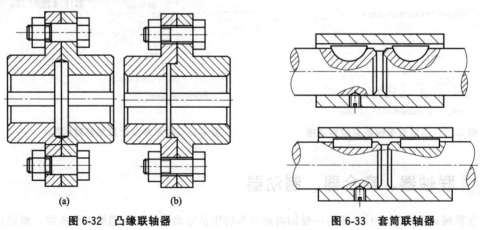

图 6-32　凸缘联轴器　　　图 6-33　套筒联轴器

这种联轴器结构简单，径向尺寸较小，适用于两轴直径较小，同心度较高，工作平稳的场合，在机床上应用广泛，但其缺点是装拆时，需一轴作轴向移动。

（2）刚性可移式联轴器

刚性可移式联轴器常用的有以下几种。

① 齿式联轴器　齿式联轴器具有良好的补偿性，允许有综合位移，它由带有外齿的两个内套筒和带有内齿的两个外套筒所组成。如图6-34所示。齿式联轴器可在高速重载下可靠地工作，常用于正反转变化多，启动频繁的场合，已在起重机、轧钢机等重型机械中得到广泛应用，但制造成本较高。

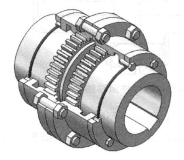

图6-34　齿式联轴器

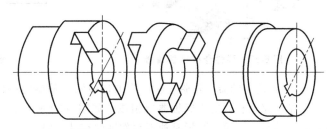

图6-35　滑块联轴器

② 滑块联轴器　这种联轴器是由两个具有较宽凹槽的半联轴器和一个中间滑块组成，半联轴器与中间滑块之间可相对滑动，能补偿两轴间的相对位移和偏斜，见图6-35。这种联轴器的特点是结构简单，重量轻，惯性力小，又具有弹性，适用于传递转矩不大，转速较高，无急剧冲击的两轴连接，而且不需要润滑。

③ 万向联轴器　万向联轴器用于两轴相交某一角度的传动，两轴的角度偏移可达 $35°\sim$ $45°$，如图6-36所示。万向联轴器由两个具有叉状端部的万向接头和十字销组成。这种联轴器有一个缺点，就是当主动轴作等角速转动时，从动轴作变角速转动。如果要使它们相等，则可成对使用万向联轴器，使主动轴与从动轴同步转动。汽车底盘传动轴就是一实例。

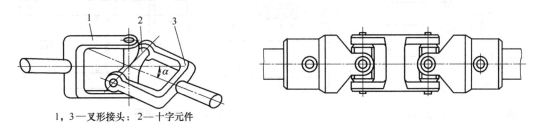

1，3—叉形接头；2—十字元件

图6-36　万向联轴器

刚性联轴器是利用它的组成，使零件间构成的动连接，具有某一方向或几个方向的活动度来补偿两轴同轴度误差的。

（3）弹性联轴器

弹性联轴器靠弹性元件的弹性变形来补偿两轴线的相对位移，而且可以缓冲减振。弹性联轴器目前使用也很普遍。下面介绍几种常用的弹性联轴器。

① 弹性套柱销联轴器　图6-37所示的弹性套柱销联轴器在结构上和凸缘联轴器很相似，只是用套有橡胶弹性套的柱销代替了连接螺栓。这种联轴器容易制造，装拆方便，成本较低，适宜于连接载荷较平稳，需正、反转或启动频繁的传递中、小转矩的轴。如多用在电动机的输

出与工作机械的连接上。

②弹性柱销联轴器　这种联轴器比弹性套柱销联轴器结构简单，制造容易，维修方便。弹性柱销用尼龙材料制成，如图 6-38 所示。有一定弹性而且耐磨性更好。它适用于轴向窜动量较大，正、反转启动频繁的传动，但因尼龙对温度敏感，所以要限制使用温度。

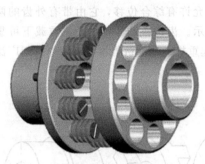

图 6-37　弹性套柱销联轴器

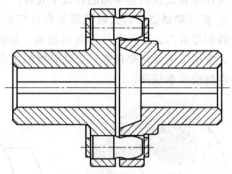

图 6-38　弹性柱销联轴器

③轮胎式联轴器　轮胎式联轴器也是弹性联轴器的一种，它是由一个像轮胎的弹性元件和两个结构完全相同的半联轴器所组成，如图 6-39 所示。轮胎联轴器在起重机械中得到广泛应用，它的结构简单，装拆时轴不须作轴向移动，但不易制造。

（4）安全联轴器

为了对机器进行过载保护，可用各种形式的安全联轴器。安全联轴器是靠连接件折断、分离或打滑使传动中断或限制转矩的传递，从而保护重要机件不致损坏，这种联轴器要求工作必须准确可靠。

安全联轴器最常见的是剪切销安全联轴器，可分为双剪式与单剪式两种，如图 6-40 所示。单剪式只有一个平键，而双键式有两个圆锥销作为连接元件。

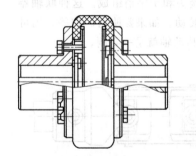

图 6-39　轮胎式联轴器

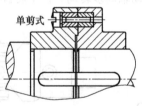

图 6-40　安全联轴器

6.3.2　离合器

对离合器的基本要求有：工作可靠，接合与分离迅速和平稳，动作准确，操作方便、省力，维修方便，结构简单等。常用的离合器有：牙嵌式离合器、摩擦离合器、超越离合器、安全离合器四种。

（1）牙嵌式离合器

如图 6-41 所示为牙嵌式离合器的典型结构图。它是由端面带牙的两半离合器 1、2 所组成，前者用平键和主动轴连接，后者用导向平键或花键与从动轴相连接。对中环 3 固定在主动轴端的半离合器上，从动轴可在对中环内自由转动，滑环操纵离合器的分离和接合。离合器的

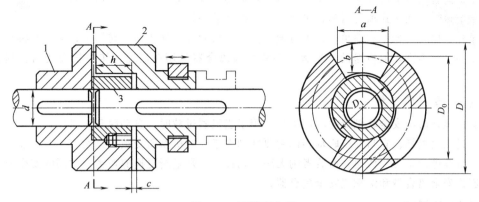

图 6-41　牙嵌离合器

牙形有三角形、矩形、梯形、锯齿形等。

（2）摩擦离合器

摩擦离合器是靠工作面上所产生的摩擦力矩来传递转矩的。按其结构形式，可将摩擦离合器分为圆盘式、圆锥式等。圆盘式摩擦离合器又可分为单盘式和多盘式两种。

① 单圆盘摩擦离合器　如图 6-42 所示为单圆盘摩擦离合器。工作时，操纵滑环将摩擦盘 3 与摩擦盘 2 压紧，实现接合，主动轴 1 上的转矩即通过两盘接触面间的摩擦力传到从动轴上。单圆盘摩擦离合器结构简单，散热性好，但传递的转矩不大。

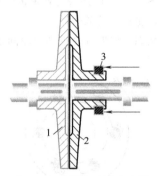

图 6-42　单圆盘摩擦离合器

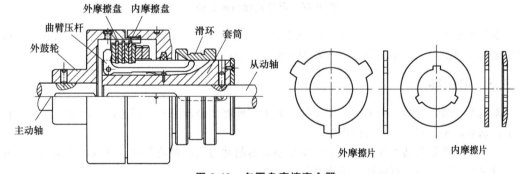

图 6-43　多圆盘摩擦离合器

② 多圆盘摩擦离合器　如图 6-43 所示，主动轴与外鼓轮连接，从动轴与套筒连接。鼓轮内装有一组外摩擦片，它的外缘凸齿插入鼓轮的纵向凹槽内，因而随鼓轮一起回转，而内孔不与任何零件接触。套筒上装有一组内摩擦片，它的外缘不与任何零件接触，而内孔槽与套筒上的纵向凸齿配合，可带动从动轴一起转动。内、外两组摩擦片相间组合，当滑环左右移动时通过曲臂杠杆可使离合器接合或分离。

多片摩擦离合器的压力可以通过双圆螺母调整，以适应传递不同转矩的要求。摩擦片的常用材料是淬火钢或压制石棉片。摩擦片数目多，可增大传递的转矩，但片数过多，将使各层间压力分布不均匀，同时影响离合器动作的灵活性，所以一般不超过 12～15 片。

摩擦离合器有润滑剂时称为湿式，否则，称为干式。湿式离合器摩擦片寿命长，能在繁重的条件下运转；而干式离合器离合迅速，但摩擦片易磨损。

单片摩擦离合器结构简单，维护方便，但径向尺寸大，能传递的转矩小；多片摩擦离合器结构复杂，成本高，但传递的转矩大。多片摩擦离合器常用在高速、转矩较大及离合频繁的场合。

（3）安全离合器

安全离合器与安全联轴器的功用类似，用于当机器过载时，自动脱开，以保护机器重要零件不因过载而损坏。它与安全联轴器的主要区别在于，当机器所受载荷恢复正常后，前者自动接合，继续进行动力的传递，而后者则无法自动接合，须重新更换剪切销。常用的安全离合器有牙嵌式安全离合器和滚珠式安全离合器。

（4）超越离合器

超越离合器的特点是能根据两轴角速度的相对关系自动接合和分离。

图 6-44 为应用最为普遍的滚柱式超越离合器，它由外壳 1、星轮 2、滚柱 3 和弹簧 4 组成。当星轮主动并沿顺时针方向转动时，离合器处于接合状态；当星轮逆时针转动时，离合器处于分离状态。如果外壳带动星轮同步转动，离合器接合；当外壳顺时针转动时，离合器又处于分离状态。

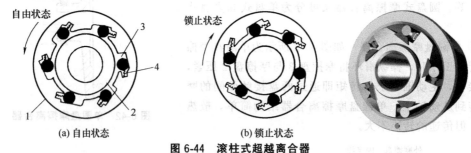

(a) 自由状态　　　　　(b) 锁止状态

图 6-44　滚柱式超越离合器

滚柱式超越离合器尺寸小，接合和分离平稳、无噪声，可在高速运转中接合，故它广泛应用于金属切削机床、汽车、摩托车和各种起重设备的传动装置中。

6.3.3　制动器

制动器是利用摩擦力矩来实现制动的。如果把摩擦离合器的从动部分固定起来，这样就构成了制动器，接合时就起制动作用。

制动器应满足的基本要求是：能产生足够大的制动力矩，制动平稳、可靠，操纵灵活、方便，散热好，体积小，有较高的耐磨性等。

一般情况下，选择制动器的类型和尺寸，主要考虑以下几点：制动器与工作机的工作性质和条件相配、制动器的工作环境、制动器的转速、惯性矩等。

一些应用广泛的制动器，已标准化，有系列产品可供选择。额定制动力矩是表征制动器工作能力的主要参数，制动力矩是选择制动器型号的主要依据，所需制动力矩根据不同机械设备的具体情况确定。

按照结构可以分为：块式制动器、带式制动器、蹄式制动器、盘式制动器、电磁制动器等。

（1）块式制动器

电动块式制动器是指由电动机驱动杠杆系统旋转的离心力的块式制动器。结构简单，制造方便，但由于杠杆系统工作时具有较大的惯性，故其动作迟缓。块式制动器是靠制动块压紧在制动轮上实现制动的制动器。单个制动块对制动轮轴压力大而不匀，故通常多用一对制动块，使制动轮轴上所受制动块的压力抵消。块式制动器有外抱式和内张式两种。

结构：由瓦块、制动轮等零件组成。工作原理：通电松开，断电后靠弹簧拉力实现制动。电磁铁 1 通电后吸合触头 2，带动电磁拉杆 3，克服弹簧 4 弹力动作使得制动块 5 远离制动轴 6，从而实现动作，断电后靠弹簧拉力实现制动，如图 6-45 所示。

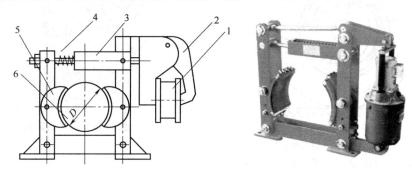

图 6-45　块式制动器

（2）带式制动器

工作原理：在外力的作用下，闸带收紧抱住制动轮实现制动。特点：结构简单、紧凑。图 6-46 是带式制动器。制动轮固定在轴上，在摩擦轮的外圆上包上一根钢带（钢带下面衬一层橡胶带）。当开关或操纵手柄放在停车位置时，使杠杆的上端向上，于是钢带就包紧摩擦轮，因此摩擦轮就立即停止转动。

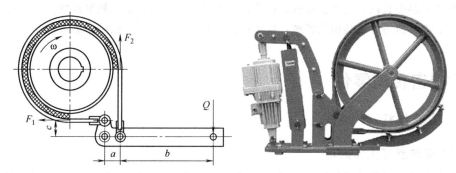

图 6-46　带式制动器

（3）蹄式制动器

工作原理：踏下制动踏板，使活塞压缩制动液时，轮缸活塞在液压的作用下将制动蹄片压向制动鼓，使制动鼓减小转动速度，或保持不动，如图 6-47 所示。

（4）盘式制动器

盘式制动器沿制动盘轴向施力，制动轴不受弯矩，径向尺寸小，制动性能稳定。常用的盘式制动器有点盘式制动器，如图 6-48 所示。

（5）电磁制动器

电磁制动器可分为电磁粉末制动器、电磁涡流制动器和电磁摩擦式制动器等多种形式。另外还细分为干式单片电磁制动器、干式多片电磁制动器、湿式多片电磁制动器等。按制动方式电磁制动器又可分为通电制动和断电制动。

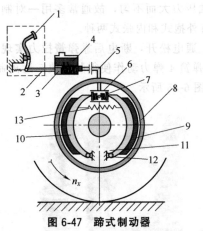

图 6-47　蹄式制动器

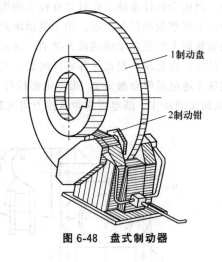

1—制动盘
2—制动钳

图 6-48　盘式制动器

1—踏板；2—推杆；3—活塞；4—液压缸；5—液压油管；

6—内液压缸；7—内活塞；8—制动鼓；9—摩擦片；

10—制动蹄片；11—传动轴；12—转动销；13—复位弹簧

在性能方面主要特点：高速应答、耐久性大、组装维护容易、不需要进行磨耗调整、动作准确，可以进行扭力调整。主要应用于包装及打包机械，如包装机、捆包机、打包机械等；金属加工机械：如压延机、伸线机、冲床机、焊接机、铜墙铁壁线归还机、切断机、制管机械、卷线机等；搬运机械：起重机、进给机、输送机、卷上机等；纸用机械：制袋机、纸箱机、制书机、切断机、抄纸机等；印刷机械：轮转机、进给印刷机等；木工机械：锯木机、木工机、合板机械等；事务机械：电子复写机、计算机、传真机、印表机等；测量机械：试验机、耐久试验装置、测量机等；食品加工机械：切肉机械、制饼机械、装瓶机械、制面机等。

6.4 精密传动零件

6.4.1　滚珠丝杠

（1）滚珠丝杠工作原理

滚珠丝杠传动机构的工作原理如图 6-49 所示，丝杠 4 和螺母 1 的螺纹滚道内置有滚珠 2，当丝杠转动时，带动滚珠沿螺纹滚道滚动，从而产生滚动摩擦。为了防止滚珠从螺纹滚道端面

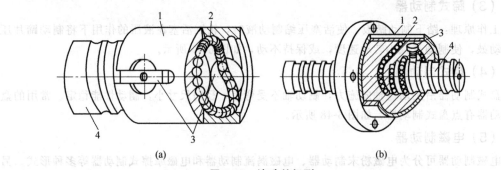

(a)　(b)

图 6-49　滚珠丝杠副

1—螺母；2—滚珠；3—回程引导装置；4—丝杠

掉出，在螺母的螺旋槽两端设有滚珠回程引导装置构成滚珠的循环返回通道，从而形成滚珠流动的闭合通路。

（2）滚珠丝杠特性

① 运动可逆性　逆传动效率几乎与正传动效率相同，既可将回转运动变成直线运动，又可将直线运动变成回转运动，以满足一些特殊传动的平稳性与灵敏性。

② 系统刚度高　通过给螺母组件施加预压来获得较高的系统刚度，以满足各种机械传动的要求，无爬行现象，始终保持运动的平稳性与灵敏性。

③ 传动精度高　滚珠丝杠副经过淬硬并精磨螺纹滚道，具有很高的进给精度。由于摩擦小，丝杠副工作时的温升变形小，容易获得较高的定位精度。

④ 传动效率高　效率高达85％～90％左右，是普通滑动丝杠的2～4倍，耗费的动力仅为滑动丝杠的1/3，可使驱动电动机乃至机械整体小型化。

⑤ 使用寿命长　钢球是在淬硬的滚道上作滚动运动，磨损极小，长期使用后仍能保证精度，工作寿命长，具有很高的可靠性，寿命一般要比滑动丝杠高5～6倍。

（3）滚珠丝杠分类

在滚珠丝杠副中，利用滚道内的滚珠，将丝杠与螺母之间的滑动摩擦转变成了滚动摩擦，同时滚珠在滚道内反复地循环着，滚珠循环的方式主要有内循环和外循环两种。

① 内循环　当滚珠丝杠副采用内循环方式时，其滚珠在整个循环过程中始终与丝杠表面保持接触。内循环方式的特点主要是滚珠循环的路程短、循环流畅、效率高，结构尺寸也较小，但反向器的加工困难，装配调整也不方便，最常用的结构如图6-49（a）所示，在螺母1的侧面孔内装有接通相邻滚道的反向器3，利用反向器3引导滚珠2越过丝杠4的螺纹顶部进入相邻的滚道，从而形成一个循环回路，一般在同一螺母上装有2～4个反向器，并沿螺母四周均匀分布。

② 外循环　外循环方式中，滚珠在循环反向时，有一段脱离丝杠螺旋滚道，在螺母体内或体外作循环运动，外循环方式的结构制造工艺简单，但其滚道接缝处很难做到平滑，从而会影响到滚珠滚动的稳定性，甚至发生卡珠现象，噪声也较大，外循环方式按结构形式来分，可分为螺旋槽式、插管式和端盖式三种。

a. 螺旋槽式　实物剖切如图6-50所示，在螺母的外圆表面上通过铣削加工出螺纹凹槽，凹槽的两端通过钻削，钻出两个与螺旋滚道相切的通孔，同时在螺纹滚道内装有两个挡珠器4来引导滚珠通过凹槽两端的通孔，再应用套筒盖住凹槽，从而形成滚珠的循环回路。

图6-50　螺旋槽式

b. 插管式　如图6-51所示，在插管式结构中，利用弯管2来代替螺旋凹槽，将其两端分别插入与螺旋滚道相切的两个内孔，以其端部来引导滚珠4进入弯管，从而构成滚珠的循环回路，再用压板1和螺钉将弯管固定。这类结构简单，容易制造，但是它的径向尺寸较大，弯管端部用作挡珠器比较容易磨损。

c. 端盖式　如图6-52所示，该结构的滚子回程滚道主要是在螺母1上钻出的纵向孔，同时在螺母两端装有两块扇形盖板或套筒2，这样就在盖板上形成了滚珠的回程道口。滚道半径为滚珠直径的1.4～1.6倍。这种方式结构简单，工艺性好，但滚道吻接处和弯曲处圆角不易加工准确而影响了其性能，故应用很少，常以单螺母形式用作升降传动机构。

（4）滚珠丝杠副主要参数

① 公称直径d。它是指滚珠与螺纹滚道在理论接触角状态时包络滚珠珠心的圆柱直径。

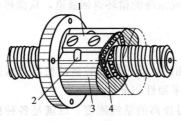

图 6-51 插管式

1—外加压板；2—弯管；3—螺母；4—滚珠

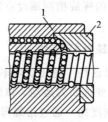

图 6-52 端盖式

② 导程 P_h 它是指丝杠相对于螺母旋转 2π 弧度时，螺母上基准点的轴向位移。

③ 行程 它是丝杠相对于螺母旋转任意弧度时，螺母上基准点的轴向位移。

④ 钢球卷数 这个参数一般标注在型号的导程后。

⑤ 精度 滚珠丝杠按 GB 分类有 P 类和 T 类，即传动类和定位类，精度等级有 1、2、3、4……几种，国外产品一般不分传动还是定位，一律以 C0～C10 或具体数值表示，一般来说，通用机械或普通数控机械选 C7（任意 300 行程内定位误差±0.05mm）或以下，高精度数控机械选 C5（±0.018mm）以上 C3（±0.008mm）以下，光学或检测机械选 C3 以上。

⑥ 螺母形式 各厂家的产品样本上都会有很多种滚珠丝杠螺母形式，一般型号中的前几个字母即表示螺母形式。按法兰形式分有圆法兰、单切边法兰、双切边法兰和无法兰几种。

⑦ 预压 也称预紧。只需按照厂家样本选择预压等级即可。等级越高螺母与螺杆配合越紧，等级越低配合越松。遵循的原则是：大直径、双螺母、高精度、驱动力矩较大的情况下预压等级可以选高一点，反之选低一点。

一般厂商往往会省略 GB 字符，以其产品的结构类型号开头，其标注如图 6-53 所示。

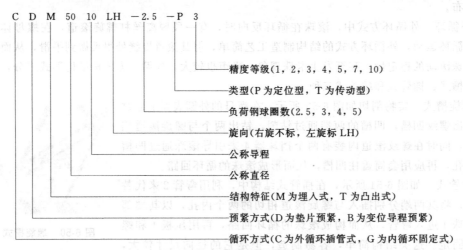

图 6-53 滚珠丝杠副企业标注示例

（5）滚珠丝杠副选型的原则

① 精度级别的选择 滚珠丝杠副在用于纯传动时，通常选用"T"类，其精度级别一般可选"T5"级（周期偏差在 0.01mm 以下），"T7"级或"T10"级，其总长范围内偏差一般无要求（可不考虑加工时温差等对行程精度的影响，便于加工）。

② 规格的选择 首先当然是要选能承受足够载荷（动载荷和静载荷）的滚珠丝杠副规格。

③ 预紧方式的选择 对于纯传动的情况，一般要求传动灵活，允许有一定反向间隙［一

般为几丝（1丝＝0.01mm）］，多选用单螺母，价格相对便宜、传动更灵活；对于不允许有反向间隙的精密传动的情况，则须选择双螺母预紧，它能调整预紧力的大小，保持性好，并能够重复调整；另外，在行程空间受限制的情况下，也可选用变位导程预紧（俗称错距预紧），该方式预紧力较小，且难以重复调整，一般不选用。

④ 导程的选择　选择导程跟所需要的运动速度、系统等有关，通常在：4、5、6、8、10、12、20中选择，规格直径较大，导程一般也可选择较大。

完整的滚珠丝杠副选型时，除了要考虑传动行程（间接影响其他性能参数）、导程（结合设计速度和马达转速选取）、使用状态（影响受力情况），额定载荷（尤其是动载荷将影响寿命）、部件刚度（影响定位精度和重复定位精度）、安装形式（力系组成和力学模型）、载荷脉动情况（与静载荷一同考虑决定安全性），形状特性（影响工艺性和安装）等因素外，还需要对所选的规格的重复定位精度、定位精度、压杆稳定性、极限转速、峰值静载荷以及循环系统极限速率（D_n 值）等进行校核，进行修正选择后才能得到完全适用的规格，进而确定马达、轴承等关联件的特征参数。

（6）滚珠丝杠选择设计过程中的注意事项

滚珠丝杠副在选择设计过程中还要注意以下几个事项：

① 防逆转措施　滚珠丝杠副逆传动的效率也很高，但其不能自锁，所以当其用于垂直运动或其他需要防止逆转的场合时，就需要设置防逆转装置，以防止滚珠丝杠副的零部件因自身的重力而产生逆转。

② 防护、密封与润滑　为防止意外的机械磨损，避免灰尘、铁屑等污染物进入丝杠螺母内造成磨粒磨损，应在丝杠轴上安装防护装置，例如螺旋弹簧保护套、折叠式防护套等，同时在螺母的两端安装密封圈。

滚珠丝杠副在使用过程中，还应根据不同的载荷和转速，采用相应的润滑方式，从而提高传动效率以及延长滚珠丝杠副的使用寿命。

③ 其他事项

a. 在重载荷情况下，应尽可能使丝杠受拉力，避免受压产生横向位移；在安排螺母承载凸缘位置时，应尽量使螺母、螺杆同时受拉或受压，使两者变形方向一致，滚动体和滚道受载均匀，有利于长期保持精度。

b. 滚珠丝杠副的传动质量，可通过增加滚珠丝杠副的负载滚珠有效圈数来提高。例如负载滚珠有效圈数由3圈变为5圈，滚珠丝杠副的刚度和承受动载荷的能力就提高了1.4～1.6倍。

（7）滚珠丝杠副的安装方式

目前滚珠丝杠副常用的安装方式主要有如下几种：

① 丝杆旋转类

a.（固定-固定）双推-双推方式　滚珠丝杠两端均固定。固定端轴承都可以同时承受轴向力。双推方式可以对丝杠施加适当的预拉力，提高丝杠支承刚度和部分补偿丝杠的热变形。

b.（固定-自由）双推-自由方式　滚珠丝杠一端固定一端自由。固定端的轴承可以同时承受轴向力和径向力，这类结构适用于行程小的短丝杠或者全封闭式的机床。

c.（固定-支承）双推-支承方式　丝杠一端固定一端支承。固定端轴承同时可以承受轴向力和径向力。支承端轴承只承受径向力且能作微量的轴向浮动，滚珠丝杠热变形可以自由地向一端伸长，同时也避免或减少滚珠丝杠因自重而出现的弯曲。

② 螺母旋转类　丝杠固定不动、螺母旋转方式。这种方式螺母一边转动、一边沿固定不

动的丝杠作轴向移动。螺母惯性小、运动灵活，可实现的转速高，但由于丝杠不动，这样就避免了细长滚珠丝杠高速运转时出现的种种问题以及受临界转速限制的问题。

6.4.2 直线导轨

（1）直线导轨特点

直线导轨又称为线轨、滑轨、线性导轨、线性滑轨，主要用于直线往复运动场合，但它又拥有比直线轴承更高的额定负载，同时可以承受一定的转矩，可以在高负载的情况下实现高精度的直线运动。

① 具有良好的互换性　由于严格掌控着生产制造精度，所以生产出来的直线导轨都能维持在一定的水准内，而且为了防止钢珠的脱离，专门设计了保持器，所以这部分系列具有可换性。

② 所有方向都具有高刚性　常用的直线导轨结构如图 6-54 所示，它一般由导轨、滑块、滚动体和保持器等组成，导轨是固定组件，主要起导向作用，滑块是移动组件。

滚动导轨的缺点是：导轨面和滚动体是点接触或线接触，抗振性差，接触应力大，故对导轨的表面硬度要求高；对导轨的形状精度和滚动体的尺寸精度要求高。

（2）直线导轨分类

按照滚动体类型分类，常见的直线导轨主要有滚珠导轨、滚柱导轨和滚针导轨。

① 滚珠导轨的导轨以滚珠作为滚动体，所以滚珠与导轨面是点接触，故运动灵敏度好，定位度高，但其承载能力和刚度较小，一般都需要通过预紧提高承载能力和刚度。

② 滚柱导轨　滚柱导轨的导轨以滚柱作为滚动体，所以滚柱与导轨面是线接触，故导轨的承载能力及刚度都比滚珠导轨要大，耐磨性也更好，但对于安装的要求也高。

③ 滚针导轨　滚针导轨的导轨以滚针作为滚动体，滚针比同直径的滚柱长度更长，滚针与导轨面也是线接触。滚针导轨的特点是尺寸小，结构紧凑。

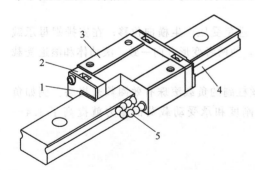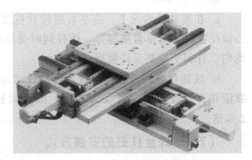

图 6-54　直线导轨及实物
1—防尘盖；2—保持器；3—滑块；4—导轨；5—滚动体

直线导轨运动的作用是用来支撑和引导运动部件，按给定的方向做往复直线运动。按摩擦性质而定，直线运动导轨可以分为滑动摩擦导轨、滚动摩擦导轨、弹性摩擦导轨、流体摩擦导轨等种类。直线轴承主要用在自动化机械上比较多，像机床，折弯机，激光焊接机等，当然直线轴承和直线光轴是配套用的。像直线导轨主要是用在精度要求比较高的机械结构上，直线导轨的移动元件和固定元件之间不用中间介质，而用滚动钢球。

（3）直线导轨的选用

直线导轨副作为加工机械的关键零部件，同时直线导轨副也有系列产品，但在选用时应遵循以下几条原则。

① 精度不干涉原则　导轨的各项精度不管是在制造过程中，还是在使用过程中都不能互相影响，这样才能获得较高的精度。

② 动摩擦因数相近的原则　在选用滚动直线导轨或者塑料直线导轨时，由于其摩擦因数都比较小，所以应尽量选用动摩擦因数相近导轨，从而获得较低的运动速度和较高的重复定位精度。

③ 导轨自动贴合原则　直线导轨需要较高的精度，就必须使得相互结合的导轨有自动贴合的性能。

一般来说，直线导轨的主要失效形式是接触疲劳剥离和疲劳磨损，所以直线导轨副的选用必须根据使用条件、负载能力和预期寿命选用。

具体的选用过程如图 6-55 所示。

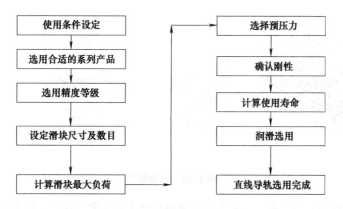

图 6-55　直线导轨选择流程图

直线导轨在选用的过程中可以根据计算结果随时返回到前面的步骤进行重新选择和设定。如果选用的直线导轨副刚性不足，可以提高预压力，加大选用尺寸或增加滑块数量来提高刚性。所谓预压力是预先给予钢珠负荷力，利用钢珠与珠道之间负向间隙给予预压，这样能够提高直线导轨的刚性和消除间隙。按照预压力的大小可以分为不同的预压等级。预压力数值跟应用范围如表 6-8 所示。

表 6-8　预压等级选择

预压等级	标记	预压力	精度等级	适用范围
普通间隙	ZF	间隙值 0.004～0.015mm	C	搬运装置、自动包装机
无预压	Z0	间隙值 0～0.003mm	C-UP	自动化产业机械
轻预压	Z1	0.02C	C-UP	一般工具机的 XY 轴、焊接机、熔断机
中预压	Z2	0.05C	H-UP	一般工具机的 Z 轴、放电加工机、NC 车床、精密 XY 平台、测定器
重预压	Z3	0.07C	H-UP	机械加工中心、磨床、NC 车床、立式或卧式铣床、机床的 Z 轴
超重预压	Z4	0.13C	H-UP	重切削加工机

6.4.3　直线轴承

直线轴承由圆筒形外圈和多列钢球及保持架组成，由于承载球与轴承外套点接触，钢球以最小的摩擦阻力滚动，因此直线轴承具有摩擦小，且比较稳定，不随轴承速度而变化，能获得灵敏度高、精度高的平稳直线运动，结构如图 6-56 所示，由滚珠 4、球架 3、外套 2 和密封 1 组成。直线轴承就是利用承载球与轴承外套的接触面积最小，所以钢球在生产的状态下受到了最小的摩擦阻力。由于摩擦产生的阻力小，所以零部件在长时间的运行中，还可以保持机械运转水平的稳定性，而且在运行的过程中，能够在高速率的状态下，仍能保持机械的效能。同时还能在生产高精尖的产品中，保持高灵敏度和高精度。由于摩擦阻力小，所以在使用中的消耗也小，其中消耗主要来源于轴承的冲击载荷能力弱和承载能力也不强。还有一部分原因是直线轴承在高速生产的状态下会发生振动，其噪声也比较大。

图 6-56　直线轴承

直线轴承消耗也有其局限性，最主要的是轴承冲击载荷能力较差，且承载能力也较差，其次直线轴承在高速运动时振动和噪声较大。

任务 6.3　联轴器虚拟装配

打开 SolidWorks 软件，选择新建装配体![icon]，打开随书提供的三维模型，打开中榫结构两个半联轴器任意一个，即打开凸或凹半联轴器，点击"开始装配体"下面"√"，导入第一个半联轴器，然后点击插入零部件图标![icon]，导入另外一个半联轴器，点鼠标左键把它放在任意位置，点击配合按钮![icon]，选择半联轴器两个圆柱外表面为"同轴"配合，如图 6-57 所示。点击"√"，选择两个半联轴器端面为重合配合，如果重合配合两个表面方向错误，可以点击![icon]按钮进行方向的切换。如图 6-58 所示。

选择两半联轴器螺栓安装孔为"同轴"配合，完成两个半联轴器配合装配。插入"螺栓"零件，按照上面方法选择螺栓外表面和螺栓孔为"同轴"配合，如图 6-59 所示。螺栓"T头"下端面和半联轴器外表面重合，完成螺栓装配。插入"螺母"零件，按照上面方法选择螺母螺纹内表面和螺栓外表面为"同轴"配合，螺母端面和半联轴器外表面重合，完成螺母装配。半联轴器有四个螺栓和螺母，装配四次太麻烦，可以用阵列命令，使用阵列首先要创建一个基准轴如图 6-60 所示，选择半联轴器外表面来生成一个基准轴，然后选择"圆周阵列"，选择刚建立的基准轴，输入阵列数目"4"，系统自动计算出阵列体之间角度为"90 度"，阵列物体点选"螺栓"和"螺母"，完成阵列如图 6-61 所示。

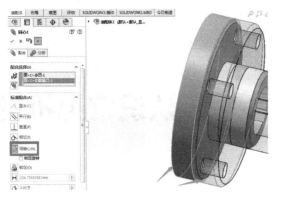

图 6-57　同轴配合

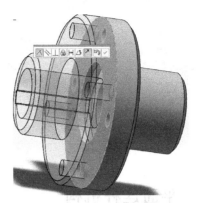

图 6-58　重合配合

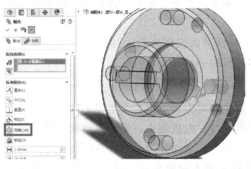

图 6-59　两半联轴器孔同轴配合

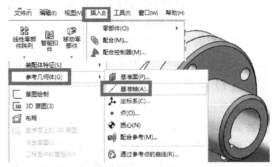

图 6-60　建立基准轴

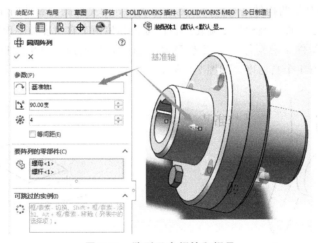

图 6-61　阵列四个螺栓和螺母

思政小故事

　　张衡自小刻苦向学，少年时便会做文章。16 岁以后曾离开家乡到外地游学，张衡掌握很多机械技术，他的主要发明有：地动仪、浑天仪、瑞轮荚、指南车、计里鼓车、独飞木雕等，是中国东汉时期的天文学家和发明家。

获取本章视频资源，请扫描上方的二维码

认识常见机构

7.1 平面连杆机构

平面连杆机构的各构件是用销轴、滑道（低副）等方式连接起来的，各构件间的相对运动均在同一平面或互相平行的平面内。

最简单的平面连杆机构是由 4 个杆件组成的，简称平面四杆机构，其构造简单、易于制造，工作可靠，因此应用非常广泛，而且是组成多杆机构的基础。

（1）运动副

使两构件直接接触而又能产生一定相对运动的连接，称为运动副。在工程上，人们把运动副按其运动范围分为空间运动副和平面运动副两大类。在一般机器中，经常遇到的是平面运动副。平面运动副根据组成运动副的两构件的接触形式不同，可划分为低副和高副。

一个构件在一个平面内最多有 3 个自由度，即沿 x 轴方向的移动、沿 y 轴方向的移动和在平面内的转动。

① 低副　低副是指两构件之间作面接触的运动副，常见低副为旋转副和移动副，如图 7-1 所示，旋转副中保留构件 1 绕构件 2 旋转的自由度，其他两个自由度被平面低副限制了，同理在移动副中只保留构件 1 沿构件 2 沿 X 轴移动自由度，其他两个自由度被平面低副限制了，也就是说平面低副有 1 个自由度，如图 7-2 所示。

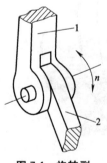

图 7-1　旋转副

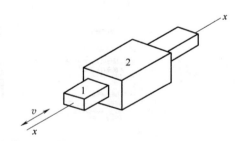

图 7-2　移动副

② 高副　高副是指两构件之间作点或线接触的运动副。

常见高副为凸轮副和齿轮副，如图 7-3 和图 7-4 所示，在齿轮或凸轮高副中，只限制构件 1 和 2 沿着法线 $n—n$ 方向的运动，而沿着切线 $t—t$ 方向和平面旋转两个自由度不受限制，即平面高副具有两个自由度。

（2）平面运动简图

为了研究、分析机构的组成及运动原理，常常采用运动简图形式，这样简化问题，分析机构的运动特性。绘制平面机构运动简图步骤如下：

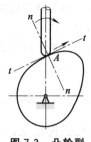

图 7-3 凸轮副

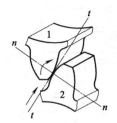

图 7-4 齿轮副

① 确定机架、原动件和从动件。

② 由原动件开始，按照各构件之间运动传递路线，依次分析构件间的相对运动形式，确定运动副的类型和数目。

③ 选择适当的视图平面，以便清楚地表达各构件间的运动关系。

④ 确定绘图比例，绘制平面机构运动简图。

运动副符号如图 7-5 所示。

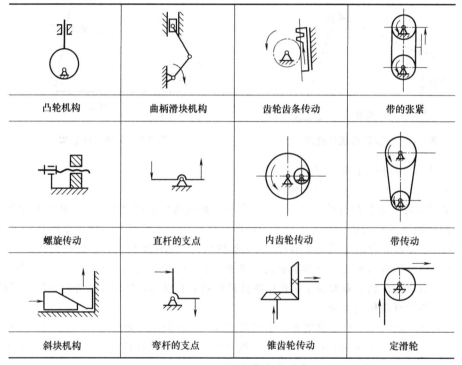

凸轮机构	曲柄滑块机构	齿轮齿条传动	带的张紧
螺旋传动	直杆的支点	内齿轮传动	带传动
斜块机构	弯杆的支点	锥齿轮传动	定滑轮

图 7-5 运动副符号

（3）机构中构件的分类及组成

组成机构的构件，根据运动副的性质可分为三类：

① 固定构件（机架）机构中用来支撑可动构件的部分。

② 主动件（原动件）机构中作用有驱动力或驱动力矩的构件。

③ 从动件 机构中除主动件以外的运动构件。

由几个构件通过低副连接，且所有构件在相互平行平面内运动的机构称为平面连杆机构。由 4 个杆状构件通过低副连接而成的平面连杆机构，则称为平面四杆机构。为了研究问题常常

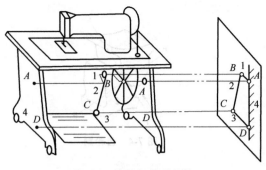

图7-6 缝纫机传动机构

采用简化方法，例如缝纫机踏板传动机构是空间机构，但是可以投影到一个平面中进行研究，在平面中分析机构运动规律，从而简化问题，如图7-6所示。

7.1.1 平面四杆机构的特征

（1）铰链机构组成、基本形式

① 铰链四杆机构的组成　如图7-7所示，由4个构件通过铰链（转动副）连接而成的机构，称为铰链四杆机构。在该机构中，固定不动的 AD 杆称为机架；与机架用转动副相连接的 AB 杆和 CD 杆称为连架杆；不与机架直接连接的 BC 杆（通常作平面运动）称为连杆。如果杆1或杆3能绕其回转中心作整周转动，则称为曲柄。若仅能在小于360°的某一角度内摆动，则称为摇杆。如图7-8所示。

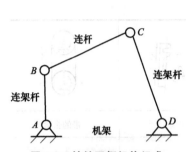

图7-7　铰链四杆机构组成

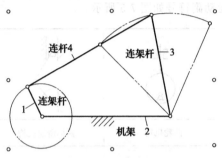

图7-8　曲柄摇杆机构

② 铰链四杆机构有曲柄的条件

a. 曲柄为最短构件，又称最短构件条件。

b. 最短构件与最长构件长度之和小于或等于其他两构件长度之和，又称构件长度和条件。

③ 铰链四杆机构的基本形式　对于铰链四杆机构来说，机架和连杆总是存在的，因此可按曲柄的存在情况，分为三种基本形式：曲柄摇杆机构、双曲柄机构和双摇杆机构。

从上述铰链四杆机构的三种基本形式中可知，它们的根本区别就在于连架杆是否为曲柄。而连架杆能否成为曲柄，则取决于机构中各杆件的相对长度和最短杆件所处的位置。可按下述方法判断铰链四杆机构的类型。

当最短杆长度与最长杆长度之和小于或等于其余两杆长度之和时，有以下三种情况：

a. 若取与最短杆相邻的任一杆为机架，则该机构为曲柄摇杆机构，且最短杆为曲柄。

b. 若取最短杆为机架，则该机构为双曲柄机构。

c. 若取最短杆相对的杆为机架，则该机构为双摇杆机构。

当最短杆长度与最长杆长度之和大于其余两杆长度之和时，则不论取哪一杆为机架，都无曲柄存在，机构只能为双摇杆机构。

（2）铰链四杆机构

铰链四杆机构是平面四杆机构最基本的形态，其他形式的四杆机构都是在它的基础上演化而成的。铰链四杆机构有4个构件，每个构件均为二级杆组，用4个转动副将4个构件连接，每两个构件之间为面接触，结构、制造简单，可获得较高的精度，广泛应用在低速机械传动中。

① 曲柄摇杆机构　在铰链四杆机构中，满足最短构件和最长构件长度之和小于其余两杆构件的长度之和，且两个连架杆中，一个为曲柄（最短的构件），另一个为摇杆，则此铰链四杆机构称为曲柄摇杆机构，如图 7-8 所示。通常曲柄为原动件，并作匀速转动；而摇杆为从动件，作变速往复摆动。例如颚式碎石机机构（见图 7-9）、调整雷达天线俯仰角的曲柄摇杆机构（见图 7-10）、汽车雨刮器控制杆机构、搅拌机机构等。当摇杆作为原动件时，可将摇杆的往复摆动转变为曲柄的连续转动，例如缝纫机踏板机构。

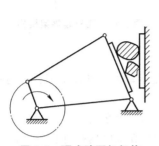

图 7-9　颚式碎石机机构

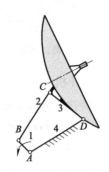

图 7-10　雷达俯仰角机构

② 双曲柄机构　在铰链四杆机构中，若两连架杆均为曲柄，则称为双曲柄机构。在双曲机构中，如果两曲柄的长度不相等，主动曲柄等速回转一周，从动曲柄变速回转一周，如惯性筛，如图 7-11 所示。如果两曲柄的长度相等，且连杆与机架的长度也相等，称为平行双曲柄机构。这种机构运动的特点是两曲柄的角速度始终保持相等，在机器中应用也很广泛，

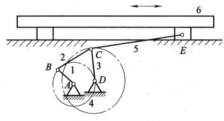

图 7-11　惯性筛

如火车车轮双曲柄机构，如图 7-12 所示。若两曲柄转向相反且角速度不等，则称为反向平行双曲柄机构。如公共汽车车门启闭机构，即通过从动曲柄朝相反方向转动，从而保证两扇车门同时开启和关闭，如图 7-13 所示。

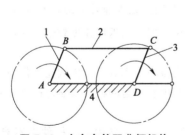

图 7-12　火车车轮双曲柄机构

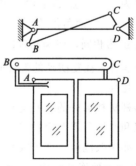

图 7-13　车门启闭机构

③ 双摇杆机构　两连架杆均为摇杆的铰链四杆机构称为双摇杆机构。例如：港口用鹤式起重机（见图 7-14）运用了双摇杆原理。在主动摇杆的驱动下，随着机构的运动，连杆的外伸端点 E 获得近似直线的水平运动，使吊重能作水平移动而大大节省了移动吊重所需的能。飞机起落架中，ABCD 构成一个双摇杆机构，当摇杆 CD 摆动，带动摇杆 AB 摆动，使飞机轮子放下收起。保证飞机正常着陆，如图 7-15 所示。

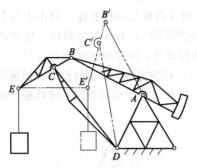

图 7-14 鹤式起重机

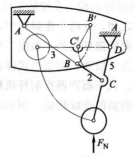

图 7-15 飞机起落架机构

（3）铰链四杆机构的运动特性

① 急回运动特性　原动件曲柄作连续转动时，作往复运动的摇杆在空回行程的平均速度大于工作行程平均速度的特性称为急回特性。

行程速比系数（K）：从动件空回行程与工作行程的平均速度之比。

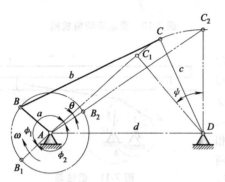

图 7-16　曲柄摇杆机构摇杆的
急回运动特性

如图 7-16 所示曲柄摇杆机构，曲柄转动一周的过程中，有两次与连杆共线。这时摇杆 CB 分别位于两极限位置 C_1B_1 和 C_2B_2。曲柄摇杆机构所处的这两个位置，称为极位。曲柄与连杆两次共线位置之间所夹的锐角 θ 称为极位夹角。

$$K = \frac{v_2}{v_1} = \frac{t_2}{t_1} = \frac{\varphi_1}{\varphi_2} = \frac{180° + \theta}{180° - \theta} \quad (7\text{-}1)$$

$$\theta = 180° \frac{K-1}{K+1} \quad (7\text{-}2)$$

当 $\theta > 0°$ 可知 $K > 1$，此时机构具有急回特性，θ 越大 K 越大，急回特性越显著。$\theta = 0°$ 可知 $K = 1$，此时机构无急回特性。

当曲柄以等角速度 ω 逆时针转 $\phi_1 = 180° + \theta$ 时，摇杆由位置 C_2B_2 摆到 C_1B_1，摆角为 ϕ_2，设所需时间为 t_1，C 点的平均速度为 v_1。当曲柄继续转过 $\phi_2 = 180° - \theta$ 时，摇杆又从位置 C_1B_1 回到 C_2B_2，摆角仍然是 ψ，设所需时间为 t_2，C 点的平均速度为 v_2。由于摇杆往复摆动的摆角 ϕ 虽然相同，但是相应的曲柄转角 $\phi_1 > \phi_2$，而曲柄又是等速转动的，所以有 $t_1 > t_2$，$v_2 > v_1$。而摇杆 b 往复摆动的弧长同样是 $\overparen{C_1C_2}$，也就是说，摇杆的返回速度较快，我们称它具有急回运动特性。

曲柄摇杆机构摇杆的急回运动特性有利于提高某些机械的工作效率。机械在工作中往往具有工作行程和空回行程两个过程，为了提高效率，可以利用急回运动特性来缩短机械空回行程的时间，例如牛头刨床、插床或惯性筛等。

② 死点　平面连杆机构中，作用于从动件的力恰好通过其回转中心，构件将不能转动，这种位置称为死点位置。例如：如果摇杆为主动，当从动的曲柄与连杆共线时，机构会停止运动，这个位置称为死点位置。

在图 7-17 所示的曲柄摇杆机构中，设摇杆 CD 为主动件，曲柄 AB 为从动件，则当机构处于图示的两个虚线位置之一时，连杆与曲柄在一条直线上。这时主动件 CD 通过连杆作用于从动件 AB 上的力恰好通过其回转中心，此力对 A 点不产生力矩。所以将不能使构件 AB 转动而出现"顶死"现象。机构的这个位置称为死点。而由上述可见，四杆机构中是否存在死点位置，决定于从动件是否与连杆共线。

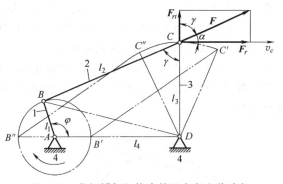

为了使机构能够顺利地通过死点，继续正常运转，可以采用机构错位排列的办法，即将两组以上的机构组合起来，而使各组机构的死点相互错开（如图 7-18 所示的蒸汽机车车轮联动机构）。

当"死点"位置是有害时，应当设法消除其影响。但是，在某些场合却利用"死点"来实现工作要求。

图 7-17　曲柄摇杆机构中的压力角和传动角

图 7-19 所示的飞机起落架机构，在机轮放下时，杆 BC 与杆 CD 成一直线，此时虽然机轮上可能受到很大的力，但由于机构处于死点，经杆 BC 传给杆 CD 的力通过其回转中心，所以起落架不会反转（折回），这样使得降落更加可靠。

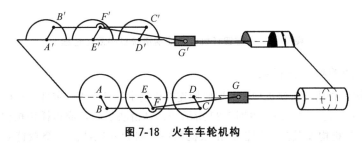

图 7-18　火车车轮机构

图 7-20 所示的钻床工件夹紧机构，也是利用机构的死点进行工作的，当工件夹紧后，BCD 连成一直线，即机构在工作反力的作用下处于死点。所以，即使此反力很大，也可保证在钻削加工时，工件不会松脱。

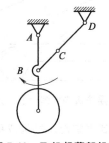

图 7-19　飞机起落架机构

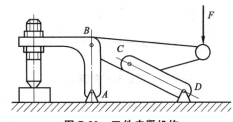

图 7-20　工件夹紧机构

7.1.2　铰链四杆机构的演化

在实际工作机械中，铰链四杆机构还远远不能满足需要，生产实践中，常常采用多种不同外形、结构和特性的四杆机构，都可以认为是铰链四杆机构的演化形式。

常用的演化方法：变转动副为移动副；取不同的构件作机架；扩大转动副和移动副的尺寸。

（1）变转动副为移动副

在图 7-21（a）所示的曲柄摇杆机构中，当摇杆 3 的长度增至无穷大时，铰链 C 的运动轨迹将变成直线，摇杆 CD 演化为直线运动的滑块，原来的运动副变为移动副，机构就演化为曲柄滑块机构，如图 7-21（b）所示。曲柄滑块机构通常分为偏置曲柄滑块机构和对心曲柄滑块机构。若滑块移动方位线不通过曲柄转动中心，则称为偏置曲柄滑块机构。曲柄转动中心线与滑块移动方位线垂直距离称为偏距e，当移动方位线通过曲柄转动中心A时（即$e=0$），则称为对心曲柄滑块机构。曲柄滑块机构可以将输入的旋转运动（曲柄主动时）转化为滑块的往返直线运动，或把滑块的往返直线运动（滑块主动时）转化为曲柄的转动。该机构实际上是用一个滑块替代了原铰链四杆机构中的摇杆，滑块是二副杆，即用移动副与机架连接，用转动副与连杆连接。

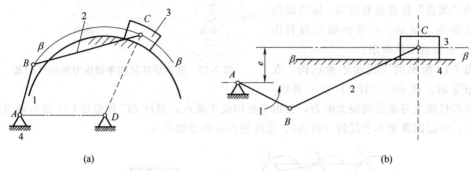

(a)   (b)

图 7-21　铰链四杆机构向曲柄滑块机构演化过程

（2）取不同的构件作机架

① 摇块机构　在曲柄滑块机构中，取曲柄连杆机构中连杆 2 为固定件（作机架），主动曲柄 1 绕与连杆的铰接点旋转时，即可得图 7-22 所示的摆动滑块机构，或称摇块机构。如图 7-23 所示的自卸卡车翻斗机构及其运动简图。在该机构中，因为液压油缸 3 绕铰链 C 摆动，故称为摇块。

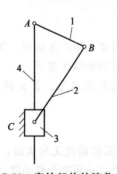

图 7-22　摇块机构的演化

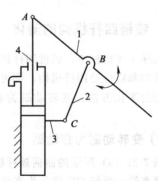

图 7-23　摇块机构的演化及应用

② 定块机构　在曲柄滑块机构中，取杆 3 为固定件，即可得到固定滑块机构或称定块机构，见图 7-24 所示。这种机构常用于抽水泵等机构中，如图 7-25 所示。

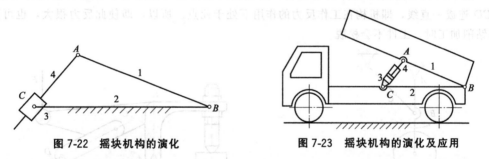

图 7-24　定块机构的演化

图 7-25　定块机构的演化应用

③ 导杆机构　在曲柄滑块机构（图 7-24）中若以曲柄 1 作为机架，则连杆 2 将绕铰链中心转动，而滑块 3 则将以杆 4 为导轨沿该构件作相对滑动。由此演化而来的机构则称为导杆机构。若曲柄长度（l_1）＞机架长度（转动中心 AC 距离）则称为转动导杆机构，若曲柄长度＜机架长度则称为摆动导杆机构，如图 7-26 所示。导杆机构常用于牛头刨床，如图 7-27 所示（曲柄 BC 长度小于机架 AB 长度）。若曲柄长度（杆 2 长度）＞机架长度（杆 1 即 AB 杆）则称为转动导杆机构，如图 7-28（a）所示。典型应用如回转式油泵中回转柱塞泵，如图 7-28（b）所示（曲柄为 BC 杆，长度大于机架 OB 杆长度）。

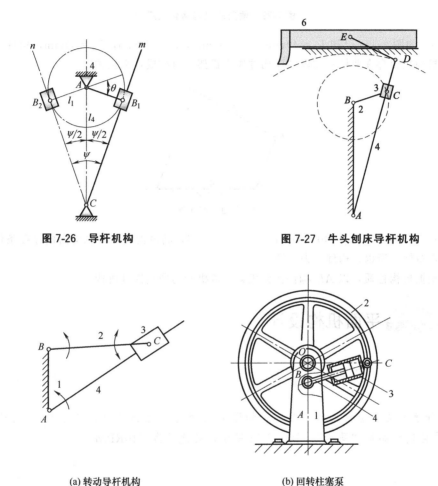

图 7-26　导杆机构　　　　　　　　　图 7-27　牛头刨床导杆机构

(a) 转动导杆机构　　　　　　　　　　(b) 回转柱塞泵

图 7-28　转动导杆机构及应用

（3）扩大转动副和移动副的尺寸

在曲柄滑块机构或其他含有曲柄的四杆机构中，当曲柄长度很短时，由于存在结构设计困难，工程中常将曲柄设计成偏心轮或偏心轴的形式。

目的：不仅克服了结构设计问题，而且还提高了偏心轴的强度和刚度。曲柄为偏心轮结构的连杆机构称为偏心轮机构。

偏心轮机构应用十分广泛，如图 7-29 所示的直流理发剪，采用偏向轮机构将直流电动机旋转运动转化为动刀片的直线往返运动，与定刀片配合实现将毛发剪断目的。其他如颚式碎石机、道路夯土机、手机振动器、体感游戏手柄等都采用是偏向轮机构。

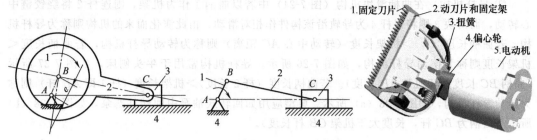

图 7-29　偏向轮机构演化及应用

例 1　如图 7-30，已知 $L_1=40\text{mm}$，$L_2=50\text{mm}$，$L_3=55\text{mm}$，$L_4=60\text{mm}$，构件 1 为原动件。①机构是否存在曲柄？②以 AD 构件作为机架，可构成什么机构？

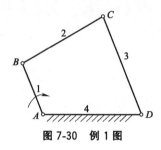

图 7-30　例 1 图

解：①因为 $L_1+L_4=40+60<L_2+L_3=50+55$，满足铰链四杆机构曲柄存在条件，且构件 1 为最短杆，所以，构件 1 为曲柄。

②根据机构性质，以 AD 构件作为机架，该机构为曲柄摇杆机构。

任务7.1　平面机构设计

任务7.1.1　曲柄滑块运动分析

打开随书文件曲柄滑块装配体，如图 7-31 所示，点选菜单栏"插入""新建运动算例"。在曲柄处添加"马达"，如图 7-32 所示，转速设为"10RPM"。

图 7-31　曲柄滑块装配体

图 7-32　在曲柄上添加马达

添加"线性弹簧"，弹性系数 $K=0.1\text{N/mm}$，弹簧初始长度为 80mm，选择阻尼为"1（线性）"，弹簧阻尼系数为 0.5N/(mm·s)，如图 7-33 所示。添加"实体接触"，选择滑块和底座滑道材料为钢"steel"无润滑，如图 7-34 所示。

点击查看"结果" 按钮，类似也可以查看其他数据，如图 7-35 所示。

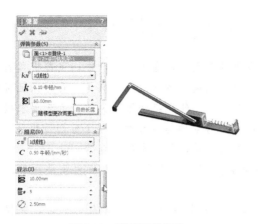

图 7-33　弹簧系数设定

图 7-34　实体接触参数设定

图 7-35　查看结果参数设定

查看滑块沿 X 轴方向的位移，如图 7-36 所示。从图中可以看出滑块位移。从滑块位移和速度曲线可以看出曲柄滑块机构也存在急回现象，速度和加速度都存在非线性变化（图 7-37）。

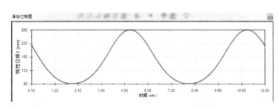

图 7-36　滑块位移曲线

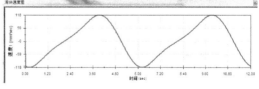

图 7-37　滑块速度曲线

从曲柄的角位移图（见图 7-38）可以看出，加在曲柄的角速度是均匀变化的，而滑块速度是非线性的，从而可以看出曲柄滑块存在急回现象。从弹簧的曲线看出弹簧受力也是非线性的，原因是滑块存在惯性力（图 7-39）。

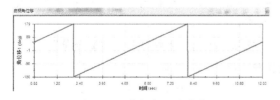

图 7-38　曲柄角位移曲线

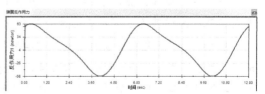

图 7-39　弹簧反作用力曲线

飞剪机是冶金行业轧钢机械生产中的重要设备之一，在带钢生产中，飞剪机负责切除带钢头、尾部板形不良或者有质量缺陷的部分，以提高带钢的轧制质量，同时保证带钢进入精轧机组后能够稳定轧制。因此，飞剪机是冷、热轧机组必不可少的、工艺要求极高的重要设备。剪刃剪切带钢的过程是剪切、压缩、弯曲的综合过程。整个剪切过程可分为压入阶段和滑移阶段。主要用于横向剪切运行着的轧件，其基本要求包括：

① 剪刃在剪切轧件时跟随轧件一起运动且剪刃水平方向分速度应为轧件运动速度的1~1.03倍；

② 根据产品品种规格和用户要求的不同，飞剪机应能剪切出定长的轧件，并保证断面的质量；

③ 能满足轧机或机组生产率的要求。

任务：通过对曲柄摇杆式飞剪机（施罗曼飞剪机）的运动分析和力等参数的仿真，为飞剪机及其刀片的设计和改进打下基础。确定上下剪刃同时剪切过程所用的时间，查看飞剪机运动轨迹，进而求出飞剪机力能参数，对飞剪机的再设计或改善飞剪机的工作性能具有实际意义。

使用 SolidWorks 打开随书飞剪装配模型，在飞剪上下曲柄上添加扭矩 200N·mm，如图 7-40 所示。添加"实体接触"，在对话框中选择"使用接触组"，选择飞剪上、下剪和机架为一组，被剪切工件为另一组。选择工件和飞剪上、下剪和机架材料均为"钢材"和"无润滑"，如 7-41 所示。

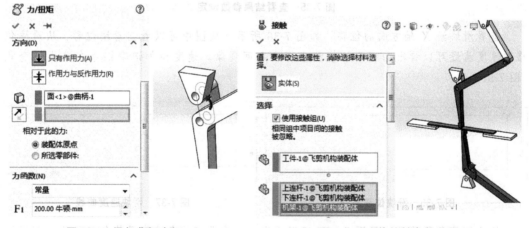

图 7-40　添加曲柄力矩　　　　　　　　图 7-41　实体接触参数设置

点击查看"结果" 按钮，查看上下飞剪轨迹，选择"位移"和"跟踪路径"，选择飞剪上、下剪顶点，如图 7-42 所示。从图中可以看出上下飞剪轨迹。也可以查看飞剪的顶点速度，这样就可以判定速度是否符合设计要求。

也可以查看飞剪的剪切力，查看"结果" 按钮，选择"接触力"和"Y 分量"。注意事项：先选择实体为受力物体，即工件，后选择施力物体，即飞剪，顺序不能错。如图 7-43 所示，可以查看飞剪接触反力输出。也可以查看飞剪相对轧件的水平移动速度是否满足剪刃水平方向分速度应为轧件运动速度的 1~1.03 倍。

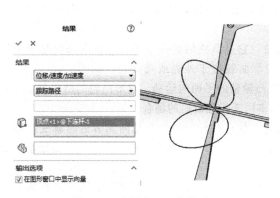

图 7-42　查看上下飞剪轨迹　　　　　图 7-43　查看飞剪接触反力

7.2 凸轮传动

机械传动通常是指作回转运动的啮合传动和摩擦传动。目的是用来协调工作部分与原动机的速度关系，实现减速、增速和变速要求，达到力或力矩的改变。

7.2.1　凸轮传动概述

凸轮机构广泛应用于各种自动机械、仪器和操纵控制装置。凸轮机构之所以得到如此广泛的应用，主要是由于凸轮机构可以实现各种复杂的运动要求，而且结构简单、紧凑。

（1）凸轮机构的组成、特点

由图 7-44 可知，凸轮机构是由凸轮、从动件和机架三个基本构件组成的高副机构。凸轮是一个具有曲线轮廓或凹槽的构件，一般为主动件，作等速回转运动或往复直线运动。与凸轮轮廓接触，并传递动力和实现预定的运动规律的构件，一般作往复直线运动或摆动，称为从动杆。

凸轮机构在应用中的基本特点在于能使从动件获得较复杂的运动规律。因为从动件的运动规律取决于凸轮轮廓曲线，所以在应用时，只要根据从动件的运动规律来设计凸轮的轮廓曲线就可以解决实际问题，如广泛使用的内燃机配气凸轮机构（图 7-45）。

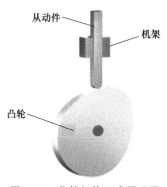

图 7-44　凸轮机构组成原理图

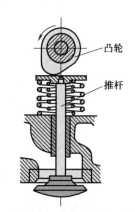

图 7-45　内燃机配气凸轮机构

（2）凸轮机构的类型

由于凸轮的形状和从动杆的结构形式、运动方式不同，所以凸轮机构有不同的类型。

① **按凸轮的形状分类**

a. **盘形凸轮** 盘形凸轮又称为圆盘凸轮，它是凸轮的最基本形式。盘形凸轮是一个绕固定轴转动且径向尺寸变化的盘形构件，其轮廓曲线位于外缘或端面处，如图7-46（a）所示。当凸轮转动时，可使从动杆在垂直或平行于凸轮轴的平面内运动。盘形凸轮的结构简单，应用最为广泛，但从动杆的行程不能太大，所以多用于行程较短的场合。

b. **移动凸轮** 移动凸轮又称为板状凸轮。盘形凸轮回转中心趋向无穷远时就变成移动凸轮，可以相对机架作往复直线移动。当凸轮移动时，可推动从动杆得到预定要求的运动，如图7-46（b）所示。

c. **圆柱凸轮** 圆柱凸轮是在端面上作出曲线轮廓如图7-46（c）所示，或在圆柱面上开有曲线凹槽。从动杆一端夹在凹槽中，当凸轮转动时从动杆沿沟槽作直线往复运动或摆动。这种凸轮与从动杆的运动不在同一平面内，因此是一种空间凸轮，可使从动杆得到较大的行程。主要适用于行程较大的机械。

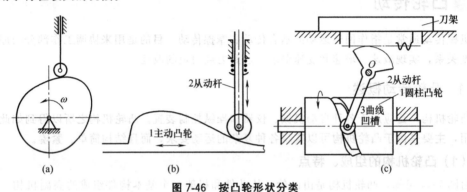

图7-46　按凸轮形状分类

② **按从动杆的运动方式分类**

a. **移动（直动）从动杆凸轮机构。** 从动件作往复移动，其运动轨迹为一段直线。如图7-47（a）所示。

b. **摆动从动杆凸轮机构。** 从动件作往复摆动，其运动轨迹为一段圆弧。如图7-47（b）所示。

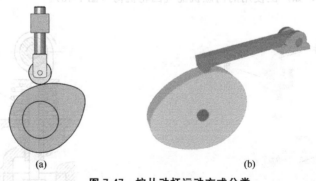

图7-47　按从动杆运动方式分类

③ **按锁合方式分类** （即保持高副接触的形式）

a. **力锁合** 利用重力、弹簧力或其他外力使从动件与凸轮保持接触。

b. 形锁合　依靠凸轮和从动件的特殊几何形状而始终保持接触，从动滚子直径和凹槽宽度相同，如图7-48（a）所示。等宽凸轮是指其轮廓上两平行切线间的距离保持定值的平底从动件盘形凸轮，如图7-48（b）所示。在一个凸轮上对称安装两个带滚轮的移动式从动件，从动件的位移中心通过凸轮转动中心，不管凸轮转到任何角度，这两个从动件的滚轮中心距都是一个定值，这样的凸轮机构叫等径凸轮。等径凸轮运行时，两边的从动件就会同时、同向、同速的左右平移，且移动的距离恒定，相当于是"等径"概念。如图7-48（c）所示。

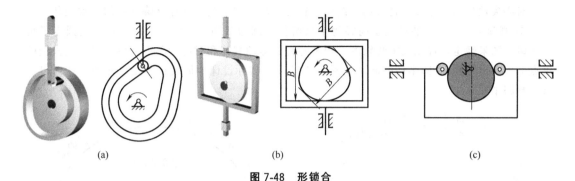

(a)　　　　　　　　　　(b)　　　　　　　　　　(c)

图7-48　形锁合

　　④ 按从动杆的端部结构形式分类

　　a. 尖顶式从动杆　如图7-49（a）所示，这种从动杆作成尖顶与凸轮轮廓接触。其构造简单、动作灵敏，但无论是从动杆，还是凸轮轮廓都容易磨损，适用于低速、传力小和动作灵敏等场合，如用于仪表机构中。

　　b. 滚子式从动杆　如图7-49（b）所示，这种从动杆顶端装有滚子。由于滚子与凸轮之间为滚动摩擦，所以凸轮接触摩擦阻力小，解决了凸轮机构磨损过快的问题，故可用来传递较大的动力。

　　c. 平底式从动杆　如图7-49（c）所示，这种从动杆顶端作成较大的平底与凸轮接触。它的优点是凸轮对推杆的作用力始终垂直于推杆的底边，故受力比较平稳，而且凸轮与底面接触面较大，容易形成油膜，减少了摩擦，但灵敏性较差。

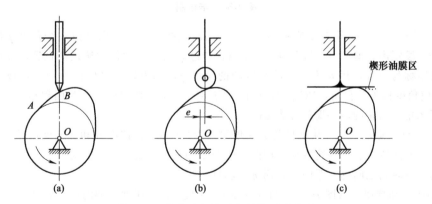

(a)　　　　　　　　　　(b)　　　　　　　　　　(c)

图7-49　按从动杆的端部结构形式分类

（3）凸轮机构的应用

　　凸轮机构优点：结构简单、紧凑、设计方便，因此在机床、纺织机械、轻工机械、印刷机械、机电一体化装配中大量应用。只要做出适当的凸轮轮廓，就能使从动杆得到任意预定的运动规律。

凸轮机构缺点：凸轮为高副接触（点或线）压力较大，点、线接触易磨损；凸轮轮廓加工困难，费用较高；凸轮机构通常行程不大。

凸轮机构广泛地应用于轻工、纺织、食品、交通运输、机械传动等领域。

7.2.2 从动杆运动规律

（1）凸轮机构的有关参数

对心尖顶从动件盘形凸轮机构，凸轮回转时，从动件重复升→停→降→停的运动循环。

① 基圆半径　以凸轮的最小向径为半径所作的圆为基圆，r_b 称为基圆半径。基圆半径可以从诺模图来确定，首先确定凸轮的升程和降程的运动规律和对应的角度，然后连线交横轴的焦点即可求出程/基圆半径的商，如图 7-50 所示。实际设计中最大行程是已知的，从而可以求出基圆半径。

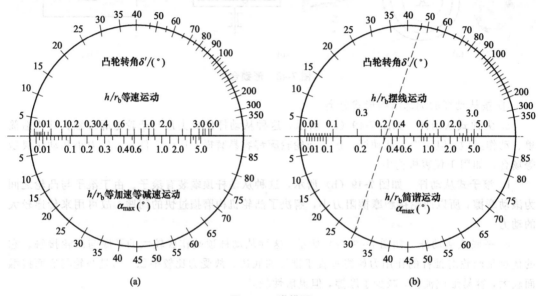

图 7-50　诺模图

② 行程和转角　如图 7-51 所示的 s-φ 曲线当凸轮按逆时针方向转过一个角度 φ 时，从动件将上升一段距离，即产生一段位移 s。当凸轮转过 φ 时，从动件到达最高位置，此时从动件的最大升距称为行程，用 h 表示。凸轮转动的角度 φ，称为转角（也称为动作角或运动角），AB 段对应角度称为升程角，BC 段对应角度为远休角，CD 段对应角度为回程角，DA 段对应角度为近休角，凸轮旋转一周正好为 2π。

③ 从动件的运动规律　从动件的运动规律是指其位移 s、速度 v 和加速度 a 随时间 t 变化的规律。由于凸轮一般为等速转动，则凸轮转角 ϕ 与时间 t 成正比。根据凸轮轮廓作出的从动件位移与凸轮转角之间的关系曲线，简称从动件位移图。

a. 等速运动规律　由图 7-52 可知（位移 s、速度 v、加速度 a 和时间 t），从动件做等速上升和等速下降运动，所以从动件速度曲线是水平直线。等速移动过程不产生加速度，因此加速度曲线始终为零。

b. 等加速、等减速运动规律　由图 7-53 可得，在速度图上，速度有突变，反映在加速度图上，则瞬间加速度理论上趋于无限大，因而产生很大的惯性力，造成机构的强烈冲击。

c. 余弦加速度（简谐）运动规律　余弦加速度（简谐）运动规律如图 7-54（a）所示。在

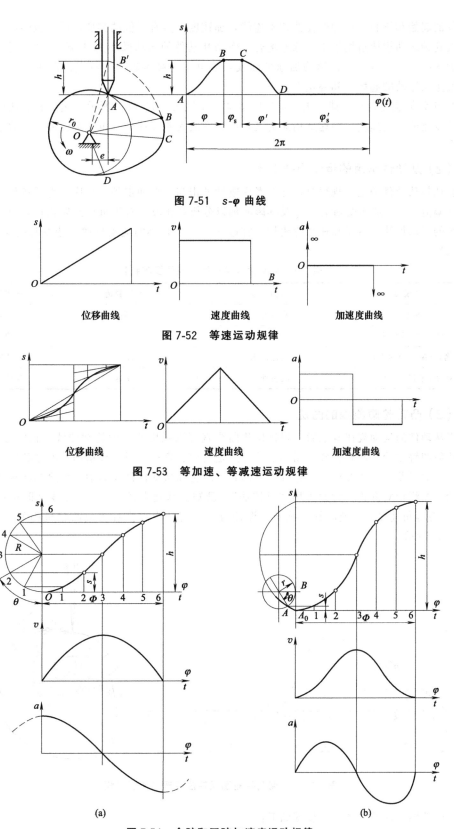

图 7-51 s-φ 曲线

图 7-52 等速运动规律

图 7-53 等加速、等减速运动规律

图 7-54 余弦和正弦加速度运动规律

从动件的起始和终止位置加速度曲线不连续，加速度产生有限值的突变，因此也会产生柔性冲击，故这种运动规律适用于中、低速场合。但当从动件的运动循环为升-降-升型，远、近休止角均为零时，才可以获得连续的加速度曲线，故可用于高速场合。特点：存在柔性冲击。位置：发生在运动的起始点和终止点。

d. 正弦加速度运动规律　正弦加速度运动规律如图 7-54（b）所示。速度和加速度曲线都是连续变化的，其速度和加速度均无突变，所以它既无刚性冲击，也无柔性冲击，故适用于高速场合。

（2）从动件常用的运动规律选择

在选择从动件的运动规律时，除要考虑刚性冲击与柔性冲击外，还应该考虑各种运动规律的速度幅值 v_{max}、加速度幅值 a_{max} 及其影响加以分析和比较。对于重载凸轮机构，应选择 v_{max} 值较小的运动规律；对于高速凸轮机构，宜选择 a_{max} 值较小的运动规律。选取时应参考表 7-1 进行选择。

表 7-1　从动件常用的运动规律及其特性

运动规律	动力特性	设计制造	适用范围
等速	刚性冲击	易	低速轻载
等加速、等减速	柔性冲击	较难	中速轻载
简谐（余弦加速度）	柔性冲击	较难	中速中载
摆线（正弦加速度）	没有冲击	较难	高速中载

（3）凸轮轮廓曲线的画法

当从动件的运动规律确定后，根据位移曲线就可以画出凸轮的轮廓曲线。在实际工程中，多用几何图解法绘制凸轮轮廓。图解法的特点是简明、直观，但不够精确，不过其准确度已足以满足一般机器的工作要求。凸轮机构工作时，凸轮和从动杆都在运动，而绘制凸轮轮廓时又需凸轮与图纸相对静止，为此采用"反转法"。已知：基圆半径 r_0，s-φ 曲线（即位移运动线图），凸轮等角速度 ω（逆时针）旋转。设计对心式直动尖顶推杆盘形凸轮机构的凸轮廓线，如图 7-55 所示。

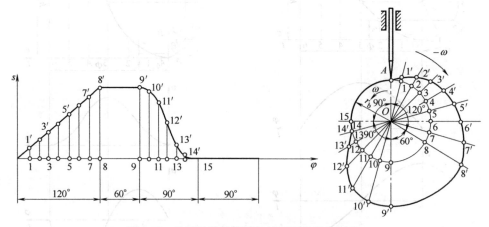

图 7-55　绘制凸轮轮廓反转法原理与作图过程

凸轮轮廓曲线的具体绘制步骤如下：

作图步骤：

① 在 s-φ 曲线上按运动区间将横坐标等分，得到各等分点的推杆位移。

② 任取一点 O 为圆心，作出基圆。

③ 自推杆初始位置开始，沿（$-\omega$）方向量取各运动阶段的凸轮转角。再将各角度分为与推杆位移线图同样的等份。各等分线就是推杆反转后各个瞬时的移动方向线。

④ 在各等分线的延长线上量取其对应的位移长度，得到一系列推杆尖顶的位置点。

⑤ 将各位置点连成一条光滑的曲线，即得所求凸轮的轮廓线。

任务 **7.2** 凸轮机构设计

任务7.2.1 凸轮送料机构设计

送料机构采用凸轮机构，将毛坯送入模腔，坯料输送最大距离 200mm，见图 7-56。请设计此凸轮机构。

打开大工程师，在辅助设计工具中搜索"凸轮"，如图 7-57 所示。在线安装并打开凸轮设计工具，各项数据都可以根据实际情况输入。凸轮插件可以进行盘形凸轮设计、移动凸轮设计、空间凸轮设计、平面沟槽盘形凸轮设计、空间端面凸轮设计、空间圆柱凸轮设计、空间凸缘凸轮设计，如图 7-58 所示，这里以平面盘形凸轮设计为例进行讲解。

图 7-56 凸轮机构   图 7-57 凸轮设计插件

① 凸轮参数 在"凸轮参数"中，"精度"是指凸轮单位旋转过的角度需要记录的升程，数值越小，生成凸轮的轮廓越精确，这些数值会被记录下来，稍加改动即可输入 CAM 程序。但是，精度越高，生成的时间越长，默认精度为 1°。

根据诺模图来确定，首先确定推程和回程的从动件运动规律，然后根据从动件运动规律划线与横轴焦点确定基圆最小半径。

② 孔半径是指凸轮的连接轴孔的半径，生成时会自动加上对应的键槽。

③ 凸轮厚度是指凸轮厚度，要与从动件大致一致，例如采用滚动轴承作为滚子，则凸轮厚度应该大于等于滚动轴承宽度。

④ 常用凸轮，可以在下拉对话框中选择常用四阶段凸轮或六阶段凸轮。

⑤ 运动过程 对应每一个阶段分别进行选取，总的旋转角度之和等于 360°。阶段图在对话框中显示，运动件规律选择参照前面的论述。手动输入起始升程"0mm"，终止升程"200mm"选择"直动"型凸轮，起始角度和终止角度对应是升程角度，即 s-φ 曲线中升程角度。

⑥ 添加阶段 在"运动过程"中，可以点击"添加阶段"增加凸轮的运动阶段，可以设置凸轮在每个运动阶段的运动参数，以便生成准确的轮廓。每个运动阶段可以选择不

同的从动件运动规律。在对话框下方有个常用凸轮，仅供设计时参考。凸轮的设计界面如图 7-58 所示。

全部参数设计完成后可以点击"运动曲线"来参看凸轮运动曲线，如图 7-59 所示，系统自动在 SolidWorks 中生成如图 7-60 所示的凸轮三维图。

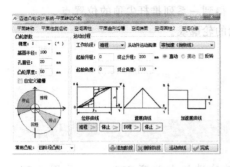

图 7-58 凸轮参数设计对话框

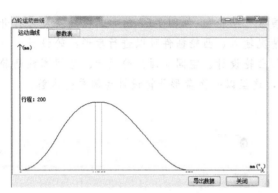

图 7-59 凸轮运动曲线

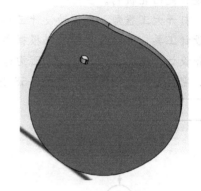

图 7-60 凸轮三维图

任务7.2.2 阀门凸轮机构仿真及受力分析

在 SolidWorks 中打开教材提供的阀门装配体，在输入轴上添加马达，马达选择等速，速度为 1000RPM，如图 7-61 所示。

添加弹簧，弹簧的一个基准面选择气门的上部，另一个选择顶杆的端部，如图 7-62 所示，弹簧参数选择"线性"，弹性系数 0.2N/mm，弹簧初始长度为 60mm，点击"确定"。

添加实体接触，选择凸轮杆和压杆两个物体，选择接触材料为钢材（有润滑），气门杆和压杆添加实体接触参数也一样，如图 7-63 所示。

查看结果，求解压杆对凸轮轴反作用力，点击 结果选项卡，选择参数如下："力"→"接触力"→"幅值"，选择压杆和凸轮轴两个物体，从而生成压杆对凸轮轴反作用力如图 7-64 所示。从图可以看到接触力有突变，说明接触不良，实际设计中需要通过改变弹簧参数来平衡，弹簧刚度太大则造成能源浪费，弹簧刚度或初始长度不合理就会造成接触不良，会加速零件磨损，同样应该避免，故实际产品设计是一个反复迭代的过程。

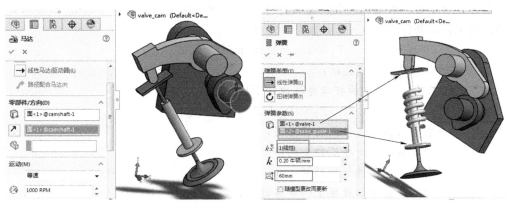

图 7-61　在凸轮轴机构中加入选择马达　　　　　图 7-62　添加弹簧选项

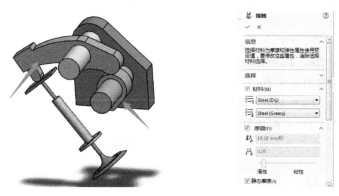

图 7-63　添加实体接触选项

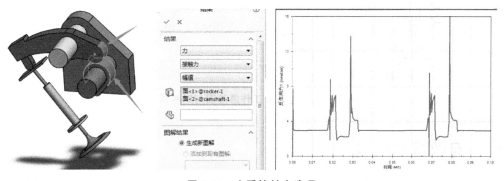

图 7-64　查看接触力选项

任务7.2.3　丝印机构设计

丝印机构的工艺原理如图 7-65 所示。打印头（也称丝印头）在凸轮的作用下，完成对工件的打印。根据工艺要求，打印头应在工件上停留的时间为 $T_s = 2s$。若给定打印机构的生产率为 4500 件/班，试设计打印机构的运动循环图和设计凸轮轮廓。

解：①确定执行机构（打印头）的运动循环：$Q_T = 4500/(8 \times 60) = 9.4$（件/min）

取 $Q_T = 10$（件/min）

若凸轮轴每转一周完成一个产品的打印，则凸轮轴的转速 $n=10\text{r/min}$。凸轮轴每转一周的时间，即是打印机构的工作循环时间 T_P：

$$T_P=1/n=1/10(\text{min})=6(\text{s})。$$

② 确定运动循环的组成区段：

根据打印工艺，丝印头的打印循环由以下四段组成：

$$T_P=T_K+T_S+T_d+T_0$$

式中　T_K——打印头接近工件的行程时间，s；

　　　T_S——打印头打印时在工件上的停留时间，s；

　　　T_d——打印头返回的行程时间，s；

　　　T_0——打印头在初始位置上的停留时间，s。

相应的凸轮分配轴转角 $\phi_P=\phi_K+\phi_S+\phi_d+\phi_0$

③ 确定运动循环内各区段的时间或分配轴转角：

因：$T_S=2\text{s}$

则：$T_K+T_d+T_0=T_P-T_S=6-2=4$（s）

初步定：$T_K=2\text{s}$，$T_d=1\text{s}$，$T_0=1\text{s}$。

则相应的凸轮轴的转角为：

$\phi_S=360°\times T_S/T_P=360°\times2/6=120°$

$\phi_K=120°$，$\phi_d=60°$，$\phi_0=60°$。

④ 凸轮轮廓设计方法同任务 7.2.1，这里就不再赘述。

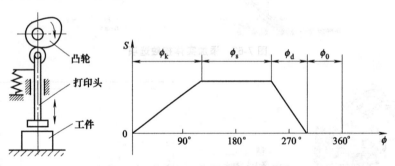

图 7-65　丝印机工作原理图与时序图

7.3 间歇运动机构

将主动件的均匀转动转换为时转时停的周期性运动的机构，称为间歇运动机构，例如，牛头刨床工作台的横向进给运动［见图 7-66（a）］，电影放映机的送片运动［见图 7-66（b）］，铸造浇注进给运动［见图 7-66（c）］等都有间歇运动机构。间歇机构类型很多。这里简单介绍常用的棘轮机构和槽轮机构。

7.3.1　棘轮机构

（1）棘轮机构的组成

如图 7-67 所示，该机构由主动杆、棘轮、棘爪和机架等组成。当主动杆向左摆动时，装在摇杆上的棘爪嵌入棘轮的齿槽内，推动棘轮朝逆时针方向转过一角度；当摇杆向右摆动时，

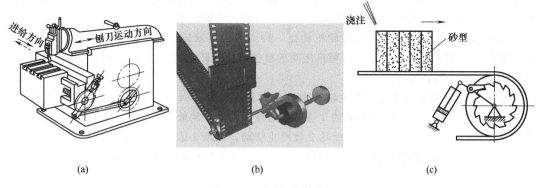

图 7-66　间歇机构的应用

棘爪便在棘轮的齿背上滑回原位，棘轮则静止不动。为了使棘轮的静止可靠和防止棘轮的反转，安装止回棘爪。这样，当主动杆作连续回转时，棘轮便作单向的间歇运动。

（2）棘轮机构的类型

① 单向式棘轮机构　这种棘轮机构如图 7-68 所示。

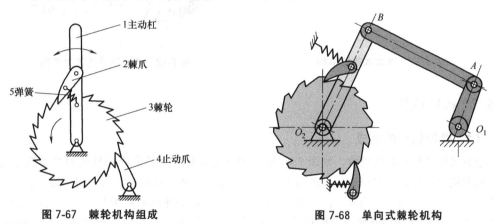

图 7-67　棘轮机构组成

图 7-68　单向式棘轮机构

② 双向式棘轮机构　这种棘轮机构如图 7-69 所示，把棘轮的齿制成端面为矩形的，而棘爪制成可翻转的。如当棘爪处在图示实线位置时，棘轮可获得逆时针单向间歇运动；而当把棘爪绕其销轴翻转到虚线所示位置时，棘轮即可获得顺时针单向间歇运动。

③ 双动式棘轮机构　这种棘轮机构如图 7-70 所示，它同时应用两个棘爪 3，可以分别与

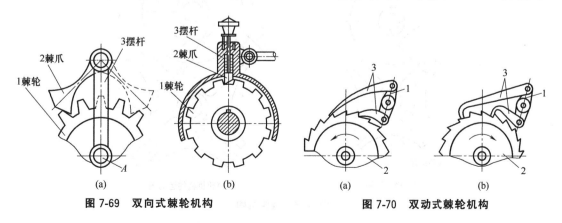

图 7-69　双向式棘轮机构

图 7-70　双动式棘轮机构

棘轮2接触。当主动件1作往复摆动时,两个棘爪都能先后使棘轮朝同一方向转动。棘爪的爪端形状可以是直的,也可以是带钩头的,这种机构使棘轮转速增加一倍。

④ 摩擦式棘轮机构　摩擦式棘轮机构是一种无棘齿的棘轮,靠摩擦力推动棘轮转动和止动,如图7-71所示,棘轮是通过与棘爪之间的摩擦来传递转动的。图7-72所示为逆时针转动,棘爪4是用来作制动用的。

⑤ 防止逆转的棘轮机构　棘轮机构中棘爪常是主动件,棘轮是从动件。如图7-72所示,起重设备中常应用这种机构,转动轴3通过平键连接带动从动鼓轮2旋转,当转动的鼓轮2带动工件上升到所需的高度位置时,鼓轮2就停止转动,棘爪4依靠弹簧嵌入棘轮1的轮齿凹槽中,这样就可以防止鼓轮在任意位置停留时产生的逆转,保证起重工作安全可靠。

图7-71　摩擦式棘轮机构

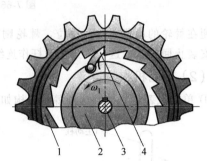

图7-72　防止逆转的棘轮机构

7.3.2　槽轮机构

(1) 槽轮机构的组成

槽轮机构又称马耳他机构,如图7-73所示的槽轮机构。它是由带圆柱销的主动拨盘与带径向槽的从动槽轮及机架组成。拨盘以等角速度作连续回转,槽轮则时而转动,时而静止。当圆柱销未进入槽轮的径向槽时,由于槽轮的内凹弧被拨盘的外凸圆弧卡住,故槽轮静止不动。图7-73所示为圆柱销刚开始进入槽轮径向槽时的位置。这时槽轮的内凹弧也刚好开始被松开。此后,槽轮受圆柱销的驱使而转动。当圆柱销在另一边离开径向槽时,内凹弧又被卡住,槽轮

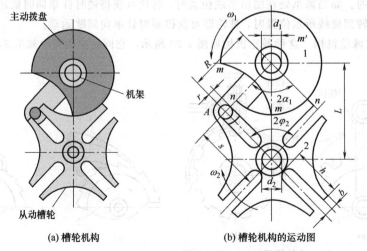

主动拨盘

机架

从动槽轮

(a) 槽轮机构

(b) 槽轮机构的运动图

图7-73　槽轮机构

又静止不动，直至圆柱销再一次进入槽轮的另一个径向槽时，又重复上述的运动。

（2）槽轮机构的特点和分类

槽轮机构具有结构简单、工作可靠、机械效率高，能较平稳、间歇地进行转位的优点。其缺点为：圆柱销突然进入与脱离径向槽时，传动存在柔性冲击，适合高速场合，转角不可调节，只能用在定角度场合。

槽轮机构有外槽轮机构和内槽轮机构之分。它们均用于平行轴间的间歇传动，但前者槽轮与拨盘转向相反，而后者则转向相同。外槽轮机构应用比较广泛。槽轮机构还可以按照轴线布局分为平面槽轮机构和空间槽轮机构，如图 7-74 所示。

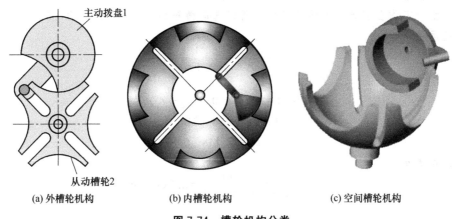

(a) 外槽轮机构　　　　　　(b) 内槽轮机构　　　　　　(c) 空间槽轮机构

图 7-74　槽轮机构分类

（3）普通槽轮机构的运动系数

在外槽轮机构结构图 7-74 中，当主动拨盘 1 回转一周时，槽轮 2 的运动时间 t_d 与主动拨盘转一周的总时间 t 之比，称为槽轮机构的运动系数，并以 τ 表示，即：

$$\tau = t_d/t = 1/2 - 1/Z \tag{7-3}$$

式中　t_d——从动槽轮运动时间，s；

　　　t——主动拨盘转一周的总时间，s；

　　　Z——槽轮的槽数。

如果在拨盘上分布有 K 个圆销，则该槽轮几个运动系数为：

$$\tau = K(1/2 - 1/Z) \tag{7-4}$$

运动系数 τ 必须大于零而小于 1。

（4）槽轮槽数和圆销数的确定

由式（7-4）可知，因 $\tau > 0$，所以槽数 $Z \geqslant 3$。一般情况下，槽轮停歇时间为机器工作行程时间，槽轮转动的时间为机器的空行程时间，为了提高生产率，要求机器的空行程时间尽量短，即 τ 值要小，也就是槽轮数要少，但槽数过少，槽轮机构运动和动力性能就变差，因此一般多取 Z 等于 4 或 6。

单销外啮和槽轮机构的 τ 总是小于 0.5，即槽轮的运动时间总是小于其停歇时间，如果要求 τ 大于 0.5，则可以采用多销外啮合槽轮机构，其销数 K 应满足：

$$K < 2Z/(Z-2) \tag{7-5}$$

槽轮机构结构简单，效率高，工作平稳，但其运动时间不可调整，在运动和停止时，有冲击，故槽轮机构适用于中速场合。

任务 7.3 槽轮机构设计

任务7.3.1　槽轮机构参数计算

某加工自动线上有一工作台，要求有 5 个转动工位，为了完成工作任务，要求每个工位停歇的时间 $t_t = 12s$，如果设计者选用单销外槽轮机构来实现工作台的转位，试求槽轮的运动系数、槽轮的运动时间和拨盘的转速 n？

解：由于工作台需要 5 个转动工位，所以选取槽轮的槽数为 5，即 $Z = 5$。

槽轮运动系数：

$$\tau = \frac{1}{2} - \frac{1}{Z} = \frac{1}{2} - \frac{1}{5} = 0.3$$

槽轮的运动时间：

$$t_d = \tau(t_d + t_t) = 0.3(t_d + t_t)$$
$$0.7t_d = 0.3 \times 12$$
$$t_d = 5.14s$$

拨盘转速 n

$$n = \frac{60}{(t_d + t_t)} = \frac{60}{12 + 5.14} = 3.5(r/min)$$

任务7.3.2　槽轮机构虚拟装配及运动分析

打开随书槽轮机构，在 SolidWorks 中点击新建装配体按钮，插入底座零件，插入主动拨盘，选择拨盘中心孔和底座电动机输入轴"同轴心"配合，选择拨盘下底面和底座底面上表面"重合"配合，完成主动拨盘装配，如图 7-75 所示。

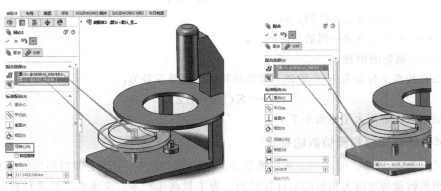

图 7-75　底座与拨盘的配合

插入从动槽轮，选择槽轮中轴和底座槽轮配合轴为"同轴"配合，选择槽轮配合工作旋转台下表面和底座工作台上表面为"重合"配合。为了得到初始位置，选择主动拨盘的圆柱销和槽轮槽内表面为"相切"配合。点开配合前面的"▼"，系统显示出目前所有的配合关系，在这里将刚刚建立的相切配合删除或压缩掉，如图 7-76 所示。建立相切关系目的是获得一个好的初始位置，如果不把这个装配关系去掉，则机构被限制三个自由度，将无法运动。

图 7-76　拨盘与槽轮之间配合

插入锻压盘，选择锻压盘内孔表面和槽轮工作台上表面孔为"同轴心"配合，选择锻压盘下表面和槽轮工作台上表面为重合配合。孔之间配合为同轴配合，如图 7-77 所示。

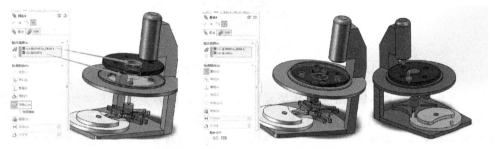

图 7-77　锻压盘与槽轮工作台配合关系

插入锻压冲头零件，冲头和底座孔之间配合为"同轴心"配合。冲头端面和底座孔端面先设定为"平行"配合以取得初始位置，然后制作动画前将其压缩掉，如图 7-78 所示。

图 7-78　冲头与底座配合

在拨盘上添加旋转马达，采用"数据点"形式，选择位移随时间的关系为"立方样条曲线"形式，添加数据点参数，保证拨盘的旋转速度是 π/4（rad/s）。如图 7-79 所示。

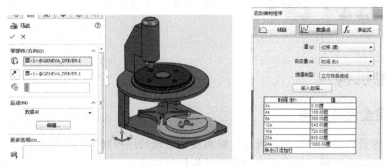

图 7-79　主动拨盘马达参数设置

拨盘的旋转速度是 π/4（rad/s），而锻压盘有四个工位，故旋转一周，冲头要伸出 4 次，为配合拨盘转速。如果每个工位都需要冲压，则冲头向下移动时间间隔为 2s。如果每隔一个工位再冲压，则冲头向下移动时间间隔为 4s，依次类推，如图 7-80 所示，通过这个设计任务练习同学们掌握间隙机构设计的要点了吗？工位旋转时间一定要和冲头动作时间相互配合才能完成作业任务。

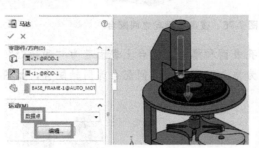

图 7-80　冲头位移参数设置

添加实体接触，在 Motion 中实体接触可以有两种，一种是实体与实体接触，计算真实准确，但是耗费计算机资源较多；另一种为曲线接触，为简化分析可以将拨盘和槽轮都投影到同一个平面，在这个平面上看去，就是销轴的圆与槽轮轮廓的曲线接触，故可以采用曲线接触来代替实体接触。曲线接触占用计算机资源少。选择"曲线"，曲线 1 选择拨盘"销轴"，曲线 2 使用"曲线选择管理器"，选择槽轮曲线一条边，按相切按钮""，系统自动将与选择的槽轮线相切一周全部选择。考虑是开式传动，选择实体接触材料为"钢材"（无润滑）。参数设置如图 7-81 所示，这样就完成了运动分析条件设定。

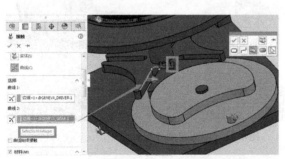

图 7-81　实体接触参数设定

点击运行计算"▦"按钮进行运动分析计算，点击结果"▨"查看自己想要分析的结果。

7.4 其他机构

7.4.1　不完全齿轮机构

不完全齿轮机构是由普通渐开线齿轮机构演化而成的一种间歇运动机构，其基本结构形式分为外啮合和内啮合两种。根据不完全齿轮机构的结构特点，当主动轮 1 的有齿部分与从动轮 2 轮齿啮合时，推动从动轮转动；当主动轮 1 的有齿部分与从动轮 2 的轮齿脱离啮合时，从动轮停歇不动，如图 7-82 所示。因此，当主动轮连续转动时，从动轮获得时动时停的间歇运动。

不完全齿轮机构结构简单、制造容易、工作可靠，从动轮运动时间和静止时间的比例可在较大范围内变化，从动轮在开始进入啮合与脱离啮合时有较大冲击，故一般只用于低速、轻载场合，应用适用于一些具有特殊运动要求的专用机械中。如在自动机床和半自动机床中用于工作台的间歇转位机构，间歇进给机构，电表、煤气表的计数器，肥皂生产自动线及蜂窝煤饼压制机的转位机构等。

其缺点是：加工工艺较复杂、成本高。由于从动轮在运动全过程中并非完全等速，每次转动开始和终止时，角速度有突变，会引起刚性冲击，因此只适用于低速、轻载的场合，而且主、从动轮不能互换。

值得注意的是，在不完全齿轮机构中，为了保证主动轮的首齿能顺利进入啮合状态而不与从动轮的齿顶相碰，须将首齿齿顶高做适当削减。同时，为了保证从动轮停歇在预定位置，主动轮的末齿齿顶高也需要进行适当修正。

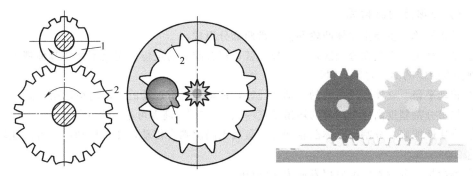

图 7-82　不完全齿轮机构类型及应用

7.4.2　凸轮分割器

凸轮分割器在工程上又称凸轮分度器。它是一种高精度的回转装置，在当前自动化的要求下，凸轮分度器显得尤为重要。

凸轮分割器是依靠凸轮与滚针之间的无间隙配合（其啮合传动方式类似于蜗轮蜗杆传动），并沿着既定的凸轮曲线进行重复传递运作的装置。它输入连续旋转驱动，输出间歇旋转、摆动或提升等动作。主要应用于自动化加工、组装、检测等设备。

（1）凸轮分割器分类

主要分弧面凸轮分割器和平面凸轮分割器，原理不同：

① 弧面凸轮分割器　弧面凸轮分割器是输入轴上的弧面共轭凸轮与输出轴上的分度轮无间隙垂直啮合的传动装置。弧面凸轮轮廓面的曲线段驱使分度轮转位，直线段使分度轮静止，并定位自锁。通过该机构将连续的输入运动转化为间歇式的输出运动。

② 平面凸轮分割器　平面凸轮分割器是输入轴上的平面共轭凸轮与输出轴上的分度轮无间隙平行啮合的传动装置。平面凸轮轮廓面的曲线段驱使分度轮转位，直线段使分度轮静止，并定位自锁。通过该机构将连续的输入运动转化为间歇式的输出运动。

③ 圆柱（筒形）凸轮分割器　重负载专用平台面式圆柱凸轮分割器，电光源设备专用框架式凸轮分度机构。

④ 各种特形、端面凸轮分割器

a. 芯轴型凸轮分割器（DS）：输出轴为芯轴，适用于间歇传送输送带、齿轮啮合等机构动力来源。

b. 法兰型凸轮分割器（DF）：输出轴外形为凸缘法兰，适用于重负荷的回转盘固定及各圆盘加工机械。

c. 中空法兰型凸轮分割器（DFH）：输出轴外形为凸缘法兰并且轴中间为空心，适用于配电、配管通过。

d. 平台桌面型凸轮分割器（DT）：能够承受大的负载及垂直径向压力，在其输出轴端有一凸起固定盘面及大孔径空心轴，更好地满足了客户要求中心静止的需求。

e. 超薄平台桌面型凸轮分割器（DA）：同于平台桌面型凸轮分割器，适用于负载大但体积受到限制的场合。

f. 平行凸轮分度机构（MRP）：能实现小分度（1分度~8分度）大步距输出。特别适用于要求在一个周期内停歇次数较少的场合，如各种纸盒模切机、果奶果冻灌装成型机等。

g. 重负载专用型凸轮分度机构（MRY）：能实现多分度（4分度~200分度）。特别适用于要求重负载的场合，如各类玻璃机械、电光源设备等。

（2）凸轮分割器特点

① 结构简单　主要由立体凸轮和分割盘两部分组成。

② 动作准确　无论在分割区，还是静止区，都有准确的定位。完全不需要其他锁紧元件。可实现任意确定的动静比和分割数。

③ 传动平稳　立体凸轮曲线的运动特性好，传动是光滑连续的，振动小，噪声低。

④ 输出分割精度高　分割器的输出精度一般≤±50″。高者可达≤±30″。

⑤ 高速性能好　分割器立体凸轮和分割盘属无间隙啮合传动，冲击振动小，可高速转动，速度达900r/min。

⑥ 寿命长　分割器标准使用寿命为12000h。

（3）应用领域

凸轮分割器已经标准化、系列化，是实现间歇运动的机构，具有分度精度高、运转平稳、传递转矩大、定位时自锁、结构紧凑、体积小、噪声低、高速性能好、寿命长等显著特点，是替代槽轮机构、棘轮机构、不完全齿轮机构、气动控制机构等传统机构的理想产品。

凸轮分割器广泛应用于制药机械、压力机自动送料机构、食品包装机械、陶瓷机械、烟草机械、灌装机械、印刷机械、电子机械、加工中心自动换刀装置等需要把连续运转转化为步进动作的各种自动化机械上。

凸轮分割器机械结构：由电动机驱动的输入轴，凸轮副，输出轴或法兰盘等组成。用于安装工件及定位夹具等负载的转盘就安装在输出轴上，如图7-83所示。

凸轮分割器在结构上属于一种空间凸轮转位机构，在各类自动机械中主要实现了以下功能：圆周方向上的间歇输送；直线方向上的间歇输送；摆动驱动机械手。

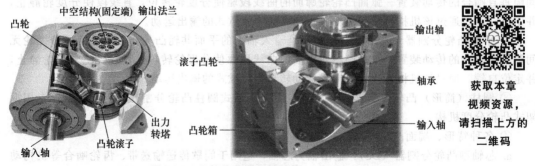

获取本章视频资源，请扫描上方的二维码

图7-83　凸轮分度器机械结构

认识气压传动

8.1 气压传动的特点及其应用

气压传动技术是机电设备中发展速度最快的技术之一，特别是近年来，随着机电一体化技术的发展，气动技术向更广阔的领域渗透。它是实现工业自动化的一种重要手段，具有广阔的发展前景。

（1）气压传动的特点

① 气压传动的优点　空气随处可取，取之不尽，节省了购买、贮存、运输介质的费用；用后的空气直接排入大气，对环境无污染，处理方便。不必设置回收管路，因而也不存在介质变质、补充更换等问题。因空气黏度小（约为液压油的万分之一），在管内流动阻力小。压力损失小，便于集中供气和远距离输送。即使有泄漏，也不会像液压油一样污染环境。与液压相比，气动反应快、动作迅速、维护简单、管路不易堵塞。气动元件结构简单、制造容易，适于标准化、系列化、通用化。气动系统对工作环境适应性好，特别在易燃、易爆、多尘埃、强磁、辐射、振动等恶劣环境中工作时，安全可靠性优于液压、电子和电气系统。空气具有可压缩性，使气动系统能够实现过载自动保护，也便于贮气罐贮存能量，以备急需。排气时气体因膨胀而温度降低，因而气动设备可以自动降温，长期运行也不会发生过热现象。

压力是指单位面积上的作用力，用 P 表示。

$$P = F/A \tag{8-1}$$

式中　P——压力，Pa；

　　　F——载荷，N；

　　　A——受力面积，m^2。

② 气压传动的缺点　压缩空气必须进行处理，不得含有灰尘和水分。空气具有可压缩性，使活塞运动的速度不可能总是恒定的。工作压力低，出力限制在 20000～30000N 之间，传动效率低。工作时排放空气的声音很大。

（2）气压传动的应用

气动元件可做如下几种运动：直线、侧转、旋转。一般应用场合：包装、进给、仓门控制、材料输送、工件的转动和翻转、工件的分类、部件的排列与堆置等场合。

8.2 气压传动的组成

气压传动简称气动，是指以压缩空气为工作介质来传递动力和控制信号，控制和驱动各种机械和设备，以实现生产过程机械化、自动化的一门技术。它是流体传动及控制学科的一个重要分支。因为以压缩空气为工作介质具有防火、防爆、防电磁干扰，抗振动、抗冲击、防辐射，无污染，结构简单，工作可靠等特点，所以气动技术与液压、机械、电气和电子技术互相补充，已发展成为实现生产过程自动化的一个重要手段，在机械工业、冶金工业、轻纺食品工业、化工、交通运输、航空航天、国防建设等各个领域已得到广泛的应用。

气压传动系统主要由以下几部分组成：

① 气源装置 是获得压缩空气的能源装置，是把机械能转化为空气压力能的装置。一般常见的是空气压缩机。

② 执行元件 把压缩空气的压力能转变为机械能的装置。一般指作直线往复运动的气缸，作连续回转运动的气马达。

③ 控制元件 是用来控制压缩空气流的压力、流量和流动方向等，使执行机构完成预定运动规律的元件。如：换向阀、节流阀、逻辑元件、转换器和传感器等。

④ 辅助元件 是使压缩空气净化、润滑、消声以及元件间连接所需的一些装置。如：分水滤气器、油雾器、消声器以及各种管路附件等。

如图 8-1 中空气压缩机作为气源装置，压缩空气经过辅助元件过滤器、油雾器和控制元件压力控制阀、方向阀来到执行元件气缸中。

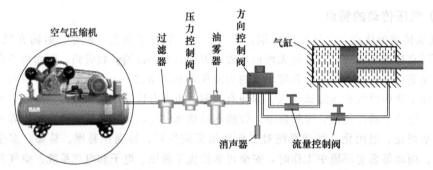

图 8-1 典型气压传动系统组成图

8.2.1 气源装置

气源装置是为气压传动系统提供动力的部分，这部分元件性能的好坏直接关系到气压传动系统能否正常工作，气动辅助元件是保证气压传动系统正常工作必不可少的组成部分。

如图 8-2 所示为一般压缩空气站的设备布置示意图，其进气口装有简易空气过滤器，它能先过滤一些灰尘、杂质，后冷却器用以冷却压缩空气，使汽化的水冷凝结出来，油水分离器使水滴、油滴、杂质从压缩空气中分离出来，再从排油水口排出。贮气罐用以贮存压缩空气、稳定压缩空气的压力，并除去其中的水和油，贮气罐中输出的压缩空气，可以用于一般要求的气压传动系统。后面油水分离器用以进一步吸收和排除压缩空气中的水分和油分，使之变成干燥

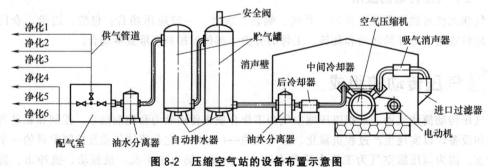

图 8-2 压缩空气站的设备布置示意图

空气，空气过滤器用以进一步过滤压缩空气中的灰尘、杂质。配气室输出的压缩空气可用于要求较高的气动系统。

为了维修方便，而且在修理或延伸管线时不影响整个系统的供气状态，用截止阀将供气网划分为各自独立的小组合是合适的。T形分支管和多重并联方式使我们能在需要时增设附加的用气设备。为了用气设备不受来自供气系统的冷凝物损伤，分支管线应沿一个上斜的坡度安装。

即使在压缩空气制备系统中有最好的水气分离装置，回液现象和冷却作用也可能导致在管网处产生凝聚物。为了排除这些凝聚物，管道应按1%～2%坡度安装，或安装成阶梯的形式，这样凝聚物就可以经设在管系最低点的气水分离器排出系统。

常见的供气系统可分为：

① 单树枝状管网供气系统。

② 环状管网供气系统。

③ 双树枝状管网供气系统。

在支线管道安装中，使用标准球形阀或截止阀较合适。

① 单树枝状管网供气系统：供气系统简单，经济性好，适合于间断供气的工厂或车间采用。但系统中的阀门等附件容易损坏，尤其开关频繁的阀门更易损坏。

② 环状管网供气系统：供气可靠性比单树枝状管网供气系统高，而且压力较稳定，末端压力损失较小。但系统成本较高。

③ 双树枝状管网供气系统：这种供气系统能保证对所有的用户不间断供气正常状态，两套管网同时工作。系统成本很高。

（1）空气压缩机

空气压缩机简称空压机，是气动系统的动力源，它把电动机输出的机械能转化为气体的压力能输送给气动系统。常见的压缩机大都是通过改变压缩内部气体的容积来实现气体压力的变化，即使单位体积内空气分子的密度增加以提高压缩空气的压力。

① 活塞式压缩机　活塞式压缩机通用性强，而且在压力和供气速率上具有较宽的适应性。常用于0.3～0.7MPa压力范围的系统。为了适应更高压力的需要，采用具有极间冷却的多级压缩方式。多级往复式压缩机串级使用的最佳压力范围可大致分为：小于等于400kPa为单级；小于等于1500kPa为二级；大于1500kPa为三级或三级以上。往复活塞式空气压缩机工作原理图及符号如图8-3所示。

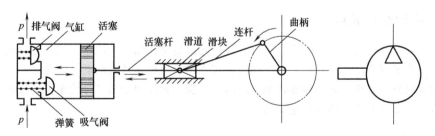

图8-3　往复活塞式空气压缩机工作原理图及符号

活塞式压缩机的优点是结构简单，使用寿命长，并且实现大容量和高压输出。缺点是振动大，噪声大，且因为排气为断续进行，输出有脉动，其后须加贮气罐。

② 叶片式压缩机　叶片式压缩机的工作原理如图8-4所示，由外壳1、转轴2及叶片3组成。转子在每一次回转过程中，将根据叶片的数目多次进行吸气、压缩和排气，所以输出压力的脉动小。通常情况下，叶片式压缩机需要采用润滑油对叶片、转子和机体内部进行润滑、冷

却和密封，所以排出的压缩空气中含有大量的油分。因此在排气口需要安装油分离器和冷却器。

目前，采用石墨或有机合成材料等自润滑材料作为叶片材料的叶片泵，运转时无须添加任何润滑油，压缩空气也不被污染，能实现无油化运转。

叶片式压缩机的优点是能连续排出脉动小的额定压力的压缩空气，所以无需贮气罐，并且结构简单，制造容易，操作维修方便，运转噪声小。缺点是叶片、转子和机体之间机械摩擦较大，产生较高的能量损失，因而效率较低。

③ 螺杆式压缩机 螺杆式压缩机的工作原理：在壳体中装有一对互相啮合的螺杆转子，如图 8-5 所示，其中一根具有凸面齿形，另一根转子具有凹面齿形，两根转子之间及壳体三者围成的空间，在转子回转过程中沿轴向移动，其容积逐渐减小。这样，从进口吸入的空气逐渐被压缩，并从出口排出。螺杆式压缩机和叶片式压缩机一样，也需要加油冷却、润滑和密封，所以在出口处也要设置油分离器。

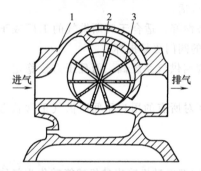

图 8-4 叶片式压缩机工作原理图

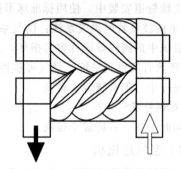

图 8-5 螺杆式压缩机工作原理图

螺杆式压缩机的优点是排气压力脉动小，输出流量大，无须设置贮气罐，结构中无易损元件，寿命长，效率高。缺点是制造精度要求高，运转噪声大。由于结构刚度的限制，只适用于中低压范围使用。

（2）压缩空气站

压缩空气站是气压系统的动力源装置，一般规定：排气量大于或等于 $6 \sim 12 \mathrm{m^3/min}$ 时，就应独立设置压缩空气站；若排气量低于 $6 \mathrm{m^3/min}$ 时，可将压缩机或气泵直接安装在主机旁。

8.2.2 气动执行元件

气缸和气马达是气压传动系统的执行元件，它们是将压缩空气的压力能转化为机械能的元件，气缸用于实现直线往复运动，气马达用于实现连续回转运动或摆动。由此气动执行元件按运动方式可以分为直线型运动和旋转型运动两种类别。直线型运动又分为单作用气缸和双作用气缸。旋转运动又分为气马达和摆动马达。

（1）气缸

气缸是气动系统中使用最多的一种执行元件，它是作直线运动来输出其力或力矩。按压缩空气作用在活塞端面上的方向，可分为单作用气缸和双作用气缸。

① 单作用气缸 单作用气缸是指压缩空气仅在气缸的一端进气，并推动活塞运动，另一端与大气相通，活塞靠一个内部弹簧或施加外力来复位，如图 8-6 所示。这种气缸压缩空气只能在一个方向上做功。单作用气缸的特点如下：

a. 由于单边进气，所以结构简单，耗气量小。

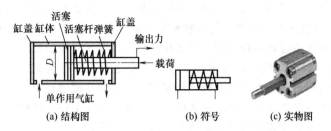

图 8-6　单作用气缸结构图、符号及实物图

b. 缸体内因安装了弹簧而减小了空间，缩短了活塞的有效行程。

c. 气缸复位弹簧的弹力是随其变形大小而变化的，因此活塞杆的推力和运动速度在行程中是变化的。

② 双作用气缸　双作用气缸的构造原理与单作用气缸类似，但是它没有复位弹簧，而有两个口交替执行供气和排气操作。双作用气缸的优点：它在两个方向压缩空气都做功，如图 8-7 所示。因此它是使用最为广泛的一种普通气缸。

双作用气缸在气源的控制作用下做往复双向运动。由于双作用气缸中位于活塞杆一侧的有效面积被活塞杆所占据而减小，因此在前向冲程中的活塞杆传递的力比返回冲程大。

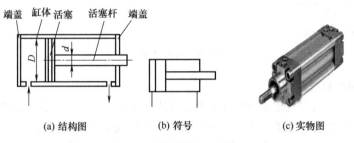

图 8-7　双作用气缸结构图、符号及实物图

③ 气液阻尼缸　气液阻尼缸又叫气液稳速缸，适用于要求气缸慢速均匀运动的场合。是气缸内部结构中加入液压油，从而达到气缸的匀速运动。没有气缸的较大冲击，适用于要求气缸慢速均匀运动的场合。气压缸是气压传动系统中使用最多的气压执行元件，它以压缩空气为动力驱动机构作直线往复运动。气液阻尼缸是气压缸和液压缸的组合缸，用气压缸产生驱动力，用液体的不可压缩性和液压缸的阻尼调节作用获得相对平稳的运动。气液阻尼缸按其结构不同，可分为串联式和并联式两种，如图 8-8 所示。

a. 串联式气液阻尼缸工作原理：气压缸和液压缸共用同一缸体，由一根活塞杆将气压缸

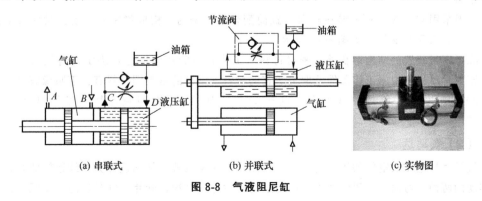

图 8-8　气液阻尼缸

的活塞和液压缸的活塞串联在一起，两缸之间用隔板隔开，防止空气与液压油互窜。

b. 并联式气液阻尼缸工作原理：气压缸和液压缸并联，用一块刚性连接板连接，液压缸活塞杆可在刚性连接板内浮动一段行程。其工作原理与串联式气液阻尼缸相同。

④ 薄膜式气缸　薄膜式气缸，是引导活塞在其中进行直线往复运动的圆筒形金属机件。是一种利用压缩空气通过薄膜推动活塞杆作往复直线运动并在此过程中将空气压力能转换为机械能的气缸。薄膜式气缸主要由缸体、活塞杆、膜片和膜盘等主要部件构成。薄膜式气缸有单作用式薄膜式气缸和双作用式薄膜式气缸两种，如图 8-9 所示。对比活塞式气缸，薄膜式气缸的结构紧凑简单、制造容易、成本低、寿命长、泄漏小、效率高；但是膜片的变形量有限，行程短。薄膜式气缸主要用在印刷（张力控制）、半导体（点焊机、芯片研磨）、自动化控制、机器人等领域。

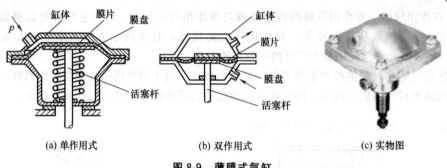

(a) 单作用式　　　　　(b) 双作用式　　　　　(c) 实物图

图 8-9　薄膜式气缸

⑤ 气缸的缓冲和密封

a. 气缸的缓冲　由于气压传动中气缸的运动速度较快，当工作负载过大和加速度很高时，必须采取一些附加措施，否则气缸运动到末端时会产生较大的冲击，影响到气缸的寿命。为此，在气缸的末端通常设置了缓冲装置，可以使活塞运动到末端时减速，这对延长气缸的使用寿命及平稳操作是至关重要的。

加装了缓冲装置的气缸，我们称为缓冲式气缸，当活塞回缩时，空气顺畅地通过复位阀进入气缸空间，而当活塞到达气缸末端之前，缓冲垫塞阻断了空气直接流向外部的通路，此时开启一个很小的可调大小的排气孔，这样在行程的末端，气缸的速度明显降低，活塞在气缸末端的运动速度与排气孔孔径的调节量有关。

b. 气缸的密封　气动元件中所采用的密封大致分两类：动密封和静密封。类似缸筒和缸盖等固定部分所需的密封称为静密封，至于活塞在缸筒里做往复运动及旋转运动所需的密封称为动密封。

一般采用 O 形密封圈安装在缸盖与缸筒配合的沟槽内，构成静密封。动密封中常采用 Y 形、唇形和 X 形密封圈。如图 8-10 所示。

除了密封装置的结构形状外，密封材料对工作介质的适应性也是决定密封效果的重要因素。密封材料只能根据工作条件选取最适宜的材料。常见的密封圈材料有：丁腈橡胶（工作温度 $-20 \sim +80℃$）、氟橡胶（工作温度 $-20 \sim +190℃$）、聚四氟乙烯（工作温度 $-80 \sim +200℃$）。

（2）气马达

气马达是把压缩空气的压力能转化为机械能的转换装置。气马达分为连续运转的和转角有限摆动的两种。习惯上，我们把连续回转运动的称为气马达，叶片式气马达的工作原理、实物

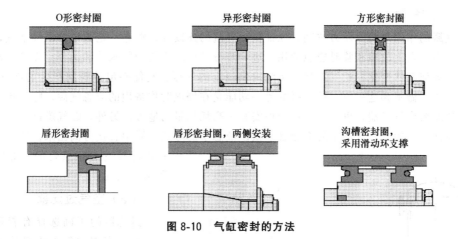

图 8-10　气缸密封的方法

及符号如图 8-11 所示。一般气马达是一种高速装置，其速度分为固定或者可调两种，而把往复回转摆动的称为气动摆动马达，摆动马达的有限转角也分为固定和可调两种。

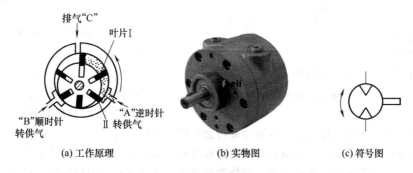

(a) 工作原理　　　　　(b) 实物图　　　　　(c) 符号图

图 8-11　叶片式气马达的工作原理、实物和符号图

特点：工作安全，可以在易燃、易爆、高温、振动、潮湿、灰尘等恶劣环境下作，并且不受气马达高温和振动的影响。

① 具有过载保护作用　可长时间满载工作，而温升较小，过载时气马达只降低转速或停车，当过载解除后，立即重新正常运行。

② 可实现无级调速。

③ 具有较高的启动转矩，可以直接带动负载启动，停止迅速。

④ 功率范围及转速范围较宽。功率从几百瓦到几万瓦；转速从每分钟几转到上万转。

⑤ 结构简单、操纵方便、可正反转，维修容易、成本低。

⑥ 其缺点是：速度稳定性较差、输出功率小、耗气量大、功率低、噪声大。

8.2.3　辅助装置

为了保证控制系统及其工作部件的连续运行，必须保证供给清洁、干燥的空气并具有所要求的压力。若不能完全满足以上条件，就会加速系统的中期老化过程。其结果是造成机械装置停工维修，而且使维修和更新部件的造价增加。从压缩机产生压缩空气直到用户系统使用，压缩空气都可能被各种潜在的因素所污染。因此，不仅要有制备品质优良的压缩空气，而且要正确选用合适的系统元件，以免压缩空气的质量下降。制备压缩空气，并对其进行预处理的设备有：空气贮罐、空气过滤器、空气干燥器、油雾器、调压器、排放装置、油气分离器。

（1）贮气罐

贮气罐的作用是消除压力波动，保证输出气流的连续性；贮存一定数量的压缩空气，调节用气量或以备发生故障和临时应急使用，进一步分离压缩空气中的水分和油分。无论气动系统的耗气量如何起伏变化，贮气罐都为系统提供恒定的气压。它能平滑掉瞬间产生的耗气峰值，单靠压缩机却做不到这一点。贮气罐的另一功能是在停电时作备用的应急气源。贮气罐既可以安装在压缩机出气口端，也可以有选择地安装于高耗气量的地方。另外，贮气罐巨大的表面积可使气体冷却，因此，气体中的部分含水量以液态水的形式从罐中直接分离出来。所以，按期排放冷凝物是很重要的。如图 8-12 所示为贮气罐。

（2）空气过滤器

过滤器的正确选择有着重要作用，它决定着空气工作系统的品质和性能，压缩空气过滤器的一个参数是滤芯的微孔尺寸，它与过滤器从压缩空气中滤除的最小微粒尺寸相对应。例如，$5\mu m$ 的滤芯会将直径大于 $0.005mm$ 的微粒完全滤除。只要设计合理，压缩空气过滤器还能将压缩空气中的冷凝物也分离出来。在冷凝收集物液面超过最高允许极限位置之前必须将其排放掉，否则冷凝物会再度进入空气流。

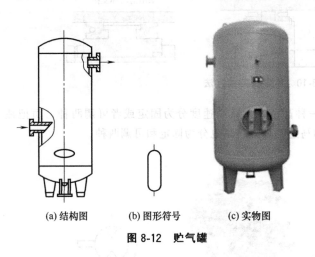

(a) 结构图   (b) 图形符号   (c) 实物图

图 8-12 贮气罐

若有大量冷凝物集聚，那么最好设置一个自动排放装置来替代人工操作的排放开关。这种排放装置用一个浮子来确定滤杯内的冷凝物液面高度，当液面达极限位置时，控制活塞将阀座开启，在气压作用下将冷凝物经排放通道喷出。

压缩空气自左向右通过过滤器并经过挡板送入滤杯。挡板的作用是使气流旋转，于是，由于离心力的作用，使较重的灰尘微粒和小水滴旋转并移向滤杯内壁，最后附着在杯壁而停止运动，并被收集到滤杯内。按此方式预处理过的空气再经过滤芯滤除更加细微的杂质微粒。滤芯由高渗透率的烧结材料制成，其分离度取决于所采用滤芯的微孔尺寸。有各种不同微孔尺寸的滤芯供选用。

即使在长期使用和严重污染的情况下，压缩空气过滤器仍有过滤作用，然而，这时过滤器的压力降变得特别高，于是过滤器就成了一个能量耗损装置了。为了确认调换滤芯的正确时间，要进行滤芯的外观检查或测量过滤器上的压差。当压差达 $46\sim60kPa$ 时，应更换或清洗滤芯。根据压缩空气品质和所装配的零部件数量的不同，压缩空气过滤器的维修工作有以下内容：更换或清洗滤芯；排放凝聚物。

当需要清洗过滤器时，必须遵照生产厂家使用清洗剂的说明来进行。不少的清洗剂（如三氯乙烯）对于滤杯的清洗不是令人满意的，因为它们会在塑料滤杯上产生应力裂纹，此后，再次承受压力时，可能发生爆裂。

如图 8-13 所示为空气过滤器。

（3）空气干燥器

如果过多的水分经压缩空气系统被带到各零部件上，气动系统的使用寿命会明显缩短。因此，安装必要的空气干燥设备是很重要的，这些设备会使系统中的水分含量降低到满足使用要

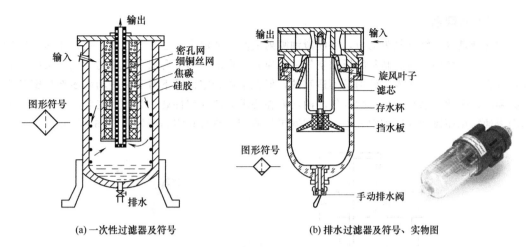

(a) 一次性过滤器及符号   (b) 排水过滤器及符号、实物图

图 8-13 空气过滤器

求和零件保养要求的水平。降低气体中水分含量的辅助方法有如下三种：低温干燥法、吸附干燥法、吸收干燥法。

① 低温干燥器 目前使用最普遍的干燥器类型是低温干燥器。这类设备运行经济可靠，而且维修造价低廉。采用制冷干燥法时，压缩空气通过一个有制冷剂流过的热交换器系统，目的是将气体温度降到露点温度，这就保证气体中的水分能按要求大量凝出。

一种气体必须冷却到某一温度才能使其中的水蒸气凝结，这个温度称为露点。露点越低，冷凝水越多，这样就降低了气体中残留的水量。采用制冷方法就能使气体达到 2～5℃ 的露点温度。

② 吸附干燥法 极低露点可以利用吸附冷凝法达到干燥效果。它采用一种多面体或圆珠状颗粒材料，使压缩空气中的水分被其吸附（即使水分附着在固态物表面）。

图 8-14 采用了两个吸附器，当一个吸附器内的凝胶物已达到饱和吸附状态时，将空气流切换到干燥的第二个吸附器，而第一个吸附器用热风干燥法去除水分后可再次使用。

③ 吸收干燥法 吸收干燥法是一种纯粹的化学过程。空气中的湿气与干燥器内的干燥剂化合，形成一种化合物，如 8-15 所示。这样造成干燥剂失效，然后以一种流动状物质的形式由容器底部排出。现代生产实际中，吸收干燥法并不具有重要意义，因为在大部分的应用中，它的效益低而运行造价又太昂贵。油蒸气和油的微小珠滴也采用吸收干燥器分离。然而若含油量过多会影响干燥器的效率。为此，最好在干燥器的前面安装一个好的过滤器。

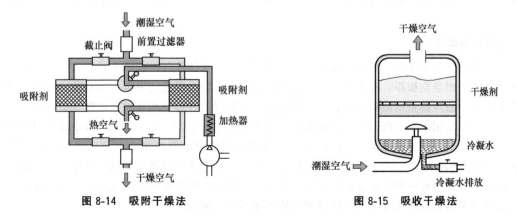

图 8-14 吸附干燥法   图 8-15 吸收干燥法

（4）油雾器

油雾器是以压缩空气为动力，将润滑油喷射成雾状并混合于压缩空气中，使该压缩空气具有润滑气动元件的能力。制备的压缩空气一般应是干燥的，即不含油。含油的空气对某些零部件是有害的，对另一些零部件则是不适宜的，但在某些特定情况下对于一些功率零部件倒可能是必须的。因此，总是应将压缩空气注油局限在要求润滑的部件处。为此，安装油雾器将特定的润滑油雾化而添加到压缩空气中。油雾器工作原理、符号和实物图如图 8-16 所示。

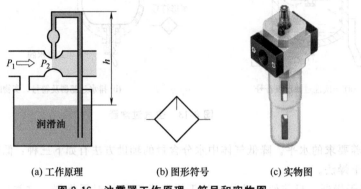

(a) 工作原理   (b) 图形符号   (c) 实物图

图 8-16 油雾器工作原理、符号和实物图

一般地，气动控制阀、气缸等主要是靠这种带油雾的压缩空气来实现润滑的。其优点是方便、干净、润滑质量高。有些压缩机在产生压缩空气时带入的杂油则是不能用作控制系统原件的润滑油的。

以前，都还认为由压缩机排出的油可以供功率零部件润滑使用，但现在人们认识到情况并非如此。因为压缩机内的发热情况较严重，这样，油被碳化和以油蒸气的形式排出，结果都导致气缸和阀门的磨损，并显著缩短设备使用寿命。

零部件由于加油过多会产生如下问题：

① 对周围环境产生油雾污染；

② 设备长期停用后发生零部件结胶；

③ 给正确调整油雾器造成困难。尽管存在这些问题，在空气介质需要润滑的场合，仍须采用油雾器对压缩空气进行油润处理。

油雾器在使用中一定要垂直安装，它可以单独使用，也可以把空气过滤器、减压阀和油雾器三件联合使用，组成气源调节装置（即通常称为气动三大件），使之具有过滤、减压和油雾的功能。联合使用时，其安装顺序为空气过滤器→减压阀→油雾器，不能颠倒，并尽量靠近气源装置。

（5）消声器

气压传动装置的噪声一般都比较大，尤其当压缩空气直接从气缸或阀中排向大气，较高的压差使气体体积急剧膨胀，产生涡流，引起气体的振动，发出强烈的噪声，为消除这种噪声应安装消声器。消声器是指能阻止声音传播而允许气流通过的一种气动元件。如图 8-17 所示。

消声器可以用来减小阀门排气口的噪声。消声器的工作原理是通过增大或减小流体阻力的方法来控制排气气流。一般来说，消声器可以对活塞杆的速度影响很小。而采用节流消声器时，流体阻力则是可调节的。这种消声器可用来控制气缸活塞杆的速度和阀门动作响应时间。

减小噪声的另外一种办法是，安装一些支管，将其接到驱动阀门的排气口，然后通过一个大的公共消声器排放，或者让排出的压缩气体再回到贮气罐内。

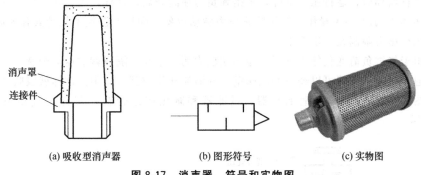

| (a) 吸收型消声器 | (b) 图形符号 | (c) 实物图 |

图 8-17　消声器、符号和实物图

例如，常用的阻性消声器，其主要利用吸声材料（玻璃纤维、毛毡、烧结金属、烧结陶瓷以及烧结塑料等）来降低噪声。当气体流动的管道内固定吸声材料，或按一定方式在管道中排列，这就构成了阻性消声器。当气流流入时，一部分声音能被吸收材料吸收，起到消声作用。

8.2.4　气动控制元件

气动控制元件的作用是调节压缩空气的压力、流量、方向以及发送信号，以保证执行元件按规定的程序正常动作，气动控制元件按功能可以分为压力控制阀、流量控制阀、方向控制阀以及能实现一定逻辑功能的逻辑元件。气动控制元件是在气压传动系统中用来控制和调节压缩空气的压力、流量、流向、发送信号的元件，利用它们可以组成具有特定功能的控制回路，使气压传动系统实现预先设定的程序动作。

（1）压力控制阀

在气动系统中，一般来说由空气压缩机先将空气压缩，贮存在贮气罐内，然后经管路输送给各个气动装置使用。而贮气罐的空气压力往往比各台设备实际所需要的压力高些，同时其压力波动值也较大。因此需要用减压阀（调压阀）将其压力减到每台装置所需的压力，并使减压后的压力稳定在所需压力值上。

有些气动回路需要依靠回路中压力的变化来实现控制两个执行元件的顺序动作，所用的这种阀就是顺序阀。顺序阀与单向阀的组合称为单向顺序阀。

所有的气动回路或贮气罐为了安全起见，当压力超过允许压力值时，需要实现自动向外排气，这种压力控制阀叫安全阀（溢流阀）。

（2）减压阀（调压阀）

保持系统压力的恒定是气动控制无故障进行的提前。为了给系统提供恒压条件，在压缩空气过滤之后设置减压阀或调压阀，无论压力和耗气量是否波动，它们都将保持系统的恒定运行压力。对系统中各工段的供气，其压力值应与各工段的要求相符。

气动系统运行压力过高会造成能量的无效耗用，并增加零部件磨损；相反，若压力过低就会导致气动系统特别是功率输出环节的低效率。应综合考虑气动系统制备和气动零部件的磨损，合理设定气动系统压力。

减压阀工作原理如下：

输入压力总是高于输出压力，通过隔膜片调整压力。输出压力作用在隔膜的一面，另一面则是弹簧。弹簧压力可用调节螺栓调整。当调压阀输出端压力增加时，隔膜产生反抗弹簧压力的运动，阀座上出口的流通截面积变小或完全关闭。就通过流动的气体流量的变化实现了对压力的调节。

当耗气量增加时，运行压力下降，于是弹簧力使阀开启。这样，当前输出压力的调节过程构成一个连续的阀门开-关操作。为了防止压力脉动现象，阀板上设置了气动或弹簧限位装置。这样就将运行压力限制在一定范围。

如果由于气缸负荷变化等因素引起输出端压力明显增长，隔膜就被压向弹簧一侧。隔膜的中心孔开通，压缩空气就可以经由调压阀壁上的溢流孔排放到大气中。这样就吸收了超量的次级气压（图 8-18）。一般地，把油雾器、过滤器和减压阀组合在一起称为气动三联件。如图 8-19 所示。

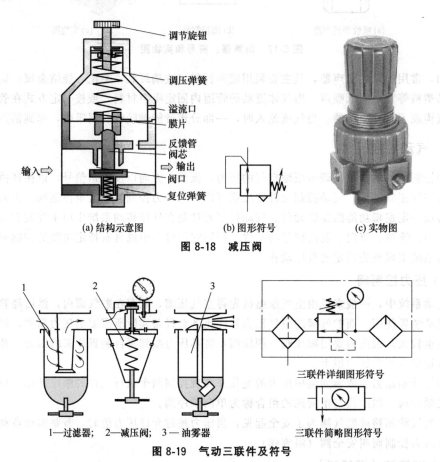

(a) 结构示意图　　　(b) 图形符号　　　(c) 实物图

图 8-18　减压阀

1—过滤器；　2—减压阀；　3—油雾器

图 8-19　气动三联件及符号

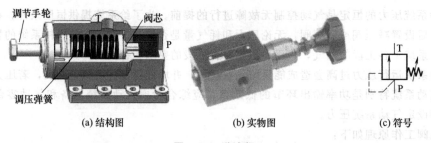

(a) 结构图　　　(b) 实物图　　　(c) 符号

图 8-20　溢流阀

（3）溢流阀

安全阀又称溢流阀。安全阀顾名思义是保证压力管道、压力容器的安全应用保障，为了保证安全阀的正常工作及延长安全阀的使用寿命，在使用中应做到定期检查运行中的安全阀是否泄漏、卡阻及弹簧锈蚀等不正常现象，并注意观察调节螺套及调节圈紧定螺钉的锁紧螺母是否有松动，若发现问题及时采取适当的维护措施。还应定期将安全阀拆下进行全面清洗、检查并重新研磨、整定后方可重新使用。安装在室外的安全阀要采取适当的防护措施，以防止雨、雾、尘埃、锈污等脏物侵入安全阀及排放管道，当环境低于 0℃ 时，还应采取必要的防冻措施以保证安全阀动作的可靠性。其结构原理图、实物和符号如图 8-20 所示。

（4）顺序阀

在气动系统中，压力顺序阀通常安装在需要某一特定压力的场合，以便完成某一操作。只有达到需要的操作压力后，压力顺序阀才有气信号输出。这个预定的操作压力是可调的。

当控制口 P 上的压力信号达到设定值时，压力顺序阀动作，进气口 P 与工作口 A 接通。如果撤销控制口 P 上的压力信号，则压力顺序阀在弹簧作用下复位，进气口 P 被关闭。通过压力设定螺钉可无级调节控制信号压力的大小。如图 8-21 所示。

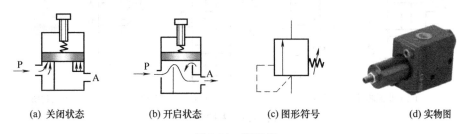

(a) 关闭状态　　　　(b) 开启状态　　　　(c) 图形符号　　　　(d) 实物图

图 8-21　顺序阀

（5）方向控制阀

方向控制阀是气压传动系统中通过改变压缩空气的流动方向和气流的通断，来控制执行元件启动、停止及运动方向的气动元件。通常分为换向型方向控制阀和单向型方向控制阀两大类。

① 换向型方向控制阀　可以改变气流流动方向的控制阀称为换向型方向控制阀。简称换向阀。

a. 换向阀控制方式

• 气压控制：用气压来操纵阀切换的换向阀称为气压控制换向阀，简称气控阀。它有单端气控和双端气控之分。如图 8-22 所示。

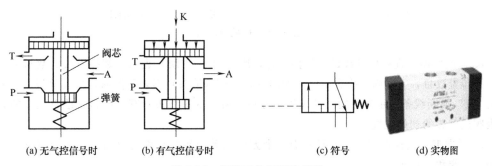

(a) 无气控信号时　　(b) 有气控信号时　　　　(c) 符号　　　　(d) 实物图

图 8-22　气控二位三通控制阀

• 电磁控制：利用电磁线圈通电时静铁芯对动铁芯产生电磁吸力使阀切换的换向阀称为电磁控制换向阀。如图 8-23 所示。

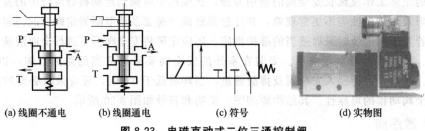

(a) 线圈不通电　　　(b) 线圈通电　　　(c) 符号　　　(d) 实物图

图 8-23　电磁直动式二位三通控制阀

• 人工控制：依靠人力使阀切换的换向阀称为人工控制换向阀，简称人控阀。如图 8-24 所示。

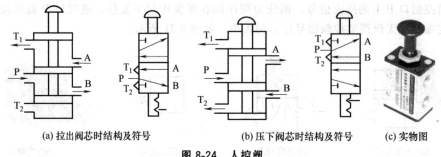

(a) 拉出阀芯时结构及符号　　　(b) 压下阀芯时结构及符号　　　(c) 实物图

图 8-24　人控阀

• 机械控制：利用凸轮、挡块或其他机械外力使阀切换的换向阀称机械控制换向阀，简称机控阀。如图 8-25 所示。

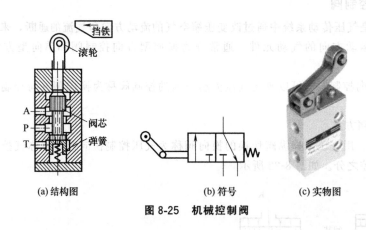

(a) 结构图　　　　　　(b) 符号　　　　　　(c) 实物图

图 8-25　机械控制阀

b. 阀的切换位置和接口数目　切换位置，用"□"（方块）表示，邻接方块的数目表示阀口切换位置数目，方块内直线表示气流的路径，"→"（箭头）不表示流向，只表示相通。方块内的"T"横断线条表示流体的切断位置，方块外所绘的短线表示阀口接口，绘有接口的方块代表阀门阀芯的初始位置。

② 单向型方向控制阀　气流只能沿一个方向流动的控制阀称为单向型方向控制阀。如单向阀、梭阀和双压阀等。

a. 单向阀　单向阀只允许气流在一个方向上流通，而在相反方向上则完全关闭，如图 8-26 所示。单向阀在弹簧力的作用下关闭，在接口 P 加入压力气体后，作用在阀芯上的气压克服弹簧力将阀芯右推使阀打开，气流从 P 流向 A 的流动称为正向流动。若在接口 A 通入压力气体，A、P不通，即气流不能反向流动。单向阀常用于须防止空气倒流的场合。

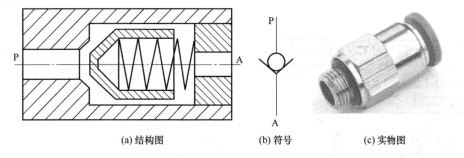

(a) 结构图　　　　(b) 符号　　　　(c) 实物图

图 8-26　单向控制阀

b. 梭阀　梭阀相当于两个单向阀组合而成，无论从左边的 P_1 口或右边的 P_2 口进气，还是从两个 P_1 口同时进气，接口 A 总是有输出，如图 8-27 所示。梭阀应用广泛，如应用于手动控制和自动控制并联的回路，或者从两个不同位置控制气缸动作。适用于大型设备在多点操作的情况，如图 8-28 所示。

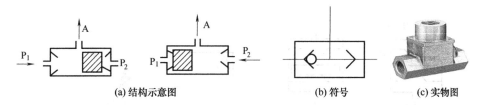

(a) 结构示意图　　　　(b) 符号　　　　(c) 实物图

图 8-27　梭阀、符号和实物图

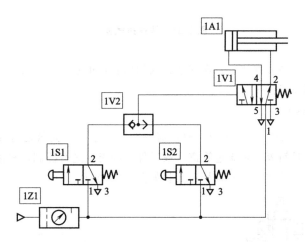

图 8-28　梭阀在气压传动中应用

c. 双压阀　双压阀类似于两个反向的单向阀组合而成，无论从左边的 P_1 口或右边的 P_2 口进气，接口 A 无输出，只有两个口同时进气，接口 A 才有输出，如图 8-29 所示。

双压阀的应用也很广泛，如应用于互锁回路中，只有在两个阀同时按下时，双作用缸才能伸出运动，只要有一个手松开按钮，双压阀就无输出，气缸即退回复位。用于防止误操作的情况，如图 8-30 所示，只有 1S1 和 1S2 同时按下时，双压阀才接通，控制气源才到达气控换向阀 1V1，从而保障人身安全。

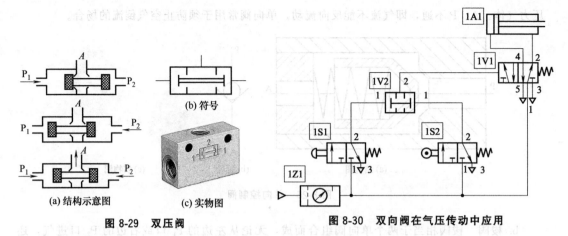

图 8-29　双压阀

图 8-30　双向阀在气压传动中应用

d. 快速排气阀　当压力气体从快速排气阀的接口 P 进入后，阀芯关闭排气口 T，接口 P、A 通路导通，当接口 P 无气时，输出管路中的空气使阀芯将 P 口堵住，接口 A、T 通路导通，进行快速排气，如图 8-31 所示。

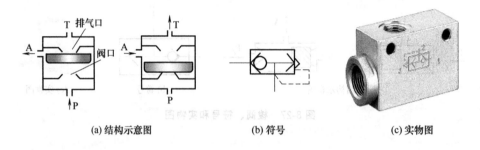

(a) 结构示意图　　　　　(b) 符号　　　　　(c) 实物图

图 8-31　快速排气阀

快速排气阀用于气动元件和装置需快速排气的场合，把它装在换向阀和气缸之间，使气缸排气时不通过换向阀而直接排出。

（6）流量控制阀

① 节流阀　在气动自动化系统中，通常需要对压缩空气的流量进行控制，如气缸的运动速度，延时阀的延时时间等。对流过管道（或元件）的流量进行控制，只需改变管道的通流截面积就可以了，节流阀结构、图形符号和实物如图 8-32 所示。

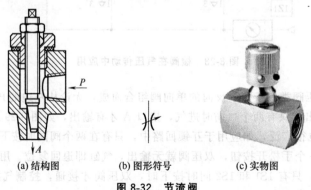

(a) 结构图　　(b) 图形符号　　(c) 实物图

图 8-32　节流阀

实现流量控制的方法有两种：一是固定的局部装置，如毛细管、孔板等；二是可调节的局部阻力装置，如节流阀。

节流阀是依靠改变阀的通流截面积来调节流量的。要求节流阀流量的调节范围较宽，能进行微小流量调节，调节精确，性能稳定，阀芯的开口度与通过的流量成正比。

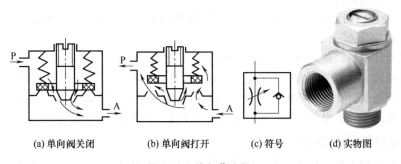

(a) 单向阀关闭　　　　(b) 单向阀打开　　　　(c) 符号　　　　(d) 实物图

图 8-33　单向节流阀

② 单向节流阀　单向节流阀是由单向阀和节流阀组合而成的流量控制阀，常用于气缸的速度控制，又称速度控制阀，如图 8-33 所示。这种阀仅对一个方向的气流进行节流控制，旁路的单向阀关闭，在相反方向上的气流可以通过开启的单向阀自由流过。

单向节流阀用于气动执行元件的速度调节时应尽可能直接安装在气缸上。用于气缸节流的方式有进气节流方式和排气节流方式两种。

a. 进气节流方式　在进气节流方式中，是依靠单向节流阀来对气缸进气进行节流，排空气流时则可以通过阀内的单向阀从气缸的出气口排放。若采用进气节流控制，活塞上最微小的负载波动都将会导致气缸速度的明显变化。在单作用或小缸径气缸的情况下，可以采用进气节流方式控制气缸速度。

b. 排气节流方式　在排气节流方式中，对气缸供气是畅行无阻的，而对空气的排放进行节流控制。此时，活塞在两个缓冲气垫作用下承受负荷，一个缓冲气垫是由气缸供气压力的作用形成的；另一个则是由单向节流阀节流的待排放空气形成的。这种设置方式对于从根本上改善气缸速度性能大有好处。排气节流方式使用于双作用气缸的速度控制。进气节流和排气节流应用如图 8-34 所示。

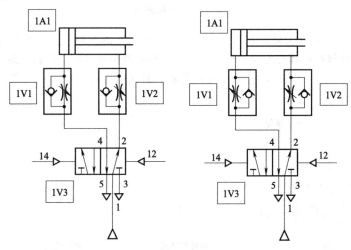

图 8-34　排气和进气节流应用

8.3 电气-气动控制系统

电气-气动控制系统主要作用是控制电磁阀的换向，简称电气动。其特点是响应快，动作准确，在气动自动化应用中相当广泛。

电气-气动控制回路图包括气动回路和电气回路两部分。气动回路一般指动力部分，电气回路则为控制部分。

通常在设计电气回路之前，一定要先设计出气动回路，按照动力系统的要求，选择采用何种形式的电磁阀来控制气动执行件的运动，从而设计电气回路。在设计中气动回路图和电气回路图必须分开绘制。在整个系统设计中，气动回路图按照习惯放置于电气回路图的上方或左侧。本节主要介绍有关电气控制的基本知识及常用电气回路的设计。

（1）常用气压传动电气控制元件

电气控制回路主要由按钮开关、行程开关、继电器及其触点、电磁铁线圈等组成。通过按钮或行程开关使电磁铁通电或断电，控制触点接通或断开被控制的主回路，这种回路也称为继电器控制回路。电路中的触点有常开触点和常闭触点。

① 按钮开关　按钮开关又称控制按钮（简称按钮），是一种手动且一般可以自动复位的低压电器。按钮通常用于电路中发出启动或停止指令，以控制电磁启动器、接触器、继电器等电器线圈电流的接通和断开。按钮开关是一种按下即动作，释放即复位的用来接通和分断小电流电路的电器。一般用于交直流电压 440V 以下，电流小于 5A 的控制电路中，一般不直接操纵主电路，也可以用于互联电路中。如图 8-35 所示。

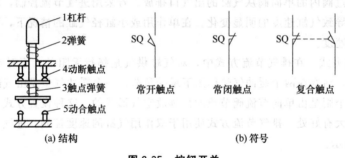

| (a) 结构 | (b) 符号 |

图 8-35　按钮开关

② 行程开关　行程开关是位置开关（又称限位开关）的一种，是一种常用的小电流主令电器。利用生产机械运动部件的碰撞使其触点动作来实现接通或分断控制电路，达到一定的控制目的，如图 8-36 所示。通常，这类开关被用来限制气压传动的位置或行程，使气缸按一定

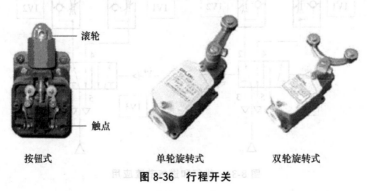

按钮式　　　　单轮旋转式　　　　双轮旋转式

图 8-36　行程开关

位置或行程自动停止、反向运动或自动往返运动等。在电气控制气压传动系统中，位置开关的作用是实现顺序控制、定位控制和位置状态的检测，用于控制机械设备的行程及限位保护。由操作头、触点系统和外壳组成。

③ 磁性开关　是指受磁场控制的、利用金属触点可以使电路开路、断路、使电流中断或使其流到其他电路的开关。最常见的有触点磁性开关是舌簧管。磁性开关结构原理图、接线图及符号如图 8-37 所示。

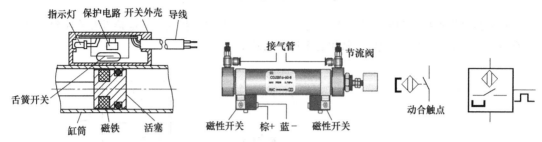

图 8-37　磁性开关结构原理图、接线图及符号

④ 电容式接近开关　电容式接近开关的测量通常是构成电容器的一个极板，而另一个极板是开关的外壳。这个外壳在测量过程中通常是接地或与设备的机壳相连接。当有物体接近开关时，不论它是否为导体，由于它的接近，总要使电容的介电常数发生变化，从而使电容量发生变化，使得和测量头相连的电路状态也随之发生变化，由此便可控制开关的接通或断开。这种接近开关检测的对象，不限于导体，可以是绝缘的液体或粉状物等。

电容式传感器的感应面由两个同心布置的金属电极组成，这两个电极相当于一个非线绕电容器的电极。电极的表面 a 和 b 连接到一个高频振荡器的反馈支路中，对该振荡器的调节要使得它在表面自由时不发生振荡。

电容式传感器是以各种类型的电容器作为传感元件，由于被测量变化将导致电容器电容量变化，通过测量电路，可把电容量的变化转换为电信号输出。测试电信号的大小，可判断被测量的大小。这就是电容式传感器的基本工作原理。电容式接近开关原理图及实物符号如图 8-38 所示。

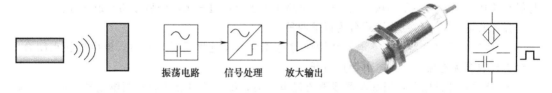

图 8-38　电容式接近开关

⑤ 电感式接近开关　电感式接近开关由三大部分组成：振荡器、开关电路及放大输出电路。振荡器产生一个交变磁场。当金属目标接近这一磁场，并达到感应距离时，在金属目标内产生涡流，从而导致振荡衰减，以至停振。振荡器振荡及停振的变化被后级放大电路处理并转换成开关信号，触发驱动控制器件，从而达到非接触式的检测目的，电感式接近开关原理图及实物符号如图 8-39 所示。

⑥ 光电式接近开关　光电开关是光电接近开关的简称，它是利用被检测物对光束的遮挡或反射，由同步回路接通电路，从而检测物体的有无。物体不限于金属，所有能反射光线（或者对光线有遮挡作用）的物体均可以被检测。光电开关将输入电流在发射器上转换为光信号射

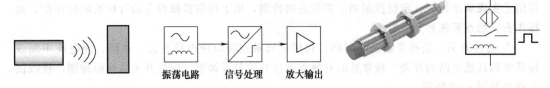

振荡电路　　信号处理　　放大输出

图 8-39　电感式接近开关

出，接收器再根据接收到的光线的强弱或有无对目标物体进行探测，光电接近开关原理图及实物符号如图 8-40 所示。工业中经常用它来计数或判断有无工件。

动合触点

图 8-40　光电开关

⑦ 控制继电器　控制继电器是一种当输入量变化到一定值时，电磁铁线圈通电励磁，吸合或断开触点，接通或断开交、直流小容量控制电路中的自动化电器。它被广泛应用于电力拖动、程序控制、自动调节等自动检测系统中。控制继电器种类繁多，常用的有电压继电器，电流继电器，中间继电器、时间继电器、热继电器、温度继电器等。在电气-气动控制系统中常用的是中间继电器和时间继电器。

a. 中间继电器　由线圈产生的磁场来接通或断开触点。当电流流过继电器线圈时，衔铁就会在电磁吸力的作用下克服弹簧力，使常闭触点断开，常开触点闭合，当继电器线圈无电流时，电磁力消失，衔铁在返回弹簧的作用下复位，使常闭触点闭合，常开触点打开。

继电器线圈消耗电力很小，故用很小的电流通过线圈使电磁铁激磁，而其控制的触点，可通过相当大的电压电流，此乃继电器触点的容量放大机能。

b. 时间继电器　目前在电气控制回路中应用非常广泛。它与中间继电器相同也是由线圈与触点构成，而不同的是当输入信号时，电路中的触点经过一定时间后才闭合或断开。

按照其输出触点的动作形式分为以下两种：

• 延时闭合继电器：当继电器线圈流过电流时，经过预置时间延时，继电器触点闭合；当继电器线圈无电流时，继电器触点断开。

• 延时断开继电器：当继电器线圈流过电流时，继电器触点闭合；当继电器线圈无电流时，经过预置时间延时，继电器触点断开。

（2）电气回路图绘图原则

电气回路图通常以一种层次分明的梯形法表示，也称梯形图。它是利用电气元件符号进行顺序控制系统设计的最常用的一种方法。梯形图表示法可分为水平梯形回路图及垂直梯形回路图两种。在气压传动中，用垂直梯形图表示法。

图形上下两平行线代表控制回路图的电源线，称为母线。

梯形图的绘图原则为：

① 图形上端为火线，下端为接地线。

② 电路图的构成是由左而右进行。为便于读图，接线上要加上线号。

③ 控制元件的连接线，接于电源母线之间，且应力求直线。

④ 连接线与实际的元件配置无关，其由上而下，依照动作的顺序来决定。

⑤ 连接线所连接的元件均以电气符号表示，且均为未操作时的状态。

⑥ 在连接线上，所有的开关、继电器等的触点位置由水平电路上侧的电源母线开始连接。

⑦ 一个阶梯图由多个梯级组成，每个输出元素（继电器线圈等）可构成一个梯级。

⑧ 在连接线上，各种负载，如继电器、电磁线圈、指示灯等的位置通常是输出元素，在水平电路的下侧。

⑨ 以上各元件的电气符号旁注上文字符号。

（3）电控气动程序回路设计

在设计电控气动程序控制系统时，应将电气控制回路和气动动力回路分开画，两张图上的文字符号应一致，以便对照。电气控制回路的设计方法有多种，这里简单介绍直觉法和串级法。

① 直觉法（经验法）设计电气回路图　用直觉法设计电气回路图是应用气动的基本控制方法和自身的经验来设计。用此方法设计控制电路的优点是：适用于较简单的回路设计，可凭借设计者本身的积累经验，快速地设计出控制回路。但此方法的缺点是：设计方法较主观，对于较复杂的控制回路不宜设计。在设计电气回路图之前，必须首先设计好气动回路，确定与电气回路图有关的主要技术参数。在气动自动化系统中常用的主控阀有单电控二位三通换向阀、单电控二位五通换向阀、双电控二位五通换向阀、双电控二位五通换向阀四种。在控制电路的设计中按电磁阀的结构不同分为保持控制和脉冲控制。双电控二位五通换向阀和双电控二位五通换向阀是利用脉冲控制。单电控二位三通换向阀和单电控二位五通换向阀是利用保持控制，电流是否持续保持，是电磁阀换向的关键。

用直觉法设计控制电路，必须从以下几方面考虑：

a. 分清电磁换向阀的结构差异　以上所述利用保持电路控制的电磁阀，必须考虑使用继电器实现中间记忆，此类电磁阀通常具有弹簧复位或弹簧中位，这种电磁阀比较常用。利用脉冲控制的电磁阀，因具有记忆功能，无需自保，此类电磁阀没有弹簧。为避免误动作而造成电磁阀两边线圈同时通电而烧毁线圈，控制电路上必须考虑互锁保护。

b. 动作模式　如气缸的动作是单个循环，用按钮开关操作前进，利用行程开关或按钮开关控制回程。如气缸动作为连续循环，则利用按钮开关控制电源的通断电，在控制电路上比单个循环多加一个信号传送元件（如行程开关），使气缸完成一次循环后能再次动作。

c. 行程开关（或按钮开关）常开触点还是常闭触点的判别　以二位五通或二位三通单电控电磁换向阀控制气缸运动，欲使气缸前进，控制电路上的行程开关（或按钮开关）以常开触点接线，只有这样当行程开关（或按钮开关）动作，才能把信号传送给使气缸前进的电磁线圈激磁。相反，若使气缸后退，必须使通电的电磁线圈断电，电磁阀复位，气缸才能后退。控制电路上的行程开关（或按钮开关）在控制电路上必须以常闭触点形式接线，这样，当行程开关（或按钮开关）动作时，电磁阀复位，气缸后退。

② 串级法设计电气回路图　串级法为一种控制回路的隔离法，主要特征在于利用换向阀作为信号的转接作用。图 8-41 所示为记忆单元利用一个气动逻辑元件与门（双压阀）和一个二位三通阀组具有记忆功能的单元，以记忆功能元件来改变各级管路的输出气压，保证在任一时间，只有一级管路有气源输出，其他级管路都处于排气状态。利用换向阀以阶梯方式顺序连接，组成多级串级转换气路，如图 8-42 所示。若动作顺序分为 n 级，则必须使用 $n-1$ 个换向阀，以分成最少级数为原则。

接前一级管路

接本级管路

接下一级管路

接换至本级的开关信号

图 8-41　记忆单元

图 8-42　二级串级转换气路

8.4 气压传动系统典型回路

8.4.1 方向控制回路

换向回路是通过进入执行元件压缩空气的通、断或变向来实现气动系统执行元件的启动、停止和换向作用的回路。

（1）单作用气缸方向控制回路

如图 8-43 所示为单作用气缸换向回路，当按下 SB 时，电磁铁 1YA 线圈通电，活塞杆向右伸出；当松开 SB 时，电磁铁断电，活塞杆在弹簧作用下返回。

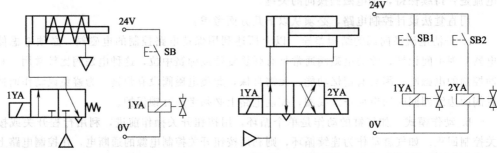

图 8-43　单作用气缸的电磁控制换向控制回路

图 8-44　双作用气缸的电磁控制换向控制回路

（2）双作用气缸方向控制回路电磁控制

① 电磁控制　如图 8-44 为某同学设计用电磁控制双作用气缸的换向回路，设想当按下 SB1 时，电磁铁线圈 1YA 线圈通电，活塞杆向右移动；当松开按钮时，活塞继续右移；当按下按钮 SB2 时，活塞左移返回。电磁铁断电，活塞杆在弹簧作用下返回。同学们用仿真软件试试有什么错误？首先控制回路没有互锁，使 SB1 和 SB2 同时按下时气缸无所适从，另外使用二位四通电磁阀在没有控制信号前提下，气缸也会伸出，容易造成误操作，引起工伤事故。

② 气动控制或手动控制　如图 8-45（a）所示，当按下左边的按钮操作二位三通阀，活塞右移，当按下右边的二位三通阀按钮时，活塞返回；如图 8-45（b）所示回路中，活塞右移后，按下二位三通阀的按钮时，活塞返回；如图 8-45（c）所示，当加入气控信号 K 后，活塞右移，当气控信号消失后，活塞返回；如图 8-45（d）所示，当按下手动按钮操作二位五通阀后，活塞左移，当松开手动按钮后，活塞返回。

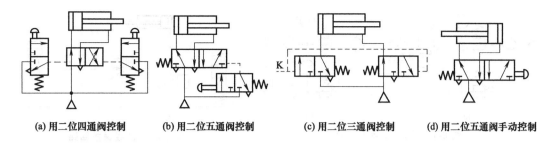

(a) 用二位四通阀控制　　(b) 用二位五通阀控制　　(c) 用二位三通阀控制　　(d) 用二位五通阀手动控制

图 8-45　气动和手动换向阀

8.4.2　压力控制回路

压力控制回路是使回路中的压力保持在一定范围内，或使回路得到高、低不同压力的基本回路。要使气动回路系统稳定地工作，必须让系统工作在稳定的气压中。要得到稳定的气压，就必须使用气压控制回路对系统的工作气压进行调整。

（1）一次压力控制回路

一次压力控制回路主要用来控制气罐的压力，使之不超过规定的压力值，如图 8-46 所示为一次压力控制回路，它常用外控溢流阀或用电接点压力表来控制气罐的压力。当采用溢流阀控制，气罐内压力超过规定压力，溢流阀接通，空气压缩机输出的压缩空气由外控溢流阀排出大气，使气罐内压力保持在规定范围内。当采用电接点压力表进行控制时，可用它直接控制空气压缩机的停止和启动，使得气罐内压力保持在规定范围内。

（2）二次压力控制回路

二次压力控制回路主要是对气动控制系统的气源压力进行控制。

① 气动三联件构成的二次压力控制回路　如图 8-47 所示，该气路主要由排水过滤器、减压阀和油雾器组成，三者常联合使用，一起称为气源处理装置。注意供给逻辑元件的压缩空气不需要加入润滑油。回路的压力有减压阀控制。

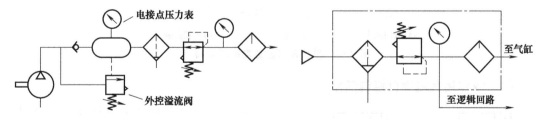

图 8-46　一次压力控制回路　　　　图 8-47　气动三联件二次压力控制回路

② 高低压转换回路　如图 8-48 所示为高低压转换回路，图 8-48（a）是由换向阀对同一系统实现输出高、低压力 P_1、P_2 的控制；图 8-48（b）是由减压阀来实现对不同系统输出不同压力 P_1、P_2 的控制。

③ 过载保护回路　过载保护回路是当活塞杆伸出过程中遇到故障造成过载，而使活塞自动返回的回路。如图 8-49 所示，当活塞杆前进碰到障碍物或行程阀 4 时，气缸左腔压力升高超过预期值时，顺序阀 1 打开，控制气体可以经过梭阀 2 将主控阀 3 切换至右位，使活塞缩回，气缸左腔的气体经阀排出，防止系统过载。

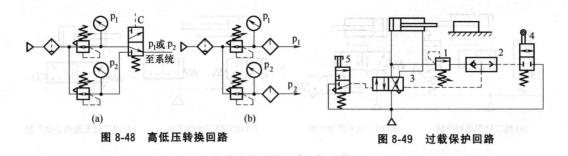

图 8-48 高低压转换回路

图 8-49 过载保护回路

8.4.3 速度控制回路

速度控制回路通过调节进入执行元件压缩空气的压力和流量来实现气动系统执行机构运动速度或者换车等。

(1) 单作用气缸速度控制回路

如图 8-50 所示为单作用气缸速度控制回路,在图 8-50 (a) 所示回路中,活塞杆的伸缩速度均通过节流阀调节,通过两个反向安装的单向节流阀,可分别实现进气节流和排气节流,从而控制活塞杆的伸出及缩回速度。在图 8-50 (b) 所示回路中,活塞杆伸出时可调速,缩回时则通过快速排气阀排气,使气缸快速返回。图 8-50 (c) 是两个气动回路的控制电路。

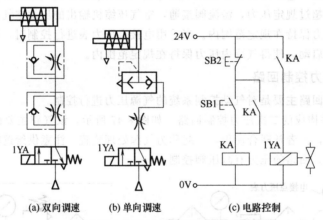

(a) 双向调速　　(b) 单向调速　　(c) 电路控制

图 8-50　单作用气缸速度控制回路

(2) 双作用气缸速度控制回路

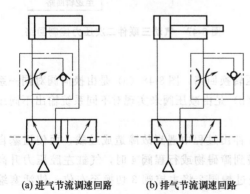

(a)进气节流调速回路　　(b)排气节流调速回路

图 8-51　双作用气缸单向调速回路

① 进气节流和排气节流调速　图 8-51 (a) 为进气节流调速回路。当气换向阀在图示位置时,进入气缸无杆腔的气体流经节流阀,有杆腔排出的气体直接经换向阀快排。当节流阀开度较小时,由于进入无杆腔的流量较小,压力上升缓慢。当气压达到能克服负载时,活塞前进,此时无杆腔容量增大,结果使压缩空气膨胀,压力下降,使作用在活塞上的力小于负载,因而活塞就停止前进,待压力再次上升时,活塞才再次前进。这种由于负载及供气的原因使活塞忽走忽停的现象,称为气缸

的"爬行"。

进气节流的不足之处主要表现在：一是当负载方向与活塞的运动方向相反时，活塞运动易出现不平稳的"爬行"现象；二是当负载方向与活塞运动方向一致（负值负载）时，由于排气经换向阀快排，几乎没有阻尼，负载易产生"跑空"现象，使气缸失去控制。所以进气节流多用于垂直安装的气缸的供气回路中。

对于水平安装的气缸，其调速回路一般采用图 8-51 （b）所示排气节流调速回路，当气控换向阀在图示位置时，压缩空气经气控换向阀直接进入气缸的无杆腔，而有杆腔排出的气体经节流阀、气控换向阀排入大气，因而有杆腔中的气体就具有一定的背压力。此时，活塞在无杆腔和有杆腔的压差作用下前进，从而减少了"爬行"发生的可能性。调节节流阀的开度，就可控制不同的排气速度，从而也就控制了活塞的运动速度。排气节流调速回路的特点是气缸速度随负载变化较小，运动较平稳，能承受负值负载。

以上两种调速回路适用于负载变化不大的场合，如果要求气缸具有准确且平稳的速度，特别是在负载变化较大场合，常采用气液转换速度控制回路。

② 慢进快退调速回路　如图 8-52 所示，当按下 SB1 时，继电器 KA 通电，电磁阀 1YA 得电，由于气缸受排气节流阀作用，所以活塞慢进；当按下按钮 SB2 时，电磁阀 1YA 失电，经快速排气阀迅速排气，气缸快退。

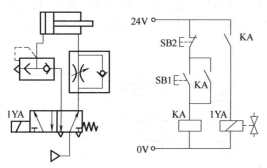

图 8-52　慢进快退调速回路

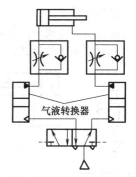

图 8-53　气液转换速度控制回路

（3）气液转换速度控制回路

如图 8-53 所示为气液转换速度控制回路，它利用气液转换器将气压转换为液压，利用液压油驱动液压缸，从而得到平稳易控制的活塞运动速度，调节节流阀的开度，就可改变活塞的运动速度。这种回路充分发挥了气动供气方便和液压速度容易控制的特点。

（4）缓冲回路

气动执行元件动作速度较快，当活塞惯性力较大时，可采用图 8-54 所示的缓冲回路。当活塞向右运动时，右腔的气体经行程阀及三位五通换向阀排出，当活塞前进到预定位置压下行程阀时，气体就只能经节流阀排出，这样使活塞与运动速度减慢，达到缓冲的目的，调整行程阀的安装位置就可以改变缓冲的开始时间，这种回路常用于惯性力较大的气缸。

8.4.4　顺序控制回路

顺序动作是指在气动回路中，各个气缸按一定程序完成各自的动作。

（1）单缸往复动作回路

单缸往复动作回路可分为单缸单往复和单缸连续往复动作回路。单往复指输入一个信号

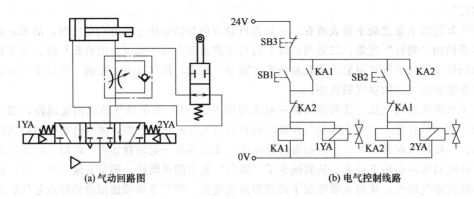

(a) 气动回路图   (b) 电气控制线路

图 8-54   缓冲回路

后，气缸只完成一次往复动作；连续往复指输入一个信号后可连续进行。

① 单缸单往复动作回路   如图 8-55 所示为两种单往复动作回路，其中图 8-55（a）所示为行程阀控制的单往复动作回路，当按下手动阀 1 的手动按钮后，压缩空气使气控阀 3 换向，活塞杆伸出，当滑块压下行程阀 2 时，气控阀 3 复位，活塞杆返回，完成一次循环。如图 8-55（b）所示为压力控制的单往复回路，按下手动阀 1 的手动按钮后，气控阀 3 的阀芯右移，气缸无杆腔进气，活塞杆伸出，当活塞行程达到终点时，无杆腔气压升高，打开顺序阀 2，使气控阀 3 换向，气缸返回，完成一次循环。综上所述，在单往复回路中，每按动一次按钮，气缸可完成一个伸出和缩回的工作循环。

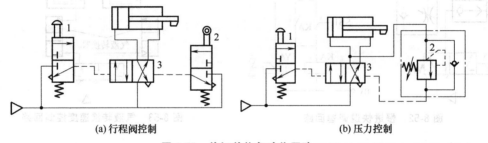

(a) 行程阀控制   (b) 压力控制

图 8-55   单缸单往复动作回路

② 单缸连续往复动作回路   如图 8-56 所示为连续往复动作回路，当按下手动阀 1 后，气控阀 4 换向，活塞前进，这时由于行程阀 3 复位将气路封闭，使气控阀 4 不能复位，活塞继续前进，到达行程终点压下行程阀 2，使气控阀 4 控制气路排气，并在弹簧作用下气控阀 4 复位，气缸返回；当压下行程阀 3 时，气控阀 4 换向，活塞再次向前，形成了伸出和缩回的连续往复

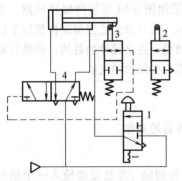

图 8-56   单缸连续往复动作回路

动作，当提起手动阀 1 的按钮后，气控阀 4 复位，活塞返回并停止运动。

（2）多缸顺序动作回路

两气缸或者多个气缸顺序动作实现，称为多缸顺序动作回路。在生产实践中我们经常遇到这样的问题。例如：气动机械手抓取或者推动，就需要两个气缸按照预定顺序进行动作，这就用到多缸顺序动作回路。如图 8-57 所示，当按下按钮 SB1 时，电磁阀 1YA 通电，左缸活塞伸出，当碰到 SQ2 时，电磁阀 2YA 通电并自锁，右缸活塞开始伸出，当碰到 SQ4 时，电磁阀 1YA 断电，左缸活塞缩回碰到 SQ1

时，电磁阀 2YA 断电，右缸活塞缩回碰到 SQ3 后，开始循环往复动作。

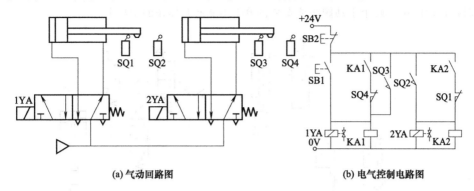

(a) 气动回路图　　　　　　　　(b) 电气控制电路图

图 8-57　多缸顺序动作回路

8.4.5　其他控制回路

（1）延时回路

如图 8-58 所示，当按下按钮 SB 时，电磁阀 1YA 通电，压缩空气经节流阀进入气罐，经过一段时间气罐气压升高到一定值后，二位三通气控换向阀换向，活塞杆伸出；当松开按钮 SB 后，活塞缩回。

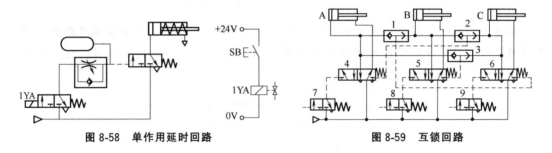

图 8-58　单作用延时回路　　　　　　　图 8-59　互锁回路

（2）互锁回路

如图 8-59 所示为互锁回路，主要由梭阀 1、2、3 及换向阀 4、5、6 实现互锁。该回路能防止各缸的活塞同时动作，而保证只有一个活塞动作。例如，当换向阀 7 被切换，则换向阀 4 也换向，使 A 缸活塞杆伸出；与此同时，A 缸进气管路的气体使梭阀 1、3 动作，把换向阀 5、6 锁住。所以此时即使换向阀 8、9 有气控信号，B、C 缸也不会动作。如要改变缸的动作，必须把前一个动作缸的气控阀复位才行，以此达到互锁的目的。

（3）双手同时操作回路

使用冲床等机器时，若一个手操作，容易误操作造成工伤事故，若改为两手同时操作，先把冲料放在冲模上，然后双手按下按钮，控制冲床动作，可保护双手安全。

如图 8-60（a）所示的回路，只有双手同时操作手动阀，才能使二位五通气控换向阀动作，活塞才能下落。在此回路中，如果手动阀的弹簧折断而不能复位，单独按下一个手动阀，气缸活塞也可下落，所以此回路也不十分安全。

如图 8-60（b）所示的回路，需要双手同时按下手动阀，气缸中预先充满的压缩空气才能经手动阀及节流阀延迟一定时间后切换二位五通气控换向阀，此时活塞才能下落。如果两手不同时按下手动阀，或因其中任一个手动阀弹簧折断不能复位，气罐中的压缩空气都将通过手动阀的排气口排空，这样由于建立不起控制压力，主控阀不能切换，活塞也不能下落。注意在双手同时操作回路中，两个手动阀必须安装在单手不能同时操作的距离上。

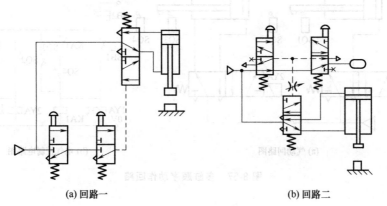

(a) 回路一　　　　　　　　　　(b) 回路二

图 8-60　双手同时操作回路

任务8 气压传动设计

任务8.1　公交车车门气压传动设计

如图 8-61 所示，采用气压控制的公交车车门，需要司机和售票员都装有启动开关控制开关车门，并且当车门在关闭过程中遇到障碍物时，能使车门自动开启，起到保护作用。

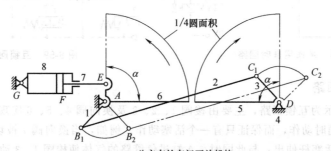

公交车的门开关机构

图 8-61　公交车车门开启传动系统设计原理图

1—主动曲柄；2—连杆；3—从动曲柄；4—机架；5—右车门；6—左车门；7—活塞杆；8—气缸

在 Fulidsim 中完成公交车车门气压系统设计图，如图 8-62 所示。车门的开关靠气缸 12 来实现，气缸是由双控阀 9 来控制，而双控阀由按钮阀 1～4 来操纵，气缸运动速度的快慢由单向速度控制阀 10 和 11 来控制调节。通过阀 1 和阀 3 使车门开启，通过阀 2 和阀 4 使车门关闭。起安全作用的机动换向阀 5 安装在车门上。

当操纵按钮阀 1 或 3 时，气源压缩空气经阀 1 或阀 3～阀 7，把控制信号送到阀 9 的 A 侧（左侧），使阀 9 向车门开启方向切换。气源压缩空气经阀 9 和阀 10 到气缸的有杆腔，使车门开启。

当操作按钮阀 2 或 4 时，压缩空气经阀 2 或阀 4 到阀 6，把控制信号送到阀 9 的 B 侧

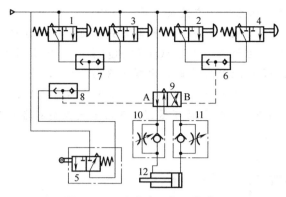

图 8-62 公交车车门气压传动图

（右侧），使阀 9 向车门开启方向切换。气源压缩空气经阀 9 和阀 11 到气缸的有杆腔，使车门关闭。

车门在关闭过程中如遇到障碍物，便推动阀 5，此时气源压缩空气经阀 5 把控制信号通过阀 8 送到阀 9 的 A 侧，使阀 9 向车门开启方向切换。必须指出，如果阀 2 或阀 4 仍然保持在压力状态，则阀 5 起不到自动开关车门的安全作用。

任务8.2   使用Fluidsim完成供料系统气压和控制回路的设计

用两个气缸从垂直料仓中取料并向滑槽传递工件，完成装料的过程。如图 8-63 所示为装料装置结构示意图，要求按下按钮气缸 A 伸出，将工件从料仓推出至气缸 B 的前面，气缸 B 再伸出将其推入输送滑槽。气缸 B 活塞伸出将工件推入装料箱后，气缸 A 活塞退回，气缸 A 活塞退回到位后，气缸 B 活塞再退回，完成一次工件传递过程。

分析系统工作原理：装料装置的动作顺序为：A 伸出→B 伸出→A 退回→B 退回。在回路中设置 4 个位置检测元件，分别检测 A 气缸、B 气缸活塞是否伸出、退回到位，并用来启动下一步动作。具体工作过程如下。

按下启动按钮 1，气缸 B 在原位压下行程阀 S1，气控阀 2 左位工作，气缸 A 伸出，把工件从料仓中推出至气缸 B 前面，气缸 A 压下行程阀 S3，气控阀 3 左位工作，气缸 B 伸出，把工件推向滑槽，气缸 B 压下行程阀 S2，气控阀 2 右位工作，气缸 A 退回原位，气缸 A 压下行程阀 S4，气控阀 3 右位工作，气缸 B 退回原位，气缸 B 压下行程阀 S1，一次工件传递过程结束，开始下一个循环。采用手动和行程阀控制气动图如图 8-64 所示。

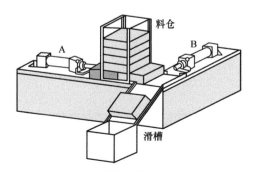

图 8-63 供料系统工作示意图

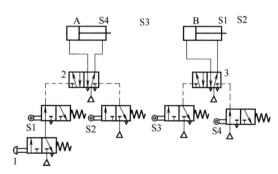

图 8-64 供料系统行程阀气动设计回路

同学们想一想还可以采用什么方式来实现供料系统的气动传动控制？如图 8-65 所示，可以采用二线式磁性开关（SQ3 和 SQ4）和电容式接近开关（SQ1 和 SQ2）进行电气控制。当按下按钮 SB1 时，由于接近开关 SQ1 和 SQ3 闭合，电磁阀 1YA 动作，气缸 A 活塞伸出；当活塞杆接近开关 SQ2 闭合时，电磁阀 3YA 动作，此时气缸 B 的活塞杆伸出。当磁性开关 SQ4 闭合时，电磁阀 2YA 动作，气缸 A 的活塞退回；当接近开关 SQ1 重新闭合时，电磁阀 4YA 动作，气缸 B 活塞退回。气动电气控制回路如图 8-65 所示。

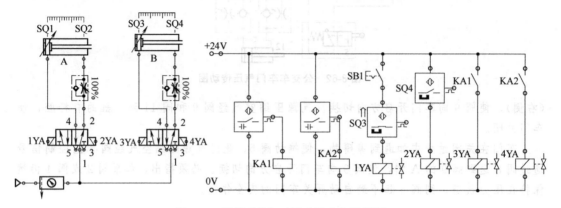

图 8-65　供料系统气动回路及电气控制图

思政小故事

　　帕斯卡没有受过正规的学校教育，在父亲教育和自己努力下，很小就精通欧几里得几何，帕斯卡在 1653 年提出流体能传递压力的定律，即所谓帕斯卡定律，并利用这一原理制成水压机。他还制成了注水器，继承伽利略和埃万杰利斯塔·托里拆利的大气压实验，发现了大气压随高度变化。国际单位制中压力的单位帕斯卡即以其姓氏命名。

获取本章视频资源，请扫描上方的二维码

任务 9.1 简单机械手运动仿真

在机械手驱动杆上添加线性马达，马达线速度为 20mm/s ，如图 9-1 所示。仿真理解机械手设计，可以通过气缸带动平面连杆机构，实现不同维度传动与物料抓取，这里线性马达可以是采用气缸，也可以采用齿轮、齿条转动，从而获得机械手的直线抓取物料运动。

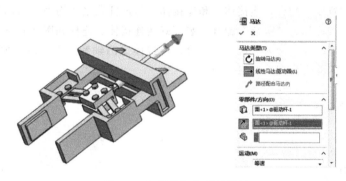

图 9-1 机械手加入线性马达

任务 9.2 工业机器人装配与运动分析

（1）工业机器人装配过程

① 导入底座

② 插入"旋转台"部件，底座和旋转台配合为"同轴配合"；底座连接上表面和旋转台连接下表面为"重合"配合；旋转台凹槽外表面和底座平台外表面配合为"角度"配合，两者夹角初值为"0°"，如图 9-2 所示。

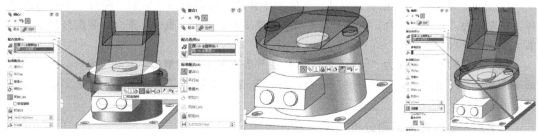

图 9-2 底座与转台之间配合

③ 插入"大臂"部件，大臂销轴和旋转台孔配合为"同轴"配合；大臂外表面和旋转台凹槽内表面配合为"宽度"配合；大臂内侧表面和旋转台凹槽外表面配合为"度角"配合，两者夹角初值为"200°"，如图 9-3 所示。

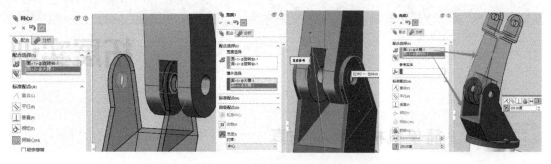

图 9-3 大臂和旋转台之间配合

④ 同理插入"连接体 1""连接体 2"和"套筒"部件，连接体与大臂孔为"同轴"配合，大臂凹槽与连接体外表面为"宽度"配合，连接体 2 同大臂孔也是"同轴"配合，连接体 2 与大臂内凹槽也是"宽度"配合，连接体 1 和连接体 2 与连杆孔之间均为"同轴"配合，连杆侧面与两个连接体外表面均为"重合"配合，装配好两连接体、连杆如图 9-4（a）所示。

连接体 2 和套筒端面配合为"重合"配合；连接体 2 凸轴和套筒孔内表面配合为"同轴"配合，装配好套筒机器人如图 9-4（b）所示。

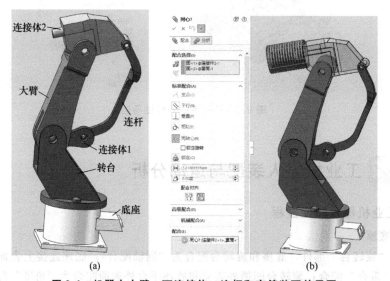

(a)　　　　　　　　　　　　　　　　　(b)

图 9-4 机器人大臂、两连接体、连杆和套筒装配效果图

⑤ 插入"小臂"和"抓手"部件，套筒和小臂连接内表面为"同轴"配合；小臂与连接体 2 两端面为"重合"配合，小臂上表面与连接体 2 上表面为"重合"配合，装配好的小臂机器人如图 9-5（a）所示。

抓手圆柱轴和小臂孔为"同轴"配合，抓手外表面和小臂凹槽为"宽度"配合；抓手外表面端面和小臂外表面端面为"角度"配合，两者夹角初值为"0°"，装配好的抓手工业机器人如图 9-5（b）所示。

（2）工业机器人运动分析

制作机器人动画的技巧是：使用角度配合关系随时间变化，在需要进行动画变化时间点插

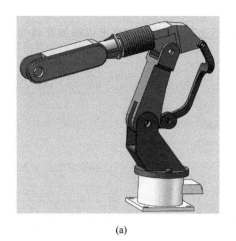
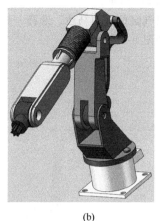

(a)   (b)

图 9-5　小臂、抓手装配效果图

入键码，然后左键双击键码，在弹出对话框中修改角度值，就可以达到在插入键码处从角度初值改变为设定值的目的，如图 9-6 所示，从而实现动画效果。同学们通过仿真练习，观察一下这个机器人有几个自由度？这些自由度通过什么机构来实现的？

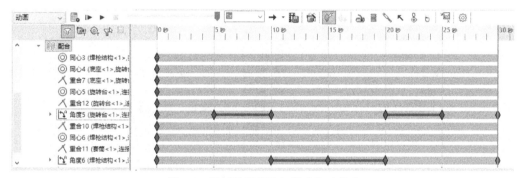

图 9-6　通过键码制作机器人运动仿真

任务 9.3 直角坐标送料机械手运动仿真

（1）系统要求

系统要求气缸从初始位置暂停 2s，收到信号后先向下移动吸取工件（下降距离为 620mm），为了确保工件被吸盘吸住，要在工件表面停留 2s，为防止工件被碰撞，吸盘吸上工件后要提起（上升距离为 400mm），然后移动到推出气缸位置上方（移动距离为 2500mm），吸盘下降到推料气缸的下方位置，暂停 1s 等待吸盘释放工件。然后吸盘上升缩回。推料气缸将释放后的工件顶出（推出的距离为 920mm），完成一个循环。

（2）机械手仿真实现

在活塞杆上添加线性马达，如图 9-7 所示，单击"编辑"按钮，在弹出对话框中选择"数据点"，选择"位移""时间""线性""输入数据点"选项，在数据区中将吸盘伸缩气缸数据输入，如图 9-7 所示。数据点增加行可以通过单击最下方的单击"增加行"来实现。

添加吸盘水平移动马达，选择"线性马达"，同样的方法可以添加吸盘水平移动马达位移数据点。如图 9-8 所示。

　　添加推料气缸的移动马达，选择"线性马达"，同样的方法可以添加推料气缸移动马达位移数据点，如图 9-9 所示。

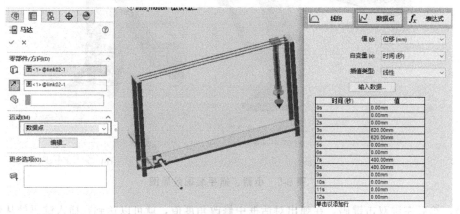

图 9-7　活塞添加线性马达参数

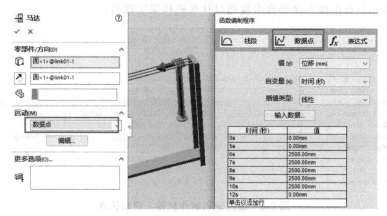

图 9-8　添加吸盘水平移动马达

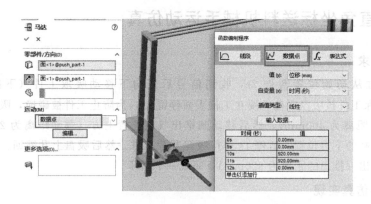

图 9-9　添加推料气缸线性马达

　　点击仿真计算按钮，查看仿真动画，是否和预期一致，不一致再进行参数修改。直角坐标机械手具有结构简单、容易控制等优点，学会它的设计思路很重要。

任务 9.4 基于事件的机械手运动仿真

前面讲解仿真多数是基于时间仿真，而实际设计往往不知道构件确切的运行时间，这就需要基于事件仿真。比如：我们伸手拿水杯喝水的动作，我们并不知道伸手到抓水杯要多长时间，但是我们知道先要伸手，碰到水杯后将水杯握住，然后手臂缩回，整个过程的前后逻辑顺序是确定的。这就是基于事件设计思路，下面以一个机械手抓取工件为例讲解仿真过程。

① 在 SolidWorks 中打开机械手装配模型，添加活塞和液压缸配合，如图 9-10 所示。

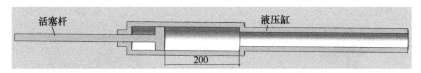

图 9-10　活塞与液压缸配合

② 建立活塞和手臂配合关系如图 9-11 所示。

图 9-11　活塞和手臂配合关系

③ 添加机械手端部和第一个工件配合关系，如图 9-12 所示。

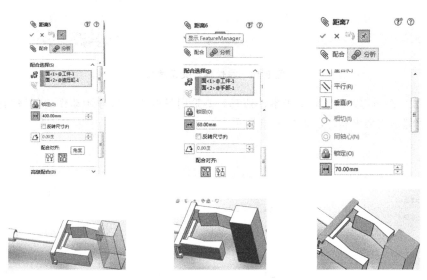

图 9-12　机械手端部和第一个工件配合关系

④ 添加第一个工件和第二个工件配合关系，如图 9-13 所示。

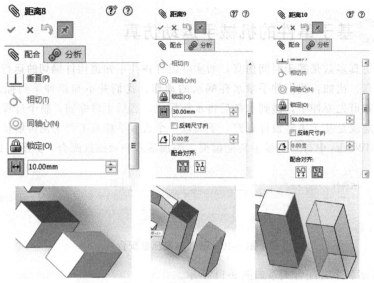

图 9-13　第一个工件和第二个工件配合关系

⑤ 添加活塞和手臂线性耦合：配合→高级配合→线性耦合，添加两个手部线性耦合：配合→高级配合→线性耦合。如图 9-14 所示。

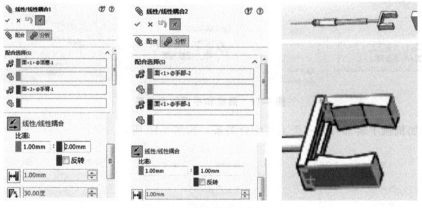

图 9-14　线性耦合关系添加

⑥ 添加线性马达，因为是基于事件仿真，要采用只有输入信号才动作的伺服马达，选择活塞处和手部加入伺服马达，如图 9-15 所示。

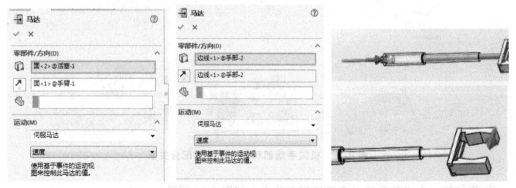

图 9-15　活塞和手部添加线性马达

⑦ 为简化分析，工件与手部不采用实体接触仿真，而采用 4 个马达代替（工件 1、工件 2 各两个），工件 1 和工件 2 都采用伺服马达，工件 1 和工件 2 在 X 轴方向伺服马达采用速度控制，如图 9-16 所示。工件 1 和工件 2 在 Y 轴方向伺服马达采用位移控制，如图 9-17 所示。

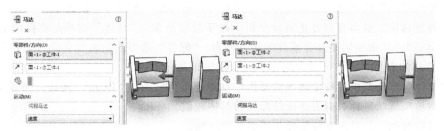

图 9-16　工件 1 和工件 2 在 X 轴方向伺服马达

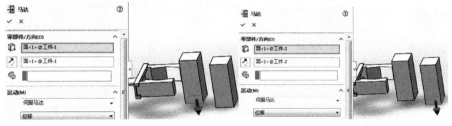

图 9-17　工件 1 和工件 2 在 Y 轴方向伺服马达

⑧ 添加传感器目的是让机械手知道什么时间抓取工件，什么时间释放工件。传感器类型很多，这里添加接近传感器，右键目录树中的传感器，弹出添加传感器选项，选择接近传感器，添加第一个传感器，其他 5 个接近传感器也类似，过程省略，如图 9-18 所示。

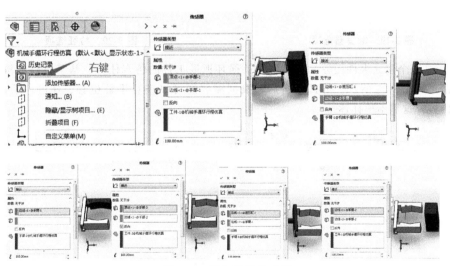

图 9-18　添加接近传感器

⑨ 点击基于事件管理器图标"　"，进入事件管理器画面，点击"➕单击此处添加"，增加第一项任务。

• "触发器"选项是任务开始或结束的"条件"，即什么事件触发可以让事件发生，触发器可以是时间、传感器或任务。好比同学们早晨起床这个事件触发，可以是闹铃叫醒（时间），被同学用手拍醒（传感器），也可以为完成早训任务而醒（任务）。第一件事件一般触发器选择时间选项。触发器选项如图 9-19 所示。

• "条件"选项是当什么条件下触发，选项可以有前一项任务开始或结束，如果选择传感器触发，可以为"提醒打开"或"提醒关闭"。

• "时间延缓"选项是判断是否需要延时触发，相当于一个延时触发器。

• "特征选项"里面有"终止运动分析"用于最后结束。"马达"选项是选择改变事件的动力为马达。"力"选项则是改变事件的动力为力。"配合"选项则是改变事件的动力为某个配合关系，常用的有角度、平行距离配合等。如图 9-20 所示。

• "操作"选项是指对特征选项的操作，有"打开""关闭""停止""更改"子选项。

• "数值"选项是针对需要更改的操作的具体数值。

• "持续时间"是对改变特征操作所需要的时间。

• "轮廓"选项是针对更改特征所采取的运动模式，类似前面凸轮从动件运动规律，这里不再详细说明。

图 9-19　触发器选项

图 9-20　特征选项

⑩ 通过逐个建立事件任务，完成机械手循环抓取工件的仿真任务。基于事件的机械手仿真任务清单如图 9-21 所示。仿真分析后，根据需要还可以查看手臂位移、速度，手部位移、速度等内容，这里不再详述。

任务		触发器			特征					时间	
名称	说明	触发器	条件	时间/延缓	特征	操作	数值	持续时间	轮廓	开始	结束
任务1		时间			0s	活塞马达	更改	30mm/	0s	0s	0s
任务2		接近1	提醒打	<无>	活塞马达	停止	0mm/s	0s		2.13s	2.13s
任务3		任务2	任务结	<无>	手部马达	更改	15mm	0s		2.13s	2.13s
任务4		接近2	提醒打	<无>	活塞马达	停止	0mm/s	0s		3.17s	3.17s
任务5		任务4	任务结	<无>	活塞马达	更改	-30mm	0s		3.17s	3.17s
任务6		任务4	任务结	<无>	工件2速度	更改	60mm/	0s		3.17s	3.17s
任务7		接近3	提醒打	<无>	(2)	停止	0mm/s	0s		19.07s	19.07s
任务8		任务7	任务结	<无>	手部马达	更改	-15mm	0s		19.07s	19.07s
任务9		任务8	任务结	0.5s延缓	工件1位移	更改	500mm	0s		19.57s	19.57s
任务10		接近4	提醒打	<无>	手部马达	停止	0mm/s	0s		7.77s	7.77s
任务11		任务10	任务结	<无>	活塞马达	更改	30mm	0s		7.77s	7.77s
任务12		接近5	提醒打	<无>	活塞马达	停止	0mm/s	0s		12.92s	12.92s
任务13		任务12	任务结	<无>	手部马达	更改	15mm	0s		12.92s	12.92s
任务14		接近6	提醒打	<无>	手部马达	停止	0mm/s	0s		13.93s	13.93s
任务15		任务14	任务结	<无>	活塞马达	更改	-30mm	0s		13.93s	13.93s
任务16		任务14	任务结	<无>	工件2速度	更改	60mm/	0s		13.93s	13.93s
任务17		接近7	提醒打	<无>	(2)	停止	0mm/s	0s		19.07s	19.07s
任务18		任务17	任务结	<无>	手部马达	更改	-15mm	0s		19.07s	19.07s
任务19		任务18	任务结	13.5s延缓	工件2位移	更改	200mm	0s		19.6s	19.6s

单击此处添加

图 9-21　基于事件的机械手仿真任务清单

任务 9.5 轻工生产线设计

9.5.1 系统设计任务要求

完成杯形工件和芯件装配，并根据杯形工件和芯件的材质及颜色进行分拣。

设计参数：流水线长度不超过 3m，杯形工件质量约为 100g，直径为 ϕ33mm，高为 40mm，中空，内孔直径为 ϕ20mm，孔深为 29mm。芯件质量约为 50g，直径为 ϕ20mm，高为 28mm，采用基孔制配合，ϕ20mm 为配合尺寸，公差配合为 H8/k7，最大间隙为 +0.031mm，最大过盈为 −0.023mm，其他尺寸均为自由公差，按 GB/T 1804—2000 要求，需要将芯件安装到杯形工件内部，然后压入内部。根据杯形工件材质进行分类分拣：①检测零件直径；装配分拣速度至少 1 个/min。②产品定位精度为 ±1mm，满足装配条件即可。

9.5.2 生产线整体设计

为了实现生产线能完成零件装配和加工分拣工作，需要把复杂的工序进行分解。可以分解为供料单元、装配单元、加工单元、机械手输送单元和分拣单元 5 个子系统（单元）组成。各单元的基本功能为：机械手输送单元通过伺服驱动准确地找到目标工件并抓取然后输送到指定地点；供料单元向系统提供杯形原料；装配单元将芯件镶嵌到供料单元提供的杯形工件中心的空腔内；加工单元将镶嵌好的芯件和杯形工件放到冲压机构下面，完成一次冲压成型工作；分拣单元按照杯形工件和芯件的材料属性（材质和颜色）进行分拣，使不同颜色和材质的工件从不同的料槽分流，实现自动化生产输送、装配、加工、分拣的目的。首先要设计好设备的整体尺寸，统一供料、装配、加工、分拣、输送平台的工件的位置高度，以便后期的操作。然后再选择标准件，尽量选取标准件和通用设备以减少生产线开发成本和研发周期。最后再设计非标件，非标件设计原则是在标准件和通用件基础上进行设计。

9.5.3 单元（子系统）设计

（1）供料单元设计

分析杯形工件具有定向要求，工件必须开口朝上，工件属于典型小五金件，所以前端应加入电磁振动料盘。振动盘是一种自动组装机械的辅助设备，能把各种产品有序排出来，它可以配合自动组装设备一起将产品各个部位组装起来成为完整的一个产品。自动送料振动盘主要由料斗、底盘、控制器、直线送料器等配套组成。自动送料振动盘的料斗下面有个脉冲电磁铁，可以使料斗垂直方向振动，由于弹簧片的倾斜，使料斗绕其垂直轴做扭摆振动。料斗内零件，由于受到这种振动，而沿螺旋轨道上升，直到送到出料口。

圆盘式电磁振动供料装置一般由筒形料斗 3、支承板弹簧 2、电磁激振器 4、底座 1 及在底座下面的减振器等组成，如图 9-22 所示。电磁振动料盘已经系列化和专业化，不需要自己设计，只需要联系专业生产厂商进行采购即可。电磁振动料盘厂商有：广东怡鹏达有限公司、广东敬德自动化设备厂、广东威科特自动化有限公司、上海百分百自动化设备有限公司等，需要告知供应商工件的定向排列、分隔等要求，振动频率、振幅、出料速率等参数，最好邮寄样品给供应商以便进行安装和调试。

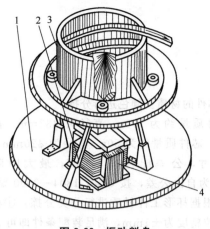

图 9-22　振动料盘

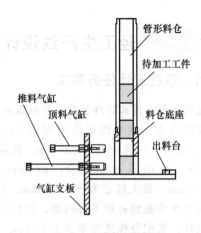

图 9-23　供料示意图

振动料盘后设置管形料仓和工件推出装置用于贮存工件原料，并在需要时将料仓中最下层的工件推出到出料台上。它主要由管形料仓、推料气缸、顶料气缸、磁感应接近开关、漫射式光电传感器组成。

该部分的工作原理是：工件垂直叠放在管形料仓中，推料气缸处于料仓的底层并且其活塞杆可从料仓的底部通过。当活塞杆在退回位置时，它与最下层工件处于同一水平位置，而顶料气缸则与次下层工件处于同一水平位置。在需要将工件推出到物料台上时，首先使夹紧气缸的活塞杆推出，压住次下层工件；然后使推料气缸活塞杆推出，从而把最下层工件推到物料台上。在推料气缸返回并从料仓底部抽出后，再使夹紧气缸返回，松开次下层工件。这样，料仓中的工件在重力的作用下，就自动向下移动一个工件，为下一次推出工件做好准备，如图 9-23 所示。

推料气缸把工件推出到出料台上。出料台面开有小孔，出料台下面设有一个圆柱形漫射式光电接近开关，工作时向上发出光线，从而透过小孔检测是否有工件存在，以便向系统提供本单元出料台有无工件的信号。在输送单元的控制程序中，就可以利用该信号状态来判断是否需要驱动机械手装置来抓取此工件。

供料单元的主要结构组成为：工件装料管、工件推出装置、支撑架、阀组、端子排组件、PLC、急停按钮和启动/停止按钮、走线槽、底板等。其中，机械部分结构组成如图 9-24 所示。

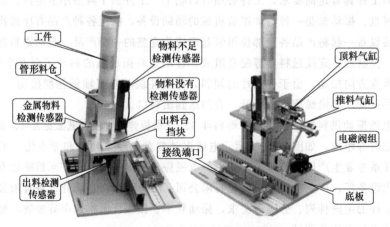

图 9-24　供料系统机械结构示意图

下面简单介绍一下主要标准件选型：

① 供料单元的气动元件选型　标准气缸是指气缸的功能和规格是普遍使用的、结构容易制造的、制造厂通常作为通用产品供应市场的气缸。

气缸选型可以到专业制造厂商官网或下载他们选型软件进行型号选取，常用气动元件厂商网址：

米思米（Misumi）官网：https：//www.misumi.com.cn

SMC 官网：https：//www.smc.com.cn

AirTAC | 亚德客　https：//www.airtac.com

怡合达官方网站　http：//www.yiheda.com

a. 气缸选择　以国产怡合达气缸选型为例，进入网站，点击进入"设计工具"，选择气缸选型计算"查看"，可以在线进行选型，如图 9-25 所示。

图 9-25　选型工具选择界面

以顶料气缸为例：根据提供的杯形工件的质量，估算顶料气缸行程为 150mm，选择笔形气缸，空气压力使用 0.5MPa，速度从左侧表格中选取，计算出最小缸径。如图 9-26 所示。

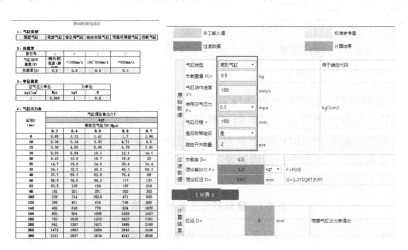

图 9-26　气缸最小直径计算界面

根据最小缸径来选择气缸，选择接近最小缸径气缸，如：不锈钢迷你气缸，缸径 10mm，单杆型、带磁石，如图 9-27 所示。可以下载三维和二维图纸，以便后期装配和设计用。

b. 其他气动元件选型　其他气动元件要根据系统设置来选取，如气管要考虑到系统最大压力，其他连接件接头直径等因素。多接头情况为防止泄漏和便于维修一般选择汇流板把管接头放在一起，如图 9-28 所示。选择电磁阀、气动接头、消声器等元件时候注意规格要统一，以免造成不必要的经济损失。

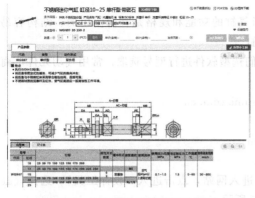

图 9-27　气缸参数及模型下载界面

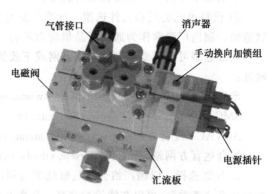

图 9-28　汇流板装配图

② 供料单元气动回路设计　选择气动控制回路作为供料单元的执行机构，逻辑控制使用 PLC 来实现。气动控制回路的工作原理如图 9-29 所示。图中 1A 和 2A 分别为推料气缸和顶料气缸。1B1 和 1B2 为安装在推料缸的两个极限工作位置的磁感应接近开关，2B1 和 2B2 为安装在顶料缸的两个极限工作位置的磁感应接近开关。1Y1 和 2Y1 分别为控制推料缸和顶料缸的电磁阀的电磁控制端。通常，这两个气缸的初始位置均设定在缩回状态。

图 9-29　供料单元气动回路图　　　　图 9-30　供料单元机械支架设计

③ 其他标准件选型　自动机或自动线零件选取原则是：尽量选择标准件、成套设备或型材等已经标准化、系列化的产品。支架则选择标准型材，如图 9-30 所示。这样采购周期短，开发周期短，有利于提升产品的市场竞争力。同学们平时要多看相关的专业设备生产企业的网站，这样才能见多识广，有利于产品的开发。

供料系统的主要标准件如表 9-1 所示。

表 9-1　供料系统主要标准件清单

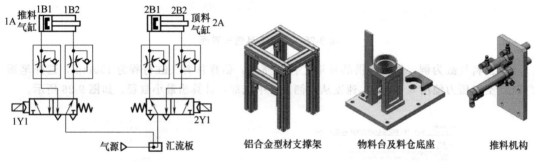

名称	型号	品牌	数量	价格/ （元/个）	交货 周期	备注
欧标 20 系列铝合金型材 50mm	HGT-6-2020	恒崴特	3	6 元/米	1 周	截面尺寸 20×20
欧标 20 系列铝合金型材 100mm	HGT-6-2020		2	6 元/米	1 周	截面尺寸 20×20
欧标 20 系列铝合金型材 150mm	HGT-6-2020		4	6 元/米	1 周	截面尺寸 20×20
欧标 20 系列压铸角槽连接件	MJ2028	萨隆	4	2.4	1 周	铸铝，表面喷砂
平圆头型内六角螺钉 M6-L10	304 圆头内六角 M6	CZ	8	0.16	1 周	
平圆头型内六角螺钉 M5-L6	304 圆头内六角 M5	CZ	18	0.1	1 周	

名称	型号	品牌	数量	价格/ (元/个)	交货 周期	备注
平圆头型内六角螺钉 M5-L16	304 圆头内六角 M5	CZ	4	0.18	1 周	
顶料气缸	CDJ2B16-60-8	SMC	1	10	1 周	40mm 推程
推料气缸			1	10	1 周	83mm 推程
光电传感器	E3Z-LS63	欧姆龙	2	35	1 周	漫射式
光电接近开关	MHT15-N2317	SICK	1	50	1 周	反射式
磁性开关	D-C73	SMC	4	12	1 周	无
单控二位五通电磁阀	4V110-06	米思米	2	20～60	1 周	DC24V
汇流板	SS5Y5-20-02	SMC	1	85～150	1 周	2 位
节流阀	AS1201F		4	6～18	1 周	无
PLC	FX3U-32MR	三菱	1	600～1500	1 周	无
指示灯黄色(HL1)	AD16-22DS	空明天音	1	2～3.5	1 周	DC24V
指示灯绿色(HL2)			1		1 周	DC24V
指示灯红色(HL3)			1		1 周	DC24V
绿色常开按钮 SB1	LA38-11BN	云智匠	1	1～9	1 周	DC24V
红色常开按钮 SB2			1		1 周	DC24V
选择开关 SA	LA38-11X2 20X3	合力	1	1.8～4.1	1 周	DC24V
急停按钮 QS	XB2 按钮开关	施耐德	1	11～45	1 周	DC24V
空气开关	DZ47LE-32/C32 型	正泰	1	36.6	1 周	AC400V 32A 极数 3P
供料站开关	DZ47LE-32/C32 型		1	24.1	1 周	AC230V 32A 极数 2P
稳压电源	NKY1-S-15		1	110	1 周	AC220V

（2）装配单元机械设计

装配单元的功能是完成将该单元料仓内的黑色或白色小圆柱芯件嵌入到杯形工件中。装配单元的初步机械结构设计如下：管形料仓，供料机构，回转物料台，机械手，待装配工件的定位机构，气动系统及其阀组，信号采集及其自动控制系统，以及用于电器连接的端子排组件，整条生产线状态指示的信号灯和用于其他机构安装的铝型材支架及底板，传感器安装支架等其他附件。装配单元组成示意图如图 9-31 所示。

装配机械手是整个装配单元的核心。当装配机械手正下方的回转物料台料盘上有小圆柱芯件，且装配台侧面的光纤传感器检测到装配台上有待装配工件的情况下，机械手从初始状态开始执行装配操作过程。装配机械手整体外形如图 9-32（a）所示。

装配机械手装置是一个三维运动的机构，它由水平方向移动和竖直方向移动的 2 个导向气缸和气动手指组成。装配机械手的运行过程如下：PLC 驱动与竖直移动气缸相连的电磁换向阀动作，由竖直移动带导杆气缸驱动气动手指向下移动，到位后，气动手指驱动手爪夹紧物料，并将夹紧信号通过磁性开关传送给 PLC，在 PLC 控制下，竖直移动气缸复位，被夹紧的物料随气动手指一并提起，当离开回转物料台的料盘，提升到最高位后，水平移动气缸在与之对应的换向阀的驱动下，活塞杆伸出，移动到气缸前端位置后，竖直移动气缸再次被驱动下移，移动到最下端位置，气动手指松开，经短暂延时，竖直移动气缸和水平移动气缸缩回，机

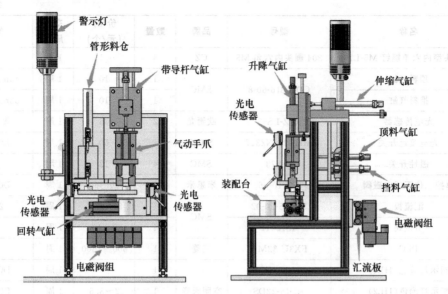

图 9-31 装配单元组成示意图

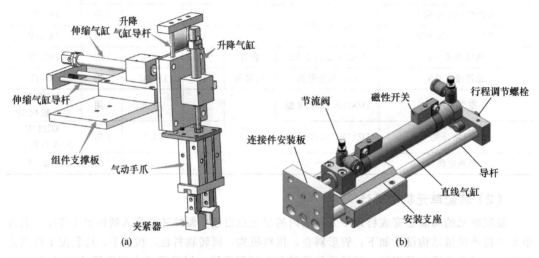

图 9-32 装配单元机械手构成示意图

械手恢复初始状态。

在整个机械手动作过程中，除气动手指松开到位无传感器检测外，其余动作的到位信号检测均采用与气缸配套的磁性开关，将采集到的信号输入 PLC，由 PLC 输出信号驱动电磁阀换向，使由气缸及气动手指组成的机械手按程序自动运行。

① 导向气缸（带导杆气缸）选型 装配单元用于驱动装配机械手水平方向移动的带导杆气缸外型如图 9-32（b）所示。该气缸由直线运动气缸带双导杆和其他附件组成。导向气缸具有导向精度高，抗扭转力矩、承载能力强，工作平稳等特点。

带导向气缸选择前面讲过标准气缸选型，以米思米气缸选型为例，选择类型为带导杆气缸，然后选择气缸缸径、行程、轴承类型（重载、有冲击选择滑动轴承，轻载无冲击选择直线轴承）就可以选择其他所需气缸。米思米网站还提供三维、二维模型下载，查看该元件的典型应用案例，进行参数对比等功能，如图 9-33 所示。

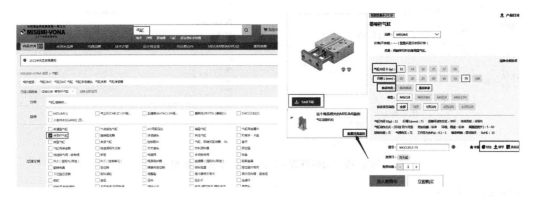

图 9-33 米思米导向气缸选项示意图

SMC 公司需要下载相关软件才可以进行选型。选择过程中需要输入负载质量，例如选择机械手部分带导杆气缸需要将机械手本身的重量（包括连接板质量）和工件重量都包括在内。如图 9-34 所示。

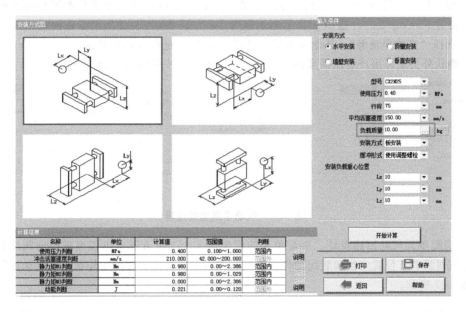

图 9-34 SMC 公司导向气缸选项示意图

② 气动摆台选型 回转物料台的主要器件是气动摆台，它是由直线气缸驱动齿轮齿条实现回转运动，回转角度在 0°～90°和 0°～180°之间任意可调，而且可以安装磁性开关，检测旋转到位信号，多用于方向和位置需要变换的机构。如图 9-35 所示。选择低速齿轮齿条型，根据控制要求选择带磁性开关型，回转气缸选型需要初步估算转动扭矩。

当需要调节回转角度或调整摆动位置精度时，应首先松开调节螺杆上的反扣螺母，通过旋入和旋出调节螺杆，从而改变回转凸台的回转角度，调节螺杆 1 和调节螺杆 2 分别用于左旋和右旋角度的调整。当调整好摆动角度后，应将反扣螺母与基体反扣锁紧，防止调节螺杆松动。造成回转精度降低。

③ 气动手抓选型 以 SMC 气动手抓选型为例：

a. 选择动作方式，这里选择"平行开闭式"，即两手指平行移动，而支点开闭型为绕某一

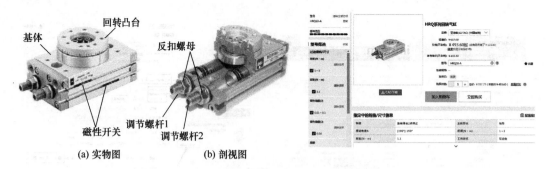

（a）实物图　　　　　（b）剖视图

图 9-35　回转气动摆台实物、剖面及选型图

支点旋转类型。

　　b. 选择手指数量为"2爪"，手指数量以满足工况需求为主要依据，越多手指数量其成本也越高。

　　c. 选择夹持方式为"外径夹持"，夹持为圆柱棒料均可选择外径夹持，而对于中空零件如后续需要磨削外表面可以选择内径夹持方式。

　　d. 输入使用气压压力，这里输入系统工作压力；开闭行程指的是手指水平移动的最大距离；夹持力 $F=mg/2\mu\times4$ 这里 g 为重力加速度，μ 为手爪和工件之间的摩擦因数；

　　e. 选择"直线导轨型"，其他系列特点可以点击"?"进行查询和对比。

　　f. 确认外力后即可产生所需要的型号结果，选取主要步骤如图 9-36 所示。

图 9-36　气动手爪选择过程

　　④ 装配单元气动回路设计　装配单元的阀组由 6 个二位五通单电控电磁换向阀组成。这些阀分别对供料，位置变换和装配动作气路进行控制，以改变各自的动作状态。气动控制回路图如图 9-37 所示。

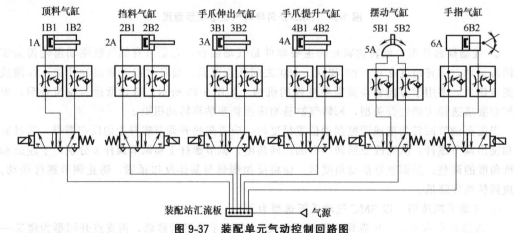

图 9-37　装配单元气动控制回路图

⑤ 装配单元主要标准件选型如表 9-2 所示，选型过程省略。

表 9-2　装配单元主要标准件清单

名称	型号	品牌	数量	价格/（元/个）	交货周期	备注
铝合金型材	AOB05-2020-L370	恒崴特	2	6 元/米	1 周	
铝合金型材	AOB05-2020-L260	恒崴特	2	6 元/米	1 周	
铝合金型材	AOB05-2020-L240	恒崴特	2	6 元/米	1 周	
铝合金型材	AOB05-2020-L250	恒崴特	2	6 元/米	1 周	
铝合金型材	AOB05-2020-L100	恒崴特	4	6 元/米	1 周	
顶料气缸	CDJ2B16-60-8	SMC	1	100	1 周	40mm 推程
推料气缸			1	100	1 周	83mm 推程
MSQ 摆台气缸	MSQB10A	SMC	1	350	1 周	
带导轨气缸	CX2N25	SMC	2	350	1 周	
平行开闭型气爪	MHZA2	SMC	1	320	1 周	
光电传感器	E3Z-LS63	欧姆龙	2	35	1 周	漫射式
光电接近开关	MHT15-N2317	SICK	1	50	1 周	反射式
磁性开关	D-C73	SMC	4	12	1 周	无
单控电磁阀	4V110-06	米思米	2	50～60	1 周	DC24V
汇流板	SS5Y5-20-02	SMC	1	80～150	1 周	2 位
节流阀	AS1201F		4	12～18	1 周	无
PLC	FX3U-32MR	三菱	1	600～1500	1 周	无
警示灯	TPTL5-L73-ROG	上海光品	1	60～120	1 周	三层
指示灯黄色（HL1）	AD16-22DS	空明天音	1	2～3.5	1 周	DC24V
指示灯绿色（HL2）			1		1 周	DC24V
指示灯红色（HL3）			1		1 周	DC24V
绿色常开按钮 SB1	LA38-11BN	云智匠	1	1.9	1 周	DV24V
红色常开按钮 SB2			1		1 周	DV24V
选择开关 SA	LA38-11X2 20X3	合力	1	1.8～4.1	1 周	DV24V
急停按钮 QS	XB2 按钮开关	施耐德	1	11～45	1 周	DV24V
空气开关	DZ47LE-32/C32 型	正泰	1	36.6	1 周	AC400V 32A 极数 3P
供料站开关	DZ47LE-32/C32 型		1	24.1	1 周	AC230V 32A 极数 2P
稳压电源	NKY1-S-15		1	110	1 周	AC220V

（3）加工单元

加工单元的功能是完成把待加工工件从物料台移送到加工区域冲压气缸的正下方；完成对工件的冲压加工，然后把加工好的工件重新送回物料台的过程。

加工单元装置侧主要结构组成为：加工台及滑动机构，加工（冲压）机构，电磁阀组，接线端口，底板等。其中，该单元装置侧外观如图 9-38 所示。

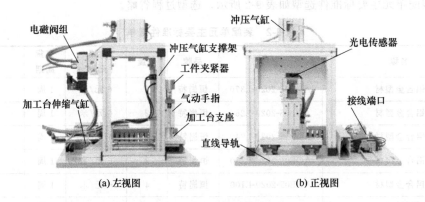

(a) 左视图   (b) 正视图

图 9-38　加工单元组成示意图

① 薄型气缸选型　薄型气缸属于省空间气缸类，即气缸的轴向或径向尺寸比标准气缸有较大的减小的气缸。具有结构紧凑、重量轻、占用空间小等优点。冲压气缸选型以 SMC 为例。首先选择配置气压传动回路类型，考虑到气动稳定性，一般选择排气节流方式。输入气缸行程、系统压力、负载质量等信息，然后假定空间位置有限，选择薄型气缸，然后选择好对应电磁阀即可完成气缸选型工作，选型主要步骤如图 9-39 所示。

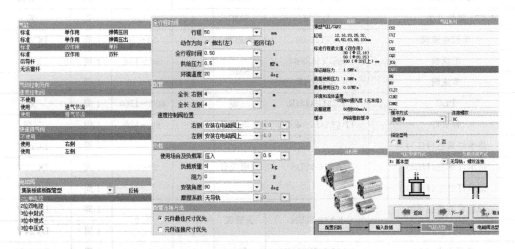

图 9-39　薄型气缸选型主要参数界面

② 直线导轨选型　直线导轨副通常按照滚珠在导轨和滑块之间的接触牙型进行分类，主要有两列式和四列式两种。选用普通级精度的两列式直线导轨副，其接触角在运动中能保持不变，刚性也比较稳定。

③ 加工单元气动回路设计　加工单元的气动控制元件均采用二位五通单电控电磁换向阀，各电磁阀均带有手动换向和加锁钮。它们集中安装成阀组固定在冲压支撑架后面。气动控制回路的工作原理如图 9-40 所示。1B1 和 1B2 为安装在冲压气缸的两个极限工作位置的磁感应接近开关，2B1 和 2B2 为安装在加工台伸缩气缸的两个极限工作位置的磁感应接近开关，3B1 和 3B2 为安装在手爪气缸工作位置的磁感应接近开关。1Y1、2Y1 和 3Y1 分别为控制冲压气缸、加工台伸缩气缸和手爪气缸的电磁阀的电磁控制端。

④ 加工单元其他标准件选型过程省略，加工单元主要标准件清单如表 9-3 所示。

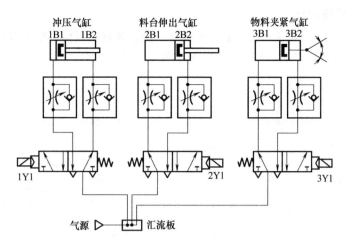

图 9-40　加工系统气动原理图

表 9-3　加工单元主要标准件清单

名称	型号	品牌	数量	价格/（元/个）	交货周期	备注
手指气缸	MHZ2/MHZL 2	亚德客	1	250	1 周	双作用；支点开闭型
薄型气缸	CDQSB12-30D	SMC	1	268	1 周	40mm 推程
伸缩气缸	CDJ2B16-1002-B	SMC	1	298	1 周	83mm 推程
光电接近开关	MHT15-N2317	MISUMI	1	50	1 周	直线导轨长度 2m
磁性开关	D-C73	THK	6	12	1 周	
汇流板	SS5Y5-20-03	MISUMI	1	45	1 周	带宽 10mm，周长 112mm
光电传感器	E3Z-LS63	欧姆龙	2	35	1 周	漫射式
光电接近开关	MHT15-N2317	SICK	1	50	1 周	反射式
磁性开关	D-C73	SMC	4	12	1 周	无
二位五通单电控电磁阀	4V110-06	MISUMI	4	25～60	1 周	DC24V
汇流板	SS5Y5-20-02	SMC	1	15～150	1 周	2 位
节流阀	AS1201F		4	6～18	1 周	无
PLC	FX3U-32MR	三菱	1	600～1500	1 周	无
指示灯黄色（HL1）	AD16-22DS	空明天音	1	2～3.5	1 周	DC24V
指示灯绿色（HL2）			1		1 周	DC24V
指示灯红色（HL3）			1		1 周	DC24V
绿色常开按钮 SB1	LA38-11BN	云智匠	1	1.9	1 周	DC24V
红色常开按钮 SB2			1		1 周	DC24V
选择开关 SA	LA38-11X2 20X3	合力	1	1.8～4.1	1 周	DC24V
急停按钮 QS	XB2 按钮开关	施耐德	1	11～45	1 周	DC24V
空气开关	DZ47LE-32/C32 型	正泰	1	36.6	1 周	AC400V 32A 极数 3P
供料站开关	DZ47LE-32/C32 型		1	24.1	1 周	AC230V 32A 极数 2P
稳压电源	NKY1-S-15		1	110	1 周	AC220V

（4）分拣系统设计

分拣系统主要结构组成为：传送和分拣机构，传动带驱动机构，变频器模块，电磁阀组，接线端口，PLC 模块，按钮/指示灯模块及底板等。其中，机械部分的装配组成如图 9-41 所示。

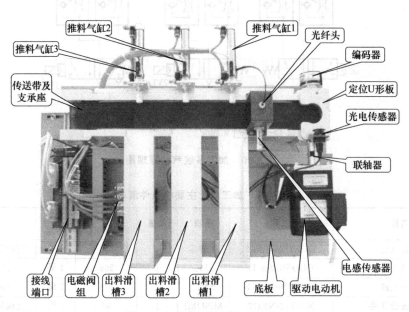

图 9-41 分拣系统组成示意图

① 传送和分拣机构设计 传送和分拣机构主要由传送带、出料滑槽、推料（分拣）气缸、漫射式光电传感器、光纤传感器、磁感应接近式传感器组成。它的功能是把已经加工、装配好的工件输送至分拣区然后按工作任务要求进行分拣，把不同类别的工件推入各自的物料槽中。U 形板导向器是用纠偏机械手输送过来的工件并确定其初始位置。传送过程中，工件移动的距离通过对旋转编码器产生的脉冲进行高速技术确定。

② 传动带驱动机构设计 传动带驱动机构如图 9-42 所示。采用的三相减速电动机，用于拖动传送带从而输送物料。它主要由电动机支架、电动机、联轴器等组成。

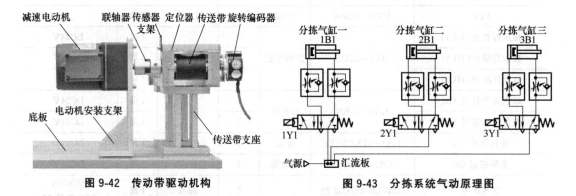

图 9-42 传动带驱动机构　　　　**图 9-43 分拣系统气动原理图**

③ 分拣单元气动回路设计 分拣系统气动原理图如图 9-43 所示。图中 1B1、2B1 和 3B1 分别为分拣气缸一、分拣气缸二和分拣气缸三。分别在各分拣气缸的前极限工作位置安装 1 个磁感应接近开关。1Y1、2Y1 和 3Y1 分别为控制 3 个分拣气缸电磁阀的电磁控制端。

④ 分拣单元其他标准选型省略，分拣单元主要标准件如表 9-4 所示。

表 9-4　分拣单元主要标准件清单

名称	型号	品牌	数量	价格/(元/个)	交货周期	备注
旋转编码器	ZKE48S8GR500Z12/24C	SMC	1	200	1周	外形尺寸 48mm，电压 DC24V
光纤传感器	FD-320-05	SMC	1	150	1周	标准型 M3 螺纹连接
花型顶丝式联轴器	E-CPPL20-8-8-LK3-RK3	SMC	1	100	1周	d_1,d_2 内径分别为 8m
电感式传感器	MHT15-N2317	SMC	1	80	1周	
光电式传感器	CX-441	松下	1	12	1周	
弹性卡扣	STW-8轴用弹性挡圈	SMC	1	230	1周	用直径 8mm 滚轴弹性挡圈
减速电动机	Model：80YS25GY38	德昌	1	600	1周	25W；三相 TH380V
减速器	Model：80GK10HF702	德昌	1	450	1周	
双作用气缸（推杆）	CDJ2B16X76-B	SMC	3	85	1周	
光电接近开关	MHT15-N2317	MISUMI	1	50	1周	直线导轨长度 2m
磁性开关	D-C73	THK	6	12	1周	
汇流板	SS5Y5-20-03	MISUMI	1	45	1周	带宽 10mm，周长 112mm
光电传感器	E3Z-LS63	欧姆龙	2	35	1周	漫射式
光电接近开关	MHT15-N2317	SICK	1	50	1周	反射式
磁性开关	D-C73	SMC	4	12	1周	无
二位五通单电控电磁阀	4V110-06	MISUMI	4	25~60	1周	DC24V
汇流板	SS5Y5-20-02	SMC	1	15~150	1周	2 位
节流阀	AS1201F		4	6~18	1周	无
PLC	FX3U-32MR	三菱	1	600~1500	1周	无
指示灯黄色（HL1）			1		1周	DC24V
指示灯绿色（HL2）	AD16-22DS	空明天音	1	2~3.5	1周	DC24V
指示灯红色（HL3）			1		1周	DC24V
绿色常开按钮 SB1	LA38-11BN	云智匠	1	1.9	1周	DC24V
红色常开按钮 SB2			1		1周	DC24V
选择开关 SA	LA38-11X2 20X3	合力	1	1.8~4.1	1周	DC24V
急停按钮 QS	XB2 按钮开关	施耐德	1	11~45	1周	DC24V
空气开关	DZ47LE-32/C32 型	正泰	1	36.6	1周	AC400V 32A 极数 3P
供料站开关	DZ47LE-32/C32 型		1	24.1	1周	AC230V 32A 极数 2P
稳压电源	NKY1-S-15		1	110	1周	AC220V

（5）输送单元设计

输送单元由抓取机械手装置、直线运动传动组件、拖链装置、PLC 模块和接线端口以及按钮/指示灯模块等部件组成，如图 9-44 所示。

① 抓取机械手装置设计　抓取机械手装置是一个能实现 3 个自由度运动（即升降、伸缩、气动手指夹紧/松开和沿垂直轴旋转的四维运动）的工作单元，该装置整体安装在直线运动传

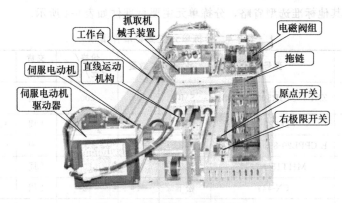

图 9-44　输送单元结构示意图

动组件的滑动溜板上，在传动组件带动下整体作直线往复运动，定位到其他各工作单元的物料台，然后完成抓取和放下工件的功能。图 9-45 是该装置示意图。气动手指、回转气缸等标准件的选型前面已经讲述，这里就不再赘述。

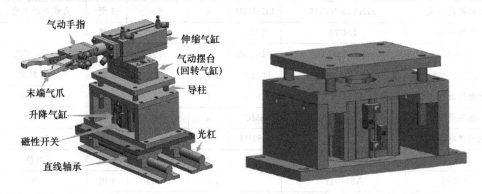

图 9-45　机械手装置示意图

② 传动组件设计　传动组件由直线导轨底板，伺服电动机及伺服放大器，同步轮，同步带，直线导轨，滑动溜板，拖链和原点接近开关，左、右极限开关组成，如图 9-46 所示。伺服电动机由伺服电动机放大器驱动，通过同步轮和同步带带动滑动溜板沿直线导轨作往复直线运动。从而带动固定在滑动溜板上的抓取机械手装置作往复直线运动。

图 9-46　传动组件示意图　　　　　　　**图 9-47　直线轴承**

a. 直线轴承选型 考虑到系统要求传动精度不高，冲击不大，不需要采用滚动丝杠＋直线导轨精密传动系统，采用比较便宜的直线轴承和同步带组合，这种组合在打印机、ATM机等设备上得到广泛应用。选型首先确定直线轴承的内径、长度、材质、直线轴承的类型等参数，如图9-47所示。

b. 同步带和带轮选型 同步带选取方法同V带实训设计类似，可以选择厂商提供的选型软件或数据手册，也可以采用迈迪工具集的"带轮"插件进行选型，如图9-48所示。同步带轮已经标准化，从厂商的设计手册中选取即可。

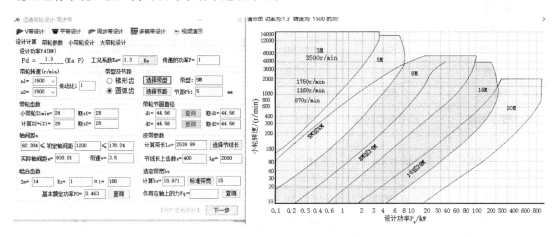

图 9-48　同步带选型

③ 输送单元气动回路设计 输送单元的抓取机械手装置上的所有气缸连接的气管沿拖链敷设，插接到电磁阀组上，其气动控制回路如图9-49所示。由于机械手抓取需要有记忆功能，因此，在气动控制回路中，驱动摆动气缸和气动手指气缸的电磁阀采用的是二位五通双电控电磁阀，双电控电磁阀与单电控电磁阀的区别在于，对于单电控电磁阀，在无电控信号时，阀芯在弹簧力的作用下会被复位，而对于双电控电磁阀，在两端都无电控信号时，阀芯的位置是取决于前一个电控信号，具有记忆功能。

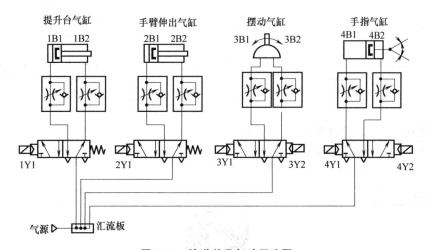

图 9-49　输送单元气动回路图

④ 输送站其他标准选型省略，输送站主要标准件清单如表9-5所示。

表 9-5 输送站主要标准件清单

名称	型号	品牌	数量	价格/ (元/个)	交货 周期	备注
气动手指	WGY31-10	SMC	1	150	1周	双作用，支点开闭型
回转气缸	RTB-10-A2	SMC	1	268	1周	40mm 推程
伸缩气缸	ACQS50X20	SMC	1	598	1周	83mm 推程
直线轴承导向轴	SSBGZP12-[10-200]	MISUMI	1	396	1周	直线导轨长度 2m
直线轴承	SC10MUU	THK	4	256	1周	
同步带带轮	S5M	MISUMI	1	45	1周	带宽 10mm，周长 112mm
同步带	S5M	MISUMI	1	165	1周	带宽 10mm，周长 1715mm
拖链	VAC01	上海文依	1	29	1周	弯曲半径 55，70 节
升降气缸	SSD2	SMC	1	214	1周	
伺服驱动器	MADKT1507E	松下	1	1920	1周	单相/三相，最大额定电流 10A，额定功率 200W
伺服电动机	MSMJ022G1V	松下	1	2163	1周	额定输出 0.2kW， 转速 2000r/min， 电动机力矩 0.64N・m
原点开关	ZC-W2155	MISUMI	1	160	1周	电感式
光电传感器	E3Z-LS63	欧姆龙	2	35	1周	漫射式
光电接近开关	MHT15-N2317	SICK	1	50	1周	反射式
磁性开关	D-C73	SMC	4	12	1周	无
二位五通单电控电磁阀	4V110-06	MISUMI	4	25~60	1周	DC24V
二位五通双电控电磁阀	4V110-06	MISUMI	2	25~100	1周	DC24V
汇流板	SS5Y5-20-02	SMC	1	15~150	1周	2 位
节流阀	AS1201F		4	6~18	1周	无
PLC	FX3U-32MR	三菱	1	600~1500	1周	无
指示灯黄色（HL1）	AD16-22DS	空明天音	1	2~3.5	1周	DC24V
指示灯绿色（HL2）			1		1周	DC24V
指示灯红色（HL3）			1		1周	DC24V
绿色常开按钮 SB1	LA38-11BN	云智匠	1	1.9	1周	DC24V
红色常开按钮 SB2			1		1周	DC24V
选择开关 SA	LA38-11X2 20X3	合力	1	1.8~4.1	1周	DC24V
急停按钮 QS	XB2 按钮开关	施耐德	1	11~45	1周	DC24V
空气开关	DZ47LE-32/C32 型	正泰	1	36.6	1周	AC400V 32A 极数 3P
供料站开关	DZ47LE-32/C32 型		1	24.1	1周	AC230V 32A 极数 2P
稳压电源	NKY1-S-15		1	110	1周	AC220V

获取本章视频资源，请扫描上方的二维码

常用流体传动系统与元件图形符号（摘自 GB/T 786.1—2009）

一、符号要素、功能要素、管路及连接

描述	图形符号	描述	图形符号	描述	图形符号
工作管路 回油管路	0.1M	连接管路		弹簧	W
控制管路 回油管路 放气管路	0.1M	交叉管路		电磁操纵器	∧
组合元件框线	0.1M	旋转管接头	○	温度指示或 温度控制	·
液压源 （液压力作用方向）	▶	三通	$\frac{1}{3}$ $\frac{1}{3}$	无连接排气	∨
气压源 （气压力作用方向）	▷	旋转运动方向	60° 9M	节流口	><
流体单向流动 通路和方向	3M	带单向阀的 快换接头		节流器	)(
流体双向流动 通路和方向	3M	不带单向阀的 快换接头		单向阀座	90°
封闭油、 气路和油气口	⊥	截止阀	⋈	输入信号	F——流量； G——位置或长度测量； L——液位； P——压力或真空； S——速度或频率； T——温度； W——质量或力
液压管路内堵头	×	软管总成			
两个流体管 道的连接	0.75M	可调性符号	／		

二、控制机构和控制方法

描述	图形符号	描述	图形符号
带有分离把手和定位销的控制机构		具有可调行程限制装置的顶杆	
带有定位装置的推或拉控制机构		用作单方向行程操纵的滚轮杠杆	
单作用电磁铁,动作指向阀芯,连续控制		单作用电磁铁,动作指向阀芯	
双作用电气控制机构,动作指向或背向阀芯		单作用电磁铁,动作背离阀芯	
电气操纵的带有外部供油的液压先导控制机构		双作用电气控制机构,动作指向或背离阀芯,连续控制	
液压增压制动机构(用于方向控制阀)		带有外部先导供油,双比例电磁铁、双向操纵,集成在同一组件,连续工作的双先导装置的液压控制机构	
电气操纵的气动先导控制机构		用进步电动机的控制机构	

三、液压泵、液压 (气)马达和液压 (气)缸

描述	图形符号	描述	图形符号
单向旋转定量泵		双向变量泵或马达单元,双向流动,带外泄油路双向旋转	
双向流动,带外泄油路单向旋转的变量泵		单向旋转的定量泵或马达	
单向旋转变量泵		双输出旋转方向的定量马达	
限制摆动角度,双向流动的摆动执行器或旋转驱动		变量泵,先导控制,带压力补偿,单向旋转,带外泄油路	
单作用单杆缸,靠弹簧力返回行程,弹簧腔带连接油口		双作用单杆缸	

描述	图形符号	描述	图形符号
双作用双杆缸,活塞杆直径不同,双侧缓冲,右侧带调节		单作用缸,活塞缸	
单作用伸缩缸		双作用伸缩缸	
双作用带状无杆缸,活塞两端带终点位置缓冲		行程两端定位的双作用缸	
单作用的半摆动气缸或摆动马达		真空泵	
马达		空气压缩机	
变方向定流量双向摆动马达		活塞杆终端带缓冲的膜片缸,不能连接的通气孔	
单作用增压器,将气体压力 p_1 转换为更高的液体压力 p_2	p_1 p_2	单作用压力介质转换器,将气体压力转换为等值的液体压力,反之亦然	

四、控制元件

描述	图形符号	描述	图形符号
二位二通方向控制阀,两通,两位,推压控制机构,弹簧复位,常闭		二位二通方向控制阀,两通,两位,电磁铁操纵,弹簧复位,常开	
二位四通方向控制阀,电磁铁操纵,弹簧复位		二位三通方向锁定阀	
二位三通方向控制阀,滚轮杠杆控制,弹簧复位		二位三通方向控制阀,单电磁铁操纵,弹簧复位,定位销式手动定位	
二位四通方向控制阀,单电磁铁操纵,弹簧复位,定位销式手动定位		二位四通方向控制阀,电磁铁操纵液压先导控制,弹簧复位	

描述	图形符号	描述	图形符号
三位四通方向控制阀,电磁铁操纵先导级和液压操纵主阀,主阀及先导级弹簧对中,外部先导供油和先导回油		三位四通方向控制阀,弹簧对中,双电磁铁直接操纵	
二位四通方向控制阀,液压控制,弹簧复位		三位四通方向控制阀,液压控制,弹簧对中	
二位五通方向控制阀,踏板控制		二位五通方向控制阀,定位销式各位置杠杆控制	
二位三通液压电磁换向座阀		溢流阀,直动式,开启压力由弹簧调节	
溢流阀,先导式,开启压力由先导弹簧调节		顺序阀,手动调节设定值	
二通减压阀,先导式,外泄型		二通减压阀,直动式,外泄型	
三通减压阀(液压)		电磁溢流阀,先导式,电气操纵预设定压力	
可调节流量控制阀,单向自由流动		可调节流量控制阀	
分流器,将输入流量分成两路输出		流量控制阀,滚轮杠杆操纵,弹簧复位	
集流器,保持两路输入流量相互恒定		单向阀,只能在一个方向自由流动	
先导式液压单向阀,带有弹簧复位,先导压力允许在两个方向自由流动		单向阀,带有弹簧复位,只能在一个方向流动,常闭	

描述	图形符号	描述	图形符号
梭阀("或"逻辑),压力高的入口自动与出口接通		双单向阀,先导式	
可调节的机械电子压力继电器		比例溢流阀,先导控制,带电磁铁位置反馈	
直动式比例方向控制阀		先导式伺服阀,先导级带双线圈电气控制机构,双向连续控制,阀芯位置机械反馈到先导装置,集成电子器件	
比例流量控制阀,直控式		压力控制和方向控制插装阀插件,座阀结构,面积1:1	
方向控制插装阀插件,带节流端的座阀结构,面积比例≤0.7		方向控制插装阀插件,座阀结构,面积比例>0.7	
带溢流和限制保护功能的阀芯插件,滑阀结构,常闭		带液压控制梭阀的控制盖	
带方向控制阀的二通插装阀		带溢流功能的二通插装阀	
外部控制的顺序阀		调压阀,远程先导可调,溢流,只能向前流动	
内部流向可逆调压阀		气动软启动阀,电磁铁操纵,内部先导控制	

描述	图形符号	描述	图形符号
延时控制气动阀,其入口接入一个系统,使得气体低速流入直达到预设压力才使阀口全开		二位三通方向控制阀,差动先导控制	
二位五通气动方向控制阀,先导式压电控制,气压复位		二位五通气动方向控制阀,单作用电磁铁,外部先导供气,手动操作,弹簧复位	
二位五通直动式气动方向控制阀,机械弹簧与气压复位		三位五通直动式气动方向控制阀,弹簧对中,中位时两出口都排气	
双压阀("与"逻辑),并且仅当两进气口有压力时才会有信号输出,较弱的信号从出口输出		快速排气阀	

五、辅助元件

描述	图形符号	描述	图形符号
压力测量单元(压力表)		流量计	
温度计		模拟信号输出压力传感器	
不带冷却液流道指示的冷却器		过滤器	
电动机		加热器	

描述	图形符号	描述	图形符号
囊隔式充气蓄能器（囊式蓄能器）		液位指示器（液位计）	
离心式分离器		自动排水聚结式过滤器	
手动排水流体分离器		带手动排水分离器的过滤器	
自动排水流体分离器		吸附式过滤器	
油雾分离器		空气干燥器	
油雾器		消声器	
气罐		声音指示器	

参 考 文 献

[1] 宋立权. 机械基础实验 [M]. 北京：机械工业出版社，2016.

[2] 朱龙英，黄秀琴. 机械原理 [M]. 北京：高等教育出版社，2020.

[3] 栾学钢，韩芸芳. 机械设计基础. [M]. 4 版. 北京：高等教育出版社，2020.

[4] 张策. 机械原理与机械设计：上 [M]. 北京：机械工业出版社，2013.

[5] 张世昌，李旦，张冠伟. 机械制造技术基础. [M]. 3 版. 北京：高等教育出版社，2014.

[6] 刘鸿文. 材料力学Ⅰ. [M]. 5 版. 北京：高等教育出版社，2011.

[7] 刘鸿文. 材料力学Ⅱ. [M]. 5 版. 北京：高等教育出版社，2011.

[8] 机械设计手册编委会. 机械设计手册 [M]. 北京：机械工业出版社，2004.

[9] 柯武龙. 自动化机构设计工程师速成宝典. 实战篇 [M]. 北京：机械工业出版社，2018.

[10] 柯武龙. 自动化机构设计工程师速成宝典. 入门篇 [M]. 北京：机械工业出版社，2017.

[11] 朱家诚. 机械设计课程设计 [M]. 合肥：合肥工业大学出版社，2005.

[12] 陈长生. 机械基础综合实训 [M]. 北京：机械工业出版社，2018.

[13] 王妍. 机械基础实验教程 [M]. 北京：机械工业出版社，2019.

[14] 周大勇，浦如强，孙日升. 机械基础（机电设备安装与维修专业）. [M]. 2 版. 北京：机械工业出版社，2019.

[15] 郑贞平，张小红. SolidWorks 2016 基础与实例教程 [M]. 北京：机械工业出版社，2020.

[16] 文清平，李勇兵. 工业机器人应用系统三维建模（SolidWorks）[M]. 北京：高等教育出版社，2017.

[17] 鲍仲辅，曾德江. SolidWorks 数字仿真项目教程 [M]. 北京：机械工业出版社，2019.